西安交通大学经济学人丛书

# 我国环境规制的规制效应研究

Study on Regulation Effect of Environmental Regulation in China

屈小娥 / 著

中国财经出版传媒集团

经济科学出版社
Economic Science Press

**图书在版编目（CIP）数据**

我国环境规制的规制效应研究/屈小娥著. —北京：经济科学出版社，2019.3
（西安交通大学经济学人丛书）
ISBN 978-7-5218-0299-3

Ⅰ.①我… Ⅱ.①屈… Ⅲ.①环境规划-效应-研究-中国 Ⅳ.①X32

中国版本图书馆 CIP 数据核字（2019）第 034852 号

责任编辑：谭志军　李　军
责任校对：曹育伟
责任印制：王世伟

**我国环境规制的规制效应研究**
屈小娥　著
经济科学出版社出版、发行　新华书店经销
社址：北京市海淀区阜成路甲 28 号　邮编：100142
总编部电话：010-88191217　发行部电话：010-88191522
网址：www.esp.com.cn
电子邮箱：esp@esp.com.cn
天猫网店：经济科学出版社旗舰店
网址：http://jjkxcbs.tmall.com
固安华明印业有限公司印装
710×1000　16 开　21 印张　300000 字
2019 年 3 月第 1 版　2019 年 3 月第 1 次印刷
印数：0001-2000 册
ISBN 978-7-5218-0299-3　定价：76.00 元
**（图书出现印装问题，本社负责调换。电话：010-88191510）**

# 总 序

千年历史古都，华夏精神故乡。从周礼秦治到汉风唐韵，西安浓缩了中华民族历史。跟随改革开放的步伐，华夏古都西安向着具有历史文化特色的国际化大都市奋起飞跃。正是被这种浓厚的历史文化氛围所吸引，一批志同道合的经济学人汇聚于西安交通大学，数十年来，不闻丝竹，醉心学术，期冀为中国经济学发展贡献绵薄之力。

本套“经济学人”文库旨在集中展示西安交通大学经济学人多年来的研究成果。近年来，在国家“985”工程和“211”工程的大力支持下，经过西安交通大学经济与金融学院全体教职工的不懈努力，西安交通大学经济学学科有了长足发展。经济与金融学院现拥有应用经济学和理论经济学两个一级学科，应用经济学学科已成为全国具有重要影响力的学科。学院在西部地区建立了首家应用经济学博士后流动站，产业经济学被评为国家重点学科。学院先后获批建设国家级精品课程、省部级重点实验室、省部级经济研究中心与陕西省名牌专业。我们出版西安交通大学“经济学人”文库的初衷就是集中体现近年来西安交通大学经济与金融学院在学科建设与科学研究上取得的成绩，激励青年学子继续努力，攀登经济科学的高峰。

文库的作者均是西安交通大学经济与金融学院相关学科

的学术带头人与青年骨干教师。几十年来，西安交通大学经济学学科带头人在各自领域刻苦钻研，笔耕不辍，在国际知名 SSCI（SCI）期刊及《经济研究》、《中国社会科学》以及《管理世界》等国内权威期刊发表了一批高水平论文，主持了多项国家哲学社会科学与教育部哲学社会科学重大项目，荣获近百项教育部优秀哲学社会科学成果奖和省级哲学社会科学优秀成果奖。西安交通大学经济与金融学院继往开来，海纳百川，吸引了大批海内外优秀青年学子加盟。这些青年学子志存高远，勤奋好学，成绩出众，均在国内外知名经济学期刊上发表过高水平学术论文，主持过国家级科研项目。丛书的出版既是对西安交通大学经济学人辛勤付出的肯定，同时也是西安交通大学近年来经济学学科建设成就的一次展示。

中国经济的改革和开放进行了三十多个春秋。中国的经济学研究逐渐成了社会科学中的“显学”。我们希望西安交通大学“经济学人”文库的出版不仅能从侧面反映中国经济学的进步，同时更期待着文库的出版能进一步加深我们与全国经济学人的互动交流，共同携手为建设“中国特色，中国气派”的中国现代经济学努力。

孙早

二〇一七年六月

# 前言

20 世纪 80 年代以来，随着改革开放的深入和工业化、城镇化进程的加速推进，我国经济建设成就举世瞩目，对世界经济发展做出了巨大贡献。但粗放型发展模式所引发的资源消耗、环境污染、生态破坏、水土流失等资源环境问题，使经济可持续发展面临严峻的挑战。为了保护生态环境，突破经济发展过程中资源环境的“瓶颈”约束，20 世纪 90 年代以来，我国政府逐渐加大了环境规制力度，环境保护法律法规逐渐完善，在推动节能减排、保护生态环境中起到了积极的作用。环境规制的规制效应也引起了学术界的广泛关注，学者们重点研究了环境规制对技术创新、产业转移、生产率增长等方面的影响。本书在已有研究基础上，以资源经济学、环境经济学的相关理论为指导，基于能源环境视角，从直接效应和间接效应两个层面系统研究环境规制对能源消费、环境污染、大气污染治理效率和水污染治理效率的影响，扩展了环境规制效应的研究范围，对于正确认识环境规制的规制效应，以及制定科学的环境规制政策措施，充分发挥环境规制的规制效应具有重要的理论及现实意义。本书所做的主要工作及研究发现如下。

（1）从环境规制的投入成本（即人力成本、物力成本、财力成本）和产出效果两个方面，选取能够代表环境规制现状的六个具体指标，运用熵值法将其合并为环境规制强度综合指数，该指数能够较为全面地表征我国环境规制的规制现状，克服了仅用单一指标衡量环境规制变量的缺陷。基于探索性空间统计分析方法，通过计算全局 Moran's I 指数和局域 Lisa 指数，研究了环境规制强度的时空演变。结果表明，我国省域之间环境规制强度差异较大，环境规制强度提高的省（自治区、直辖市）环境质量得到了改善，这些省（自治区、直辖市）主要集中在环渤海地区及北部地区；环境规制强度降低的省（自治区、直辖市）环境污染加剧，这些省（自治区、直辖市）主要集中在西北地区。环境规制在空间分布上形成了显著的聚集区域，高环境规制强度的地区倾向于和较高环境规制强度的地区相邻接，低环境规制强度的地区倾向于和较低环境规制强度的地区相邻接；从动态变化看，高环境规制强度聚集区有从东部沿海地区向北部沿海及东北延伸的趋势。

（2）构建环境规制影响能源消费的直接效应模型和间接效应模型，实证研究了环境规制影响能源消费的直接效应和间接效应。结果表明，我国政府实行的环境规制政策措施具有显著降低能源消费的作用；环境规制通过倒逼技术创新能够对降低能源消费起到积极的作用，环境规制通过影响外商直接投资能够间接降低能源消费，但目前这一作用不显著；环境规制通过倒逼产业结构调整及优化升级对降低能源消费并没有起到积极的作用。人均收入与能源消费之间存在显著的倒U形曲线关系，其拐点在人均GDP达到33 709.63元/人左右，目前已越过拐点，处于能源消费随经济增长的下降阶段。

充分发挥环境规制对降低能源消费的作用，需要制定科学合理的针对能源消费的环境规制政策措施，从技术创新、产业结构调整、外资质量优化等方面强化环境规制的倒逼节能效应；并重视各种环境规制政策工具的优化组合及互补效应；继续深入推进能源价格市场化改革，完善能源价格体系。

（3）基于内生经济增长理论的“源头控制”思想，构建包含时空效应的环境规制影响环境污染的直接效应和间接效应回归模型，实证研究环境规制对环境污染的影响。结果表明，我国政府实行的环境规制政策措施能够直接遏制污染排放，提高环境质量。间接影响效应回归结果表明，环境规制通过倒逼技术创新能够降低环境污染，环境规制的“波特假说”效应显著；环境规制通过影响外商直接投资对降低环境污染的作用不显著；环境规制通过倒逼产业结构调整及优化升级的减排效果也不理想。环境污染变化具有明显的路径依赖性，前一期环境污染会对本期和下一期的污染水平产生显著影响，即环境污染在时间维度上表现出“滚雪球效应”，意味着环境污染治理具有相当的紧迫性。环境污染具有显著的空间“溢出效应”，本地区的环境污染与邻接地区的环境污染水平紧密相关，表现出“一荣皆荣，一损皆损”的高度关联特征，意味着环境污染治理中采取区域联防联控的治理政策更能收到理想的效果。

降低环境污染，需要适度加强环境规制强度，努力推动区域之间污染治理的联合防控，重视开发与引进清洁生产工艺及技术；优化外资结构，提高外资进入的环境“门槛”；充分发挥产业结构调整的减排作用。

(4) 环境规制影响大气污染治理效率的回归结果表明，环境规制具有显著提高大气污染治理效率的积极作用，前一期的大气污染治理效率会显著影响本期或下一期的大气污染治理效率，说明大气污染治理是一个连续累积的动态调整过程；现阶段研发投入并没有起到显著提高大气污染治理效率的作用，第二产业比重增加不利于大气污染治理效率的提高，增加清洁能源消费比重能够提高大气污染治理效率；外资进入具有显著改善我国大气污染治理效率的作用。

提高大气污染治理效率，需要客观认识目前我国大气污染治理面临的困境，借鉴美国、日本、英国等发达国家大气污染的治理经验，制定严格的大气污染治理法律法规，重视命令型环境规制、经济型环境规制和社会公众的共同参与；积极倡导绿色发展模式，在发展过程中让产业结构变“新”，让发展模式变“绿”，使经济质量变“优”。加强环保领域的研发投入及技术创新，提高技术进步对大气污染治理效率的贡献力度；优化产业结构、能源结构、贸易结构，充分发挥结构调整的减排效果；建立并完善大气污染治理的区域联防联控治理机制，强化大气污染执法监督力度。

(5) 环境规制影响水污染治理效率的回归结果表明，我国政府实行的环境规制对提高水污染治理效率具有积极的作用，这和近年来我国政府加大水污染规制力度，颁布相关水污染治理法律法规具有密切关系。经济发展水平、技术创新对提高水污染治理效率具有显著作用，外资进入对水污染治理效率并未产生显著影响；第二产业比重、城镇化率提高则不利于水污染治理效率的提高。

提高水污染治理效率，需要强化水环境规制及执行力度；加强水环境监管机制建设，建立水污染防治多元调控机制；完善水污染防治法律法规体系，完善水环境立法；加大水污染治理关键技术的研发投入，提高研发效率；调整和优化工业布局及结构，提高工业用水效率；转变城市经济发展方式，引领城市经济向集约型为主的发展方式转变，积极调动城市居民参与水环境保护的积极性，提高城市居民的水忧患意识和节水意识。

（6）在实证研究的基础上，从总体上提出了完善环境规制政策措施的对策建议。即充分发挥环境规制政策工具的节能减排效应，需要继续深化行政管理体制改革、经济体制改革和环境规制体制改革。在环境规制政策的制定上必须因地制宜，不能搞“一刀切”，要充分考虑环境政策制定及执行结果的区域差异，制定切实可行的环境规制政策。要完善突发环境规制预警机制，包括突发环境事件应急立法体系、应急管理机制；强化突发环境危机的处理能力，完善应急预案体系，有意识地培养社会公众对突发环境事件风险的预防、辨认、控制和避免能力，努力做到从行动上减少风险。要完善节能减排体制机制，建立节能减排的长效机制，要遵循市场经济规律要求，运用价格、税收、财政、信贷等经济手段调节市场主体的经济行为，引导企业自觉节能减排；制定和完善资源节约型、环境友好型社会建设的财政和税收政策体制，健全绿色资本市场机制。要普及环保知识，完善公众参与机制。要转变立法思想，明确立法定位，继续完善环保立法，强化法律法规的可操作性。

本书是本人在长期研究积累的过程中完成的。感谢西安交通大学经济与金融学院孙早院长在本书写作过程中给予的大力支持，感谢“西安交通大学经济与金融学院学科建设后配给经费”为本书的顺利出版提供的支持以及经济科学出版社李军编辑的细致工作。本书第3章和第5章实证部分由研究生张蕾蕾同学完成。在本书写作过程中，本人参考了大量国内外研究文献，虽然在参考文献中也有列出，但不全面，在此向他们深表感谢。

屈小娥

2018 年 7 月于西安

# 目录

# 第1章

# 绪 论

## 1.1 研究背景

始于20世纪80年代的改革开放，使中国经济在短短40年内取得了发达国家历经近200年才完成的工业化进程，经济建设成就举世瞩目。但同时也集中遇到了发达国家工业化进程中分阶段出现、逐步解决的环境问题，资源环境的刚性约束与高投入、高排放、低产出的粗放型增长模式，对可持续发展提出了严峻的挑战。2000年，我国能源消费总量为146 964万吨标准煤，到2015年已增至430 000万吨标准煤（见图1－1）。其中，煤炭消费量所占比重一直稳定在70%左右（见图1－2），天然气、电力等清洁能源所占比重稳定在15%左右（见图1－3），巨大的能源消费尤其是煤炭消费所产生的污染物排放量已造成严重环境压力。世界银行、中科院和环保总局的测算显示，我国每年因环境污染造成的损失约占GDP的10%左右。发达国家上百年工业化过程中逐步出现、分阶段解决的资源环境问题，在我国改革开放40年的快速发展中已集中出现，并呈现出结构型、复合型、压缩型的特点，更增加了解决资源环境问题的难度。耶鲁大学最新发布的《2016年环境绩效指数报告》显示，中国仍然是PM2.5排放超

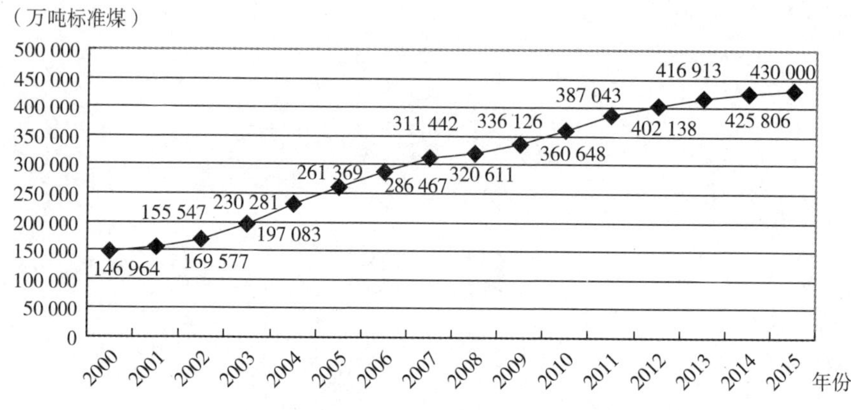


**图 1－1　2000～2015 年我国能源消费量**

注：资料来源于《中国统计年鉴》。

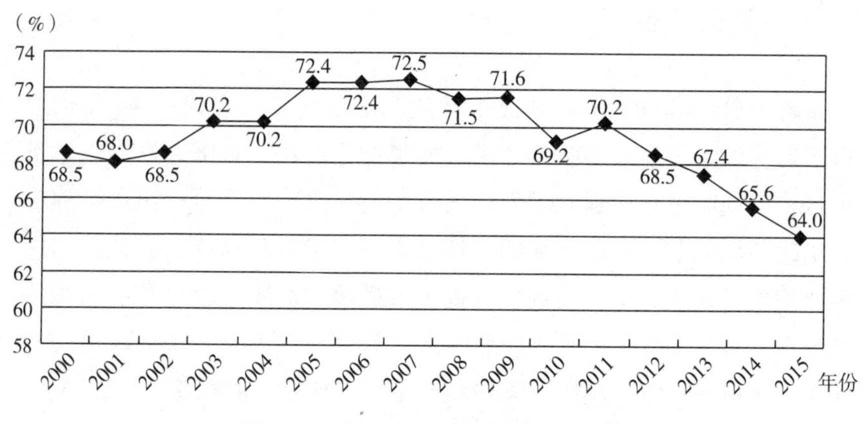


**图 1－2　2000～2015 年煤炭消费比重**

注：资料来源于《中国统计年鉴》。

标的重灾区，在所有参评的 180 个国家和地区中排名倒数第二，环境状况不容乐观。2013 年以来，大规模、常态化爆发的雾霾污染又使进入新常态下的中国经济发展雪上加霜。

2000 年，我国环境污染治理投资总额为 1 014.9 亿元，占国内生产总值比重为 1.13%；到 2015 年已增加至 8 806.3 亿元，占国内生产总值比重也增加至1.28%。2000~2015年我国环境污染治理投资及占国内生产总值的比重见图1-4、图1-5。由图可以看出，随着时间推移，二者均呈波动上升趋势。

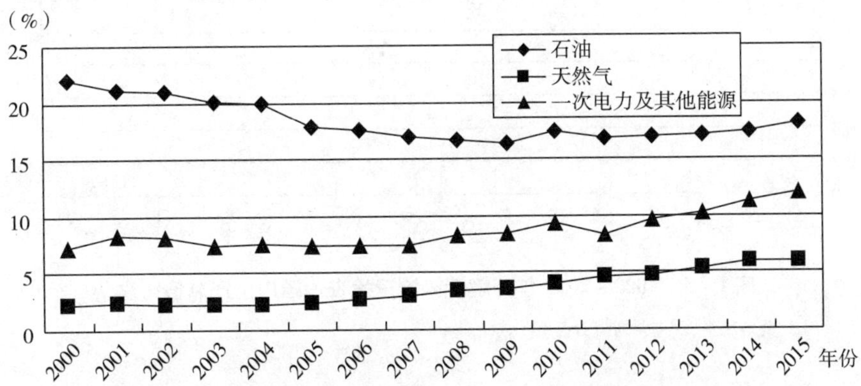


**图1-3　2000~2015年石油、天然气、电力及其他能源消费比重**

注：资料来源于《中国统计年鉴》。

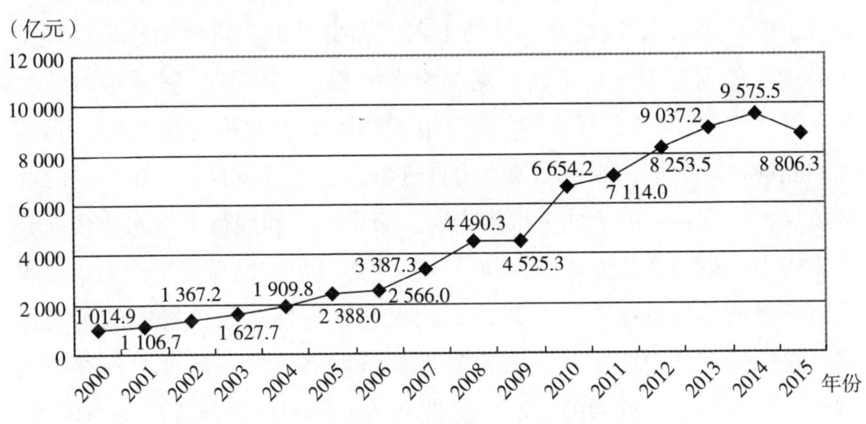


**图1-4　2000~2015年环境污染治理投资**

注：资料来源于《中国统计年鉴》。

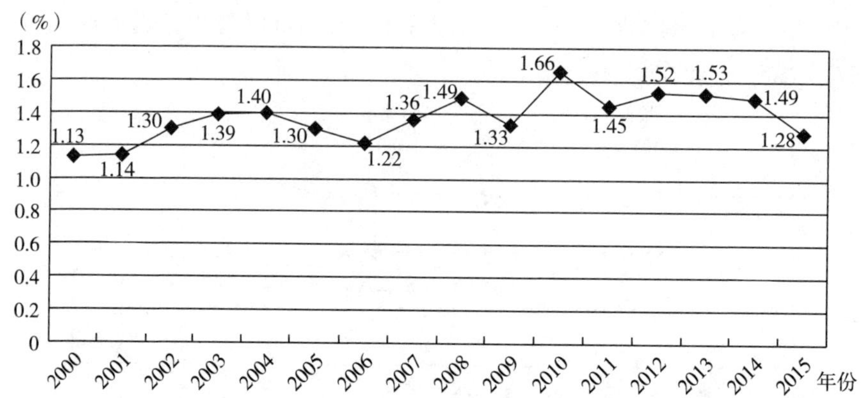


**图 1-5　2000~2015 年环境污染治理投资占国内生产总值比重**

注：资料来源于《中国统计年鉴》。

在严重的环境压力下，为了避免重复工业化国家“先污染、后治理”的发展道路，突破经济发展过程中资源环境的“瓶颈”约束，1992 年 8 月，中国政府第一次明确提出转变传统发展模式，走可持续发展道路。进入 21 世纪后，党的十六大提出了走“资源消耗低，环境污染少”的新型工业化道路；党的十七大提出将经济发展战略由“又快又好”调整为“又好又快”，突出了环境保护和可持续发展的重要性；党的十八大进一步强调要大力推进生态文明建设，加大生态系统和环境保护力度；党的十九大报告指出，必须树立和践行“绿水青山就是金山银山”的科学论断，牢固树立保护生态环境就是保护生产力、改善生态环境就是发展生产力的理念，构筑尊崇自然、绿色发展的生态体系。这一切充分表明了我国政府转变经济发展方式，建设“资源节约型，环境友好型”社会的决心。坚持节约资源和保护环境的基本国策，已成为实现经济可持续发展的必然选择。

为了实现人与自然和谐共生，建设美丽中国，我国政府颁布了一系列资源节约、环境保护的政策措施和法律法规。如 2015 年 8 月 29 日修订、2016 年 1 月 1 日起施行的《中华人民共和国大气污染防治法》，2017 年修订、2018 年 1 月 1 日起施行的《中华人民共和国水污染防治法》，2016 年修订的《中华人民共和国固体废弃物污染环境防治法》等，截至目前，我国已基本形成了以政府行政命令为主的命令—控制型环境规制、以市场为基础的经济激励型环境规制和公众、企业及社会组织等自愿参与的自愿型环境规制。一系列资源节约、环境保护政策措施的实施，使我国的环境保护工作取得了积极的成效。“十二五”期间，我国非化石能源和天然气消费比重分别提高 2.6 个百分点和 1.9 个百分点，煤炭消费比重下降 5.2 个百分点。清洁能源步伐不断加快，水电、风电、光伏发电装机规模和核电在建规模均居世界第一位，非化石能源发电装机比例达到35%，新增非化石能源发电装机规模占世界的 40%左右。节能减排成效显著，单位国内生产总值能耗下降 18.4%，主要污染物排放量都有所下降，其中，二氧化碳排放强度下降 20% 以上，化学需氧量（COD）、二氧化硫（$SO_2$）、氮氧化物（$NO_x$）和氨氮化物（$NH_3$—N）排放量分别下降 8%、8%、10%、10%；地级以上城市空气质量达到《环境空气质量指数（AQI）技术规定（试行）》（HJ633—2012）二级标准以上的比例提高了 8%。2016 年，我国深入实施“大气十条”，地级及以上城市 PM2.5 平均浓度同比下降 6.0%，优良天数比例同比上升了 2.1%。同时，我国水污染和土壤污染情况也得到了一定的改善。2015 年，全国 1940 个地表水国控断面Ⅰ－Ⅲ类水体比例上升至 66%，劣Ⅴ类水质断面比例下降至 9.7%。荒漠化和沙化状况连续三个监测周期也实现面积“双缩减”。2016 年，全国 1940 个地表水国控断面Ⅰ－Ⅲ类水体比例增加了 5.7%，劣Ⅴ类断面比例下降了 2.3%①。我国全面推动落实“水十条”，开始组织实施“土十条”。同时，政府着手出台相关配套政策和技术指南，并研究起草实施情况考核方法。

虽然我国的节能减排工作取得了积极成效，但节能减排形势依旧严峻。由于经济的粗放型发展模式未能从根本上彻底改变，经济发展在很大程度上是以资源的大量消耗和污染物的密集排放为代价的，经过 40 年来经济快速发展积累下来的环境问题也日益凸显。2015 年，全

① 资料来源于《中国环境年鉴》。

国78.4%的城市空气质量未能达到国家环保部和国家质量监督检验检疫总局联合发布的《环境空气质量标准》（GB3095－2012），全国土壤点位超标率和耕地土壤点位超标率分别达到16.1%和19.4%。2016年，在空气质量方面，全国338个地级及以上城市中仅有24.9%的空气质量达到了《环境空气质量标准》，其余75.1%的城市环境空气质量超标。在水污染方面，在全国已经开展降水监测的地级市、区、县（共474个）中，出现酸雨城市的比例为38.8%，酸雨频率在25%以上的城市比例和50%以上的城市比例分别为20.3%和10.01%。在土地污染方面，我国土壤侵蚀总面积294.9万平方千米，与2009年相比，2014年全国荒漠化土地面积净减少12 120平方千米，但土壤沙化、水土流失依然严重，防治形势依然严峻。

当前，我国环境统筹协调保护难度加大。一方面，不同地区主要污染物类型、污染程度、污染来源等各不相同，部分地区生态系统稳定性下降，区域环境质量逐渐分化，生态环境质量现状与人民群众需求之间矛盾日益加深；另一方面，我国经济下行压力不断加大，经济发展的不平衡、不协调、不可持续等问题不断显现，使得发展与保护的矛盾更加突出。现阶段，我国工业化、城镇化、农业现代化尚未完成，加之部分地区环保意识不足，使得进一步推进污染防治工作难度加大。因此，为推进污染治理和环境质量改善任务，政府应加快经济转型升级，化解污染密集行业过剩产能，增加清洁型产品的供给量，增强公众生态环境保护意识，健全我国生态环境体制机制，达到减少污染排放改善环境质量的目标。另外，作为最大的发展中国家，我国主动承担了更多的环境责任。在水污染防治方面，我国开展了国土江河综合整治工作。各省市采取了一系列具体措施，如实施省级用水定额制度，建立水质目标和水环境整治工程目标“双目标”考核制，推行“河长制”“段长制”和“点长制”，实行居民用水阶梯水价等措施，改善水资源质量。在大气污染防治方面，各地区采取“车、油、路”综合治理措施，推广清洁能源汽车，取缔“散乱污”企业，推行“煤改电”“煤改清洁能源”，实施锅炉及城中村改造等措施，促进大气环境质量改善。

“十三五”时期，是我国实现非化石能源消费比重达到15%目标的决胜期，也是为2030年前后碳排放达到峰值奠定基础的关键期。煤炭消费比重将进一步降低，非化石能源和天然气消费比重将显著提高，我国主体能源由油气替代煤炭、非化石能源替代化石能源的双重更替进程将加快推进。同时，《“十三五”生态环境保护规划》提出了我国“十三五”期间的污染减排目标，到2020年，338个地级及以上城市空气优良天数比例至少达到80%，地表水质高于Ⅲ类水体（含Ⅲ类）的比例至少达到70%，受污染耕地的安全利用率需要达到90%左右，主要污染物COD、$SO_2$、$NO_x$和$NH_3-N$排放量分别累计减少10%、15%、10%、15%。“十三五”期间，资源节约与环境保护机遇与挑战并存，环境规制力度将进一步增大。因此，科学评价中国经济发展的资源环境代价，研究环境规制的节能减排效应，对于制定切实可行的节能减排目标及政策措施，保持资源环境与经济的可持续发展具有重要的理论及现实意义。

## 1.2 研究目的及意义

### 1.2.1 研究目的

为了保证我国国民经济的健康发展，缓解经济发展过程中的资源环境约束，我国政府强化了节能减排目标约束，加大了环境规制力度。那么，我国环境规制的规制效应如何？如何充分发挥环境规制的节能减排效应，已经成为各级政府部门和学术界关注的重点与研究的焦点。

本书以中国省级经济单元为研究对象，以环境规制的规制效应为研究重点。首先，通过构建环境规制强度综合指数，研究了环境规制对能源消费的直接效应和间接效应；其次，构建动态空间面板计量模型，从时空结合的角度考察环境规制对环境污染的直接影响和间接影响；再次，基于非参数的数据包络分析法，测度评价了我国省级经济单元的大气污染治理效率和水污染治理效率，探究了环境规制对大气污染治理效率和水污染治理效率的影响效应；最后，根据实证研究结果，结合中国经济发展中的资源消耗和环境污染现状，提出了保持经济社会与资源环境可持续发展的对策建议。研究的根本目的在于，全面科学地理解和把握我国环境规制现状，环境规制作用于能源消耗、环境污染和大气污染治理效率、水污染治理效率的方向及程度，为根据地区实际，制定有针对性的环境规制政策措施，充分发挥环境规制的节能减排效应提供决策依据。

### 1.2.2 研究意义

随着中国经济发展中资源环境“瓶颈”约束的加剧，粗放型发展模式付出的资源环境成本越来越高，节能减排正面临着前所未有的挑战。与此同时，进入“新常态”的中国经济下行压力加大，亟须要通过优化产业结构、淘汰落后产能、实现工业经济的转型升级来提高产业的国际竞争力，以缓解经济下行带来的种种压力。但由于传统发展模式时滞效应和“锁定效应”的存在，突破以污染换发展，通过发展清洁生产来实现经济发展与资源消耗、环境污染的脱钩还存在较大难度。而强化环境规制的约束力度，通过提高经济活动的环境成本来倒逼工业企业淘汰高能耗、高污染的落后产能，推动产业结构的绿色调整和优化升级，是获得经济效益、环境效益和社会效益多重共赢的必由之路。本书以环境规制为着力点，重点研究环境规制作用于资源消耗、环境污染的机理，据此提出环境规制约束下节能减排的政策选择，研究结果对于推动中国经济发展和绿色转型，摆脱经济发展与资源消耗、环境污染并存的窘境，走资源节约、环境友好的集约型增长路径具有重要的理论价值与现实意义。

（1）本书以环境规制强度为切入点，首先，从环境规制的投入成本与和产出效果两个方面构建环境规制强度指标，共包括六类具体指标；其次，为了科学评价环境污染状况，本书从废水、废气、固废三个方面选取六类环境污染指标；再次，将六类环境规制指标和环境污染指标运用熵值法合成为环境规制强度综合指数和环境污染综合指数。并运用全局 Moran's I 指数和局部 Lisa 指数分析了我国环境规制强度和环境污染的时空演变，在一定程度上丰富了环境规制和环境污染关系的研究内容。

（2）构建面板数据计量模型，研究环境规制影响能源消费的直接效应和间接效应，以全面把握环境规制影响能源消费的作用机理，为制定有针对性的能源节约政策措施提供借鉴。

（3）构建同时纳入空间效应和动态效应的动态空间面板模型，研究环境规制对环境污染的直接效应和间接效应，根据地区实际，为制定合理有效的环境规制政策措施和长效环境污染治理机制提供依据。

（4）测度大气污染治理效率和水污染治理效率，通过构建面板数据计量模型，研究环境规制影响大气污染治理效率和水污染治理效率的方向及程度，对于采取措施提高大气污染治理效率和水污染治理效率具有一定的现实指导作用。

## 1.3 研究内容与研究思路

### 1.3.1 研究内容

根据研究目的，本书主要研究内容如下。

第 1 章，绪论。介绍研究背景，研究目的及研究意义，研究内容、研究方法及技术路线。

第 2 章，文献综述。回顾与评述国内外相关领域研究文献，提出需要进一步补充、完善的方面。

第 3 章，环境规制强度的时空演变。选取能够代表环境规制现状的六类具体指标，运用熵值法将其合并为环境规制强度综合指数；通过计算全局 Moran's I 指数和局部 Lisa 指数，研究环境规制强度变动的空间相关性。

第 4 章，环境规制影响能源消费：影响机理及效应。首先，基于资源经济学的相关理论，分析环境规制影响能源消费的直接效应和间接效应；其次，构建面板数据计量模型，实证检验环境规制对能源消费的直接影响和间接影响；最后，根据研究结论，提出降低能源消费的对策建议。

第 5 章，环境规制影响环境污染：相关理论及时空效应。首先，基于环境经济学的相关理论，分析了环境规制对环境污染的直接影响机理和通过中介效应间接影响环境污染的作用机理，为实证分析奠定理论基础；其次，选取能够代表环境污染状况的六个具体指标，运用熵值法将其合并为环境污染综合指数，通过计算全局 Moran's I 指数和局部 Lisa 指数，分析了环境污染变动的空间相关特征；再次，基于内生经济增长模型中“源头控制”的思路，构建动态空间滞后面板模型，将环境污染的空间效应和动态效应同时纳入研究框架，测算分析环境规制对环境污染的直接影响和间接影响；最后，根据实证结论，研究降低我国环境污染的对策建议。

第 6 章，环境规制影响大气污染治理效率的实证研究。首先，分析了我国大气污染的现状，提出研究大气污染治理效率，降低大气污染排放的迫切性；其次，基于非参数 DEA 模型，构建 DEA - SBM 模型，实证测算各省（自治区、直辖市）的大气污染治理效率；再次，构建计量模型，运用系统 GMM 方法，研究环境规制与大气污染治理效率的关系；最后，根据研究结论，借鉴西方发达国家大气污染治理的经验，研究有针对性地提高我国大气污染治理效率的对策。

第 7 章，环境规制影响水污染治理效率的实证研究。在分析我国水污染及治理现状的基础上，首先，构建 DEA - BCC 模型，实证测算我国各省（自治区、直辖市）的水污染治理效率；其次，构建限值因变量回归模型——Tobit 模型，实证研究环境规制影响水污染治理效率的方向及程度，据此提出提高水污染治理效率的对策措施。

第8章，结论及启示。总结主要研究结论，提出相应的对策建议；归纳本书主要创新点，提出需要进一步研究的问题。

### 1.3.2 研究思路

根据研究目的及研究内容，本书在研究过程中遵循“提出问题—确定目标—实证研究—解决问题”的逻辑思路，在此基础上，针对各部分研究内容分别运用不同的研究方法进行研究，具体研究思路为：

（1）基于中国经济发展中资源消耗量大，环境污染严重的现实，结合我国环境规制与能源消耗、环境污染的研究现状，确定研究目标及研究重点。

（2）文献综述。通过对国内外研究现状的回顾与评述，提炼出本书研究的重点。

（3）实证研究。针对各章节研究内容，选取变量，构建模型，收集整理研究数据，进行实证研究。

（4）对策建议研究。根据实证研究结果，提出相应的对策建议。

## 1.4 研究方法

根据研究内容，本书主要研究方法如下。

（1）熵值法。将综合评价的前沿研究方法——熵值法，引入环境规制强度和环境污染综合评价指数的测算中，运用该方法测算了我国省级经济单元的环境规制强度综合指数和环境污染综合指数，该方法权重选取客观，能够得到客观的评价结果。

（2）动态空间计量方法。动态空间计量属于计量经济学的前沿研究方法之一。本书基于动态空间计量理论，从时空结合的角度构建动态空间面板模型，研究环境规制影响环境污染的动态效应及空间效应，从时空结合的角度全面把握政府环境规制政策的作用方向及程度。

（3）面板数据计量模型。对于环境规制影响大气污染治理效率和水污染治理效率的研究，通过构建面板数据计量模型进行实证检验。该模型同时包含时间和截面双重数据信息，相对于一般的线性模型，既兼顾了横截面数据存在的共性，又能分析模型中横截面因素的个体效应。

（4）系统广义矩估计法（Generalized Method of Moments，GMM）。系统 GMM 估计方法能够较好地处理解释变量的内生性问题，在对未知参数进行估计时，可以得到参数的渐进有效估计值，因此本书对环境规制影响大气污染治理效率的实证研究，采用系统 GMM 方法。

（5）Tobit 回归模型。Tobit 模型是限值因变量回归模型的一种，当因变量的取值限定在某一区间时使用。由于本书基于 DEA - BCC 模型测算的水污染治理效率值介于［0，1］之间，故选取 Tobit 模型进行回归，以避免回归结果出现偏误。

# 第2章

# 文献综述

本章分别以环境规制对能源消费、环境污染的影响效应，环境污染的空间溢出效应以及环境规制对大气污染治理效率、水污染治理效率的影响为主线，从国内与国外两个方面展开评述。首先，是对国内外相关研究文献的回顾与评述。其次，是对国内外大气污染治理效率及影响因素研究文献的回顾与评述；再次，是国内外水污染治理效率及影响因素研究文献的回顾与评述；最后，对国内外研究现状进行总结评述。通过梳理国内外相关研究的演进脉络，跟进前沿研究动态，总结相关研究进展，提炼出本书研究的立足点与创新之处。

## 2.1 环境规制与能源消费

国内外有关环境规制与能源消费关系的研究文献，按照其研究视角的不同可以分为两类。

(1) 环境规制对能源消费的直接影响。其观点主要可以概括为：

一是“绿色悖论”效应。辛恩（Sinn，2008）开创性地提出“绿色悖论”（Green Paradox）的概念，并将其定义为，旨在限制气候变化的政策措施的执行却导致化石能源加速开采，进而使温室气体加速积累，恶化环境质量。该理论认为，随着环境规制强度由弱变强，如果能够预见到未来化石能源消耗有较高的成本，为了降低使用成本，厂商就会提前开采能源资源，并将能源资源在政府新的环境规制标准实施之前出售完毕，从而造成资源在短时间内加速耗竭，并对环境造成极大的破坏。辛恩从三个方面总结了可能导致“绿色悖论”的三种机制：①不正确地设置碳税；②减少化石能源需求的政策手段；③政策宣告和执行之间存在时滞性。自此以后，“绿色悖论”就成为学者们的研究热点，大量理论及实证研究文献不断出现。与此同时，众多的学者开始关注环境政策和政策效果之间的绿色悖论关系（Hoel & Jensen，2012）；弗里德里克和齐斯（Frederick & Cees，2012）；凯恩斯（Cairns，2014），并用该理论对能源政策与能源消耗之间的关系进行解释（Grafton Kompas & Long，2012）。张华（2014）、李程宇（2015）等学者针对中国的实证研究也同样发现了“绿色悖论”现象。

二是成本效应。成本效应认为，环境规制主要是通过内化环境资源的使用成本，实现化石能源消费的外部性补偿，构成能源开采和消耗的完全成本来实现能源资源的优化配置。因此，“成本效应”是环境规制节能机理的最直接体现，即通过环境规制政策和措施将环境负外部性内部化，构成厂商的完全成本，从而提升均衡价格，降低能源消耗量。部分学者从能源利用效率的角度研究了环境规制与能源消耗（或节能潜力）的关系。如萨步吉·库马尔·曼德尔（Sabuj Kumar Mandal，2010）对印度水泥工业的实证研究表明，环境规制具有双重红利效应，即降低污染排放，提升能源利用效率。毕功兵等（Bi et al.，2014）对考虑环境约束前后火力发电行业全要素能源效率变化进行了实证研究，结果表明，控制主要污染物排放能够提升能源效率和环境效率；林伯强和姚昕等（2010）认为开征资源税的目的是为了提高资源开采和利用效率；张友国和郑玉歆（2014）应用一般均衡模型，模拟不同水平的碳强度约束对国民经济产生的影响，发现对高能耗和高排放部门的负面影响显著，导致能源消耗和碳排放总量随之大幅度下降。

三是认为环境规制对能源的影响并非单调递增或递减，而是存在非线性关系。如瓦莱里娅·科斯塔坦尼和弗朗切斯科·克雷斯皮（Valeria Costantini & Francesco Crespi，2008）的研究表明，在国际贸易背景下，环境规制对能源技术的出口动态影响符合波特假说的倒U形变化。余永泽和杜晓芬（2013）考察了激励约束机制的执行效果，发现只有当经济发展越过某一拐点后，环境规制才能充分发挥节能减排的积极作用。此外，还有学者认为环境规制对能源效率的影响具有不确定性，环境规制的制定基础是建立在节能减排的理论基础上，由于经济—环境—能源系统中各种因素千变万化，关系错综复杂，其现实结果与理论的偏离程度取决于政策的执行力度和偏误程度。周肖肖等（2015）梳理了环境规制与化石能源消耗的关系，从直接和间接两方面分析二者之间的非线性关系，发现环境规制节能的直接效应是绿色悖论和成本效应博弈的结果，间接效应则主要来自技术溢出和结构效应两个方面；实证结果认为，环境规制与人均能源消费呈现倒U形关系，即只有跨过一定的“门槛”，环境规制的节能效用才能凸显；环境规制的间接节能路径中，技术溢出效应不显著，通过调整能源结构实现能源节约的效果显著。

（2）环境规制对能源消费的间接影响。目前，有关环境规制对能源消费间接影响的研究文献相对较少，学者们主要从技术创新、产业结构调整等方面进行分析，但并没有得出一致的结论。

对于技术进步与能源节约的研究，学者们多以能源效率或能源强度为替代指标。周勇和林源源（2007）的研究表明，在宏观经济层面上，“回报效应”在30%～80%之间波动，20世纪30年代的平均回报率要明显低于20世纪80年代；并认为“回报效应”将呈现三种趋势：“回报效应”越来越低；更多地体现为“硬”技术进步方面；更多地体现在生活部门。曹明和魏晓平（2012）基于跨期开采研究技术进步对化石能源配置的影响路径，发现除了使资源可采储量增加外，不存在既增加社会福利又有利于资源可持续利用的某类技术进步。赵楠和贾丽静等（2013）基于省级层面数据的研究表明，追随型技术进步对中国各地区能源利用效率施加了显著的正向影响，而前沿型技术进步的影响不明显。陈峥（2014）研究了资源禀赋、政府与能源效率，发现政府补贴抑制了全要素能源效率的提升，而政府处罚有利于提高全要素能源效率；二者都存在“门槛”效应，政府补贴强度和政府处罚力度达到临界水平或者在一定区间范围内时，能源禀赋能够发挥其对全要素能源效率的“资源福祉”作用。王班班和齐绍洲（2014）针对中国工业35个行业有偏技术进步的研究结果表明，R&D进口、FDI水平溢出和后向溢出效应是能源节约型的；出口和FDI前向溢出是能源使用型的。张华和魏晓平等（2015）在一般均衡框架下，利用2000～2012年省级层面数据考察了能源节约型技术进步对能源消耗的作用机理，发现两者呈倒U形的曲线关系，同时边际效用弹性放大了能源回弹效应；边际效用弹性越高，意味着人们偏好当前消费，延长了U形曲线的爬升阶段，不利于能源节约型技术进步的“节能效应”。

有关产业结构影响能源消费的研究中，以赫希曼（Hirschman，1958）为代表的学者认为，在成熟的发达国家，产业结构对要素产出率没有实质性的影响。因此，建立在经济增长理论基础上的研究往往最先关注的是能源效率和经济增长之间的关系，而忽视了产业结构变动。而大多数发展中国家与工业化国家的产业发展史上，产业政策都曾得到广泛运用。随着经济发展阶段的变化和经济理论发展的不断完善，结构调整作为节能减排的根本方法之一，其对能源消耗的影响在国外文献中更多体现在经济发展与能源消耗的关系中（Chien-Chiang Lee，2006）。最早德内拉·梅多斯等（1972）提出工业化和能源消费呈S形曲线关系；吕文东（Lü Wendong，2012）等指出，由于第二产业对中国经济起决定性的重要作用，产业结构变化必然能够提高能源效率，能源生产结构清洁化是中国实现可持续发展的必然路径。国内学者的研究一致认为，产业结构优化能够显著降低化石能源消耗，如史丹（1999）的研究表明，能源消费过于向工业集中，农业比重下降和工业比重上升是经济发展必然的过渡阶段，同时降低了单位GDP能源消耗；符淼（2008）认为，产业结构对能源消耗有显著的短期影响，第一产业比重下降或第二产业比重上升导致单位GDP能源消耗增加；刘凤朝和孙玉涛（2008）

的研究表明，能源消耗较少的产业（第一产业、建筑业、批发与零售业）等的产值比重增加能够减少能源消费；蒋秀兰和沈志渔（2016）以河北省为例，研究了产业结构对能源消耗的影响，认为第二产业比重大，能源消耗总量大、能耗强度高，能耗结构以煤炭为主，环境污染严重。

## 2.2 环境规制与环境污染

### 2.2.1 环境库兹涅茨曲线假说

20 世纪 50 年代，诺贝尔奖获得者、经济学家库兹涅茨提出了分析人均收入水平与分配公平程度之间关系的一种学说——库兹涅茨曲线（Kuznets curve），又称倒 U 形曲线（inverted U curve）、库兹涅茨倒 U 形曲线假说。该研究表明，收入不均现象随着经济增长先上升，后下降，呈现倒 U 形曲线关系。格罗斯曼和克鲁格（Grossman & Krueger）把库兹涅茨曲线的思想引入环境质量与经济增长关系的研究之中，于 1955 年提出了“环境库兹涅茨曲线假说”。该假说认为，一方面，经济增长意味着更大规模的经济活动，这既需要更多的资源投入，又会带来更多的污染排放，因而会对环境质量产生负的规模效应；另一方面，经济增长通过清洁能源以及新技术的使用、产业结构的优化升级等，对环境质量产生正的技术进步效应和结构效应。“环境库兹涅茨曲线假说”表明，当一个国家经济发展水平较低的时候，环境污染程度较轻，但随着人均收入的增加，环境污染由低趋高，环境恶化程度随经济的增长而加剧；而当经济发展达到一定水平后，既到达某个临界点（或“拐点”）以后，随着人均收入的进一步增加，环境污染将会由高趋低，污染的程度也会逐渐减缓，环境质量逐渐得到改善。格罗斯曼和克鲁格（Grossman & Krueger，1991）运用 3 个国家共 42 个城市的空气污染物数据，实证研究了经济增长与空气质量的关系。结果表明，在收入水平较低的时候，二氧化硫（$SO_2$）与烟雾浓度随着人均收入的增加而上升，但当收入水平较高时，$SO_2$与烟雾浓度随着人均收入的增加而降低，表明$SO_2$和烟雾浓度与人均收入水平呈倒U形关系。随后，格罗斯曼和克鲁格（Grossman & Krueger，1995）采用来自GEMS（Global Environmental Monitoring System）更为广泛的衡量环境质量指标数据，研究了四种类型的污染指标（城市空气污染、河流中的化学需氧量、粪便污染与重金属污染）与经济增长的关系，结果发现，对于大多数的污染指标而言，污染物排放量与经济增长呈现倒U形关系，但不同污染物的转折点不同，大多数情况下，转折点在一个国家人均收入达到8000美元之前。

（1）EKC的类型。继格罗斯曼和克鲁格（Grossman & Krueger）之后，国内外众多的学者对各类污染物排放指标与经济增长之间的关系进行了实证检验。但基于不同的研究视角、运用不同的研究数据或计量模型，实证结论也不尽相同，总体来看，其研究结果大致可分为三种：一是污染物指标与人均收入确实存在倒U形关系，证实了EKC的存在；二是污染物指标与人均收入之间存在其他类型关系，如“U形”“N形”“M形”“直线形”等；三是EKC不存在，即污染物排放量相关指标与人均收入无明显关系。

1）倒U形。国外研究中，赛尔登和宋大庆（Selden & Song，1994）利用跨国面板数据，考察了悬浮颗粒物、二氧化硫、二氧化碳和氮氧化物4个重要空气污染物指标与人均收入的关系，发现4种污染物的人均排放量与人均国内生产总值呈倒U形关系。安卡拉（Ankarhem，2005）基于瑞典1919～1994年二氧化硫、二氧化碳和挥发性有机化合物排放量数据，研究其与经济增长的相关关系，得出EKC确实存在的结论。伯尔克和默特（Boluk & Mert，2015）探讨了可再生能源在减少土耳其温室气体排放影响方面的潜力，同时对EKC假说的有效性进行了测试，结果表明，长期内可再生能源对二氧化碳排放的发电系数显著为负，人均温室气体排放与人均收入呈倒U形曲线关系。辛哈和沙赫巴兹（Sinaha & Shahbaz，2018）研究了1971～2015年间印度二氧化碳排放量的 EKC 特征，通过使用单位根检验和自回归分布滞后模型（ARDL），发现了倒 U 形曲线存在的证据，并计算出转折点为 2 937.77 美元。

国内研究起步较晚，吴玉萍和董锁成等（2002）较早运用 1985 ~ 1999 年的经济与环境数据，研究了北京市环境污染与人均生产总值的关系，发现二者之间不仅呈现显著的 EKC 特征，而且北京市相比世界发达国家较早实现了 EKC 转折点。符淼和黄灼明（2008）经过研究发现，全国范围内环境污染、水污染、大气污染、固体废弃物污染与经济发展都存在 EKC 特征，但是各种污染物的 EKC 拐点不同。许广月和宋德勇（2010）基于 EKC 假说，利用 1990 ~ 2007 年我国省级经济单元的数据，检验碳排放库兹涅兹曲线（CKC）在我国是否成立，结果发现，CKC 在全国和东部地区确实成立，但西部地区不存在 CKC 曲线。张娟（2012）采用 2003 ~ 2009 年我国地级城市的面板数据，对三类工业污染指标（工业废水、工业二氧化硫和工业烟尘）与经济增长的关系进行检验，发现整体污染及工业烟尘排放量与经济增长之间存在显著的 EKC 特征。陈向阳（2015）认为，随着经济增长，环保投资从投入不足到投入充足是 EKC 存在的基础，强调经济增长不能“自动”解决环境污染，并采用 1997 ~ 2011 年我国省际工业二氧化硫、工业废水和工业固体废弃物排放量数据，实证检验了 EKC 的存在性，发现工业二氧化硫和工业固体废弃物排放量与经济增长存在 EKC 关系，但工业废水排放量与经济增长呈现 N 形关系。李鹏涛（2017）运用我国 31 个省级经济单元环境污染和经济增长数据的研究发现，废水、废气与经济增长均呈倒 U 形特征，但废水的 EKC 拐点早于废气，原因在于我国废水治理技术相对于废气更为成熟。

2）其他形状。另有部分学者的研究发现，环境质量与经济增长之间存在 U 形、N 形、M 形和正相关等曲线关系。国外研究中，考夫曼等（Kaufmann et al.，1998）分析了经济活动的收入和空间强度对二氧化硫大气浓度的影响，结果表明，收入与二氧化硫浓度呈 U 形关系，经济活动空间强度与二氧化硫浓度呈倒 U 形关系。弗里德和格茨纳

（Friedl and Getzner，2003）基于1960～1999年的数据，探讨了奥地利经济发展与二氧化碳排放之间的关系，发现二者之间存在N形曲线关系。罗卡等（Roca et al.，2001）对西班牙六种大气污染物年排放量变化趋势进行了讨论，发现除$SO_2$可能符合EKC特征外，其余污染物排放量与收入之间没有任何关系，并认为收入水平和不同类型污染物排放之间的关系取决于许多因素，因此，不能认为经济增长本身就能解决环境问题。弗伦齐索等（Vontzos et al.，2017）采用基于方向性距离函数的数据包络分析（DEA）模型，建立了综合生态效率指数，并将生态效率与能源使用和温室气体排放量进行回归，以检验EKC关系的存在，结果表明，生态效率与欧盟国家的GDP水平呈现N形曲线关系。

国内学者沈满洪和许云华（2000）基于浙江省人均收入与工业"三废"排放量的数据，得到人均收入与各类指标呈N形曲线，并认为浙江省的经济发展在一定程度上是建立在环境污染的基础之上的。赵细康等（2005）认为，虽然我国实行了一系列严格的环境保护措施，但大多数污染物指标与经济增长之间并不具有典型的EKC特征，许多污染物排放量与经济增长呈现正相关趋势。刘小丽和孙红星（2009）基于1980～2005年我国GDP和$CO_2$排放量的数据检验二者之间关系，结果显示，第二产业增长与$CO_2$排放量呈现显著的正相关关系。郭军华和李帮义（2010）从长期均衡角度出发，采用我国29个省市的面板数据，分析了五类环境污染排放指标与人均实际GDP之间关系，发现只有工业固体废弃物排放量与人均收入水平表现出EKC特征，工业废水排放量与人均收入水平呈负相关关系，工业废气与人均收入水平之间不存在长期协整关系。杨恺钧等（2017）采用"金砖国家"1992～2001年的数据，研究了环境污染与经济增长和国际贸易的三者关系，发现"金砖国家"GDP与污染物指标呈N形关系，同时贸易开放会显著恶化"金砖国家"的环境质量。

3）EKC不存在。国外研究中，埃格利（Egli，2001）使用数据质量良好的德国来检验EKC是否存在，发现只有很少的污染物指标符合典型的EKC模式。文森特（Vincent，2014）对马来西亚污染物与收入关系进行了分析，发现使用马来西亚面板数据估计的6个污染物指标与收入水平关系中没有一个具有EKC形式，而且污染与收入关系未能准确预测马来西亚空气和水污染的趋势。

国内研究中，曹光辉等（2006）研究了工业“三废”与人均GDP的关系，结果表明，我国环境污染正处于恶化阶段，但没有证据支持EKC在我国成立，也没有证据否认我国环境污染正处于EKC曲线的上升阶段。马树才和李国柱（2006）研究了经济增长与环境污染的相关关系，发现工业固体废弃物与GDP负相关，工业废水和工业废气与GDP正相关，没有证据显示经济增长有助于改善我国的环境质量，并认为经济增长不会自动改善环境污染，要从根本上解决我国的环境问题，只有对环境资源产权进行界定，同时出台相关辅助政策或激励措施。

EKC作为一种经验统计，其存在是有条件的。卡索和汉密尔顿（Cassou & Hamilton，2004）发现，EKC成立的条件有三个：一是污染物的生产要受到约束；二是清洁生产内生增长；三是污染部门的增长会降低清洁部门的增长。佘群芝和王文娟（2012）从减污技术角度出发探究EKC呈现倒U形的原因，发现当减污投入不变时，减污技术进步率大于稳态经济增长率且消费的跨期替代弹性小于1，才是使得经济在达到稳态过程中形成倒U形的EKC的基础。李时兴（2012）通过构建清洁商品和肮脏商品偏好静态模型，探究了各类EKC的形成条件，结果发现，偏好对收入的边际效应与污染削减效率的相对大小是实现倒U形EKC的基础，当环保投资较小或技术水平较低时，经济增长与环境污染之间表现为N形曲线关系。

（2）EKC的成因。EKC是格罗斯曼和克鲁格（Grossman & Krueger）基于实证分析得出的结论，它主要揭示了经济增长与环境污染的相互关系，认为人均收入与污染物呈倒U形关系。继格罗斯曼和克鲁格（Grossman & Krueger）之后，学者们从不同角度对EKC形成的内在原因进行探索和研究，主要结论如下。

1）环境规制理论。经济增长并不会“自动”改善环境质量，而是随着经济增长，通过制定和实施合理的环保法规、开发与应用更清洁的生产技术及提高居民的环保意识，才能减少污染物排放量。在经济发展初期，环境问题并不严重，但未能得到充分重视；当经济发展到一定阶段时，人均收入不断提高，政策制定者及普通民众开始意识到环境保护的重要性，重视生产及生活过程中产生的污染物排放问题。由于环境污染问题存在外部性特征，使得单纯依靠市场机制难以得到解决，必须由政策制定者实施相关的环境规制措施。然而，环境规制措施能否有效降低污染，在很大程度上取决于一个国家或地区的经济体制和监管体系。随着收入水平的提高，经济体制及监管体制逐渐完善，政策制定部门和环境监管部门才有可能获取准确的污染排放量及治污成本等信息，从而有针对性地制定出合理有效的环境标准和管制措施，降低污染物排放量。

增强环境规制的一个重要方面就是加大环保投入。经济发展中社会资本存量主要用于两部分，一部分用于商品生产，该过程产生了污染排放；另一部分用于减污投资，该过程改善了环境质量。因而，充足的减污投资是以经济发展过程中积累了充足的资本为前提。环境问题的解决需要充足的环保投入，环保投资规模很大程度上依赖于社会资本的充裕度，而社会资本充裕度取决于经济所处的发展阶段。当经济发展处于低水平阶段，所有的资本投入到商品生产中，增加了污染排放量，恶化了环境质量；当经济发展处于高水平阶段，社会资本存量相对充足，治污投资随之增加，进而改善了环境质量。因此，环保投入规制从不足到充足的转变是 EKC 形成倒 U 形转折点的基础。

2）经济结构理论。格罗斯曼和克鲁格（Grossman & Krueger，1991）认为，经济增长会从经济规模、技术进步和产业结构 3 个方面影响环境质量。经济规模的扩张不利于改善环境质量，相反，技术进步和产业结构升级有利于改善环境质量。经济规模的扩张会产生两方面的影响：一方面，经济规模的扩张需要增加各类要素的投入数量，包括资源的投入数量，进而增加了环境资源的消耗；另一方面，要素投入增加后，额外扩大的生产过程导致污染物排放量增加。在技术进步方面，经济增长过程中资本存量得到积累，提升了技术研发方面的资金投入，进而推动技术进步。技术进步可以从两个方面改善环境质量：一方面，技术进步可以改变要素投入比例，进而减少产出对环境资源的依赖或提高资源使用效率；另一方面，清洁技术的应用可以减少生产过程中的污染物排放量，改善环境质量。塔姆帕普莱等（Thampapillai et al.，2003）从企业生产成本角度出发考虑清洁技术的应用问题，他们认为，经济发展过程中不断消耗各类环境资源，造成环境资源存量不断减少，导致环境资源价格上升，进而提高了企业的生产成本，迫使其为降低生产成本而采用清洁生产技术。在产业结构方面，产业结构会随着收入水平的提高先后发生两次转变，经济发展初期，产业结构以农业为主，随着时间推移，产业结构逐渐转变为以污染排放密集的工业为主，加重环境污染问题；经济发展后期，由工业为主的产业结构逐渐转变为以服务业为主的第三产业，由于第三产业主要以清洁产业为主，产生的污染排放量较少，因而可以减轻环境污染压力。

总体来说，经济发展初期，资源投入量大，生产过程中排放大量污染物，经济规模效应远超过技术进步与产业结构效应，造成环境质量恶化；经济发展后期，随着清洁技术的应用和产业结构的转变，污染排放量相应减少，环境质量得到改善。因此，经济规模效应、技术进步效应和产业结构效应的相互作用是 EKC 呈现倒 U 形曲线的基础。

3）环境质量需求理论。持环境质量需求理论观点的学者认为，当收入水平达到一定程度后，人们对环境资源的重视程度和需求程度随着收入水平的增加而增加，并主动采取措施改善环境质量，从而造成经济增长与环境质量呈现出 EKC 特征。收入水平较低时，环境污染问题尚不突出，人们会更多地关注经济增长。随着收入的增长，人们开始追求更高质量的生态环境，并且对环境质量有效需求的提升，超过了能产生环境污染的任何规模的经济增长的需求。此时，人们会积极增加环境保护投入，采取相关措施改善周围环境质量。潘纳约托等（Panayotou et al.，2000）认为，环境资源是一种特殊的消费品，与正常消费品类似，自然环境也能给人们带来效用。当人均收入水平较低时，环境质量随着收入的增加不断恶化，直到人均收入达到某一水平后，收入的进一步提升才能改善环境质量，他们将经济发展过程中收入与环境的这种关系变化，归咎于人们消费需求结构的改变。

4）国际贸易理论。国际贸易理论认为，不同国家所处的经济发展阶段不同，消费者收入水平也不同，因而对环境质量的需求不同。收入水平相对高的国家，民众对环境质量的要求也高，政策制定者会制定和实施严格的环境规制措施，提高污染密集型企业的经营成本，导致这些污染密集型企业向收入水平较低、环境规制较弱的发展中国家转移。贸易自由化最终会导致环境规制强度相对较高的国家，将其污染密集型产业向环境规制强度较弱的国家转移，从而造成发展中国家环境质量恶化，沦为“污染天堂”。虽然自由贸易对于高收入水平国家的环境质量改善有促进作用，但这是以牺牲发展中国家的环境质量换取的，总体上看，全球的污染物排放总量很可能是增加的。因此，污染产业在国际间的转移并未从根本上解决环境问题。洛佩兹（Lopez，1994）经过分析指出，经济增长与环境污染的关系不仅取决于产品生产过程中正常要素和环境要素投入的替代弹性，还取决于收入效用的曲率程度。当替代弹性和相对曲率系数较小时，污染排放量更有可能随着收入的增加而增加，反之，当替代弹性和相对曲率系数较大时，污染排放更有可能随着收入的增加而降低，从而得到污染指标与经济增长之间的倒 U 形曲线关系。

### 2.2.2 环境规制对环境污染的影响

由于环境资源的公共品属性和外部性特征，使得资源配置的价格机制不再起作用，造成市场失灵，因此需要政府实施环境规制。现有研究环境规制对环境污染影响的相关文献，主要集中在检验环境规制的实施是否有效减少了污染物排放量，促进了环境质量的改善。

（1）环境规制对环境污染的直接影响。自“绿色悖论”提出后，学者们对其存在性进行了大量的实证研究。张华（2014）利用我国

2000～2011年省级行政单元数据，从地方政府竞争视角解读了“绿色悖论”之谜，结果发现，地方政府间的相互竞争导致本地区与相邻地区的环境规制“逐底效应”和“绿色悖论”效应，即本区域与相邻区域的环境规制竞相放松显著促进了碳排放，为避免“绿色悖论”现象，必须建立长期有效的环境绩效考核机制。张华和魏晓平（2014）从理论上分析了环境规制对碳排放影响的“绿色悖论”和“倒逼减排”机制，并采用我国各省2000～2011年的数据，实证分析了环境规制对环境污染的影响，发现环境规制与碳排放量之间呈倒U形曲线关系，在拐点之前，环境规制对碳排放量的影响为“绿色悖论”效应，在拐点之后，环境规制对碳排放量的影响为“倒逼减排”效应。孙建和柴泽阳（2017）以STIRPAT模型为框架，实证研究了“绿色悖论”在我国各区域的存在性问题，发现环境污染治理投资占地区生产总值比重和工业二氧化硫去除率这两个环境规制指标存在显著的“绿色悖论”效应。

相反，也有部分学者经过研究认为，环境规制能减少污染物排放量，产生“倒逼减排”效应。傅京燕（2009）区分了正式环境规制与非正式环境规制，利用2000～2006年的数据研究了广东省产业污染排放强度的影响因素，发现正式环境规制（采用地区污染投诉率衡量）对大气污染排放强度存在负向影响，产生了“倒逼减排”效应。但非正式环境规制（失业率、人口密度）的作用不显著。谭娟和宗刚等（2013）基于VAR模型，探究了环境规制与碳排放之间的关系，结果表明，环境规制强度的提升确实是导致碳排放量下降的Granger原因，同时脉冲响应分析表明，环境规制强度对碳排放影响显著为负，但是近年来其对碳排放量的负向作用效应大大减弱，原因可能在于规制强度增加速度落后于碳排放量增长速度。徐圆（2014）分析了我国非正式环境规制（用互联网上公众对环境问题的关注度、公开媒体上关于环境污染新闻的报道量来衡量）和正式环境规制（用单位产值工业污染治理完成投资额衡量）对工业污染排放强度的影响，发现虽然非正式环境规制与我国工业污染排放强度负相关，但其绝对值远小于正式环境规制。

（2）环境规制对环境污染的间接影响。环境规制主要通过技术创新、国际贸易和产业结构三条渠道对污染排放量产生间接影响。环境规制通过技术创新影响污染物排放量，可能产生“波特假说”效应或“遵循成本”效应。“波特假说”为政府实施环境规制措施提供了理论依据，认为合理的环境规制措施能够激发企业的技术创新，技术创新一方面可以提高企业的生产效率，另一方面也可以部分或全部弥补因环境规制增加的生产成本；而“遵循成本”效应则认为，环境规制不可避免地增加企业生产成本，并在一定程度上挤出企业的研发投入，从而限制了企业的技术创新活动，不利于减污治理。

波特（Porter，1991）、波特和琳达（Porter & Linde，1995）、阿姆拜克和巴拉（Ambec & Barla，2002）等学者提出“波特假说”，从动态角度分析了环境规制的作用，呼吁要以一种全新的思维方式看待环境与企业竞争力之间的关系。他们认为精心设计的环境法规可以刺激企业进行创新，进而有利于减少环境污染。在波特（Porter）之后，学者们就“波特假说”在中国是否成立进行了大量研究。陈诗一（2010）采用方向性距离函数动态分析模型，模拟中国工业从现在到中华人民共和国成立100周年之际节能减排的损失和收益，发现在环境规制实施的初期阶段，节能减排确实会阻碍技术进步，造成较大的生产损失，但随着时间推移，环境规制促进了企业的技术进步，生产损失也不断下降，最终将实现潜在社会产出，达到环境保护与经济增长的双赢发展。杰弗逊等（Jefferson et al.，2013）提出了发展中国家环境规制的两个特点。第一，环境规制对生产力有两方面正向促进作用：一方面，环境规制可以激发污染企业进行创新或采用更清洁的技术，促进生产活动；另一方面，环境规制可以刺激效率高的企业进入市场，倒逼效率较低的企业退出市场，提高市场活力。第二，环境规制对非污染型能源密集企业具有显著的外部效应。通过分析发现，在中国管制措施严格的两控区内，污染密集型企业显著改善了经济绩效，而能源密集型企业对经济产生了负向影响。李树和陈刚（2013）采用倍差法分析了2000年APPCI的修订对我国工业行业全要素生产率的影响，发现该政策有助于提高空气污染密集型工业行业的全要素生产率，而且随着时间的推移，其边际效应不断增加，这说明，实施严格且合适的环境管制很可能会实现环境质量改善和生产率增长的“双赢”结果。

然而，新古典经济学认为，环境规制的实施会无法避免地给企业增加额外的生产成本，并在一定程度上限制企业的技术创新，引发“遵循成本”效应。部分学者的研究结果支持了这一假说，如格雷和沙德根（Gray & Shadbegian，2003）采用美国纸浆和造纸厂生产效率和污染防治成本数据，探究环境规制对生产率的影响是如何随着技术的变化而变化，结果发现减排成本对工厂的生产效率有很大影响，减排成本较高的企业生产能力明显降低，但具体的影响程度取决于工厂的技术。布莱克曼和基尔德加德（Blackman & Kildegaard，2010）采用墨西哥大型规模、中等规模制革厂的企业层面数据，探究推动两种清洁技术应用的因素，发现企业规模、监管压力都与清洁技术的应用无关，驱动企业采用清洁技术的关键因素是企业的人力资本。徐志伟（2016）研究了工业经济发展、环境规制和污染物排放三者的关系，利用我国30个省市2001～2013年工业产出数据进行实证检验，证实我国工业存在“先污染、后治理”的发展模式，由于环境规制投资不足且规制效率较低，并未显著减轻污染排放。

环境规制通过国际贸易影响污染物排放量，可能产生“污染天堂”或“污染光环”效应。“污染天堂”假说认为，在经济全球化背景下，环境规制相对严格的发达国家倾向于通过国际贸易及FDI将本国污染密集型产业转移到环境规制相对宽松的发展中国家，从而降低生产成本，导致发展中国家环境恶化。而“污染光环”假说认为，国际贸易往来可以改善东道国环境质量，因为东道国可以通过贸易引进先进的环保技术，随着清洁技术的广泛应用，可以缓解环境污染问题。

部分学者通过实证研究发现，国际贸易中存在“污染天堂”效应。克里斯托弗和格伦等（Christopher & Glen et al.，2008）从中国二氧化碳排放来源角度出发，利用1987～2005年的数据着重研究出口对二氧化碳排放的影响，发现因出口增加的二氧化碳排放量一直在上升，截至2005年，已经增加到中国二氧化碳排放量的1/3。蔡熙乾等（Xiqian

Cai et al.，2016）运用双差分模型对“污染天堂”假说进行验证，他们根据中国政府实行的两控区政策，首先将280个城市划分为处于两控区城市（158个）和非两控区城市（122个），采用倍差法进行实证分析，发现与非两控区城市相比，处于两控区的城市的外商直接投资下降了31.9%，证实了“污染天堂”效应的存在。李锴和齐绍洲（2011）研究了贸易开放与二氧化碳排放的关系，采用工具变量法和广义矩估计法进行模型估计，并分析了不同方法对二氧化碳排放量和排放强度的影响，结果显示，不同估计方法下国际贸易都与我国环境质量显著负相关。王奇等（2013）将国家分为发达国家、发展中国家和新兴工业化国家，计算了这三类国家在国际贸易中的隐含污染转移排放量，结果显示，发达国家和新兴工业化国家倾向于利用国际贸易将本国污染输出，这也导致了这些国家的EKC拐点提前到来，而发展中国家则正好相反。吴长兰（2016）研究了外商直接投资对中国环境污染的影响，结果发现，中国与主要外资来源国环境规制差异较大，皆显著影响企业的迁移，企业会选择规避风险降低成本转移生产到中国，此时产生“污染天堂”效应。

和上面文献的结论相反，部分学者赞成“污染光环”假说。格雷泽和梅洛（Grehter & Melo，2003）利用52个国家1981～1998年的生产和国际贸易方面数据，运用基于地理起源的分解比较优势的新方法发现，平均而言，污染行业有较高的交易成本（有色金属除外），发达国家的污染行业不会向发展中国家转移。梁志宏和罗斯（Liang & Ross，2002）运用中国1996～2001年231个城市的相关数据，以二氧化碳为被解释变量进行研究，发现相比于内资企业，外资企业更加注重生产中的污染排放问题，产生的污染排放量更少。黄菁（2010）选用我国217个城市2003～2006年的工业污染数据，运用联立方程测度FDI对污染排放量的影响，发现FDI通过污染治理、经济增长和产业结构这三条渠道减少了工业污染排放，改善了我国环境质量。李小平和卢现祥（2010）运用面板数据的系统GMM方法，研究了国际贸易的环境效应问题。结果显示，我国并没有显现出“污染天堂”迹象，环境污染对贸易开放的回归系数为 -0.009，虽然系数的绝对值不大，但却表明了国际贸易有利于减少环境污染。李子豪和刘辉煌（2011）采用中国 20 个工业行业、西方 7 个工业化最先进的国家和经济合作与发展组织等国家贸易数据，实证检验中国是否沦为“污染产业天堂”，发现国际贸易有效减少了我国工业行业二氧化碳排放量和单位产值二氧化碳排放量，我国并没有沦为“污染产业天堂”。

在产业结构对环境污染的影响方面，环境规制通过影响技术进步和对外贸易间接影响产业结构，进而影响污染物排放量。在技术创新方面，“波特假说”认为合理的环境规制强度能够激发企业进行技术创新，进而部分或全部弥补因环境规制增加的生产成本。技术的创新往往带来生产中要素投入比例的改变，这种变化随着时间推移，在社会各产业间不断扩散，最终实现产业结构升级。在国际贸易方面，污染密集型产业和清洁产业通过自由贸易和 FDI 渠道，在环境规制标准严格和相对宽松的国家间进行转移，从而影响各国产业结构的变化。如果一国实施严格的环境规制措施，则能吸引更多国际上清洁型企业投资，推动本国清洁产业的发展，反之，若实施相对较弱的环境规制措施，则很有可能沦为各种污染密集产业的“污染天堂”。

目前，有关环境规制影响产业结构的文献较少。陆旸（2009）利用 2005 年 95 个国家的贸易数据，通过建立 HOV 模型，就环境规制是否能够影响全球贸易模式进行分析，发现对于一国污染密集商品而言，降低环境规制并不一定能增加其比较优势，相反，适度增加环境规制强度反而可以获得一定的出口竞争优势。肖兴志和李少林（2013）认为，环境规制可以通过需求、技术和国际贸易三条途径影响产业结构，并采用 1998～2010 年我国行政区域数据，实证测算了环境规制强度对产业结构的影响，认为总体上环境规制强度与产业结构升级正相关，但这种正向关系仅在东部地区显著，在中、西部地区并不显著，因此要分区域选择有针对性的环境规制强度。徐敏燕和左和平（2013）根据污染程度将 20 个制造业分为三类污染产业（重度、中度、轻度），并对不同程度污染产业的环境规制强度、产业集聚和产业竞争力关系进行研究，发现环境规制的创新补偿效应不能促进所有产业竞争力的提高，同时环境规制并非一定会降低产业集聚。韩晶和陈超凡等（2014）通过构建双重差分模型研究环境规制对产业升级的影响，发现环境规制对产业升级有正向促进作用，但促进效果还有待提高，此外，不同环境规制工具对产业结构升级影响差异很大，其中市场化环境规制工具对产业结构的正向促进程度最大。纪玉俊和刘金梦（2016）从人力资本状况角度出发，采用我国1998～2013年行政区域数据，建立“门槛”回归模型实证研究环境规制对产业升级的影响，结果显示，随着人力资本水平的提高，环境规制对产业升级的影响先由无正向促进作用转变为具有显著正向促进作用，再转变为并不显著的抑制作用。

### 2.2.3 环境污染的空间溢出效应研究

空间计量经济学是计量经济学的一个分支，它吸引了越来越多的研究者。国外学者安瑟琳（Anselin，2001）探讨了资源环境经济学中使用空间计量方法所遇到的一些实践方面问题，认为空间数据被纳入实证分析中的方式以及空间交互作用类别选择，最终都需要使用一种恰当的方法来对其进行合理解释，并提供了一些可采取的不同方法，分析它们对结果解释的不同影响。卢帕辛哈等（Rupasingha et al.，2004）等基于环境库兹涅茨曲线假说研究了美国各县人均收入与有毒污染物之间的关系，当在分析模型中纳入空间效应时，二者之间呈现倒U形关系，当纳入收入的立方项后，随着收入的继续增加，有毒污染最终会再次增加，证实了空间效应对于理解美国各县有毒污染物与人均收入关系具有重要意义。麦迪森（Maddison，2006）以$SO_2$、CO、$NO_X$和挥发性有机化合物作为环境质量指标，将空间因素纳入分析框架，发现$SO_2$和$NO_X$显著受到邻国排放量的影响，表明环境污染存在显著的空间效应。胡赛尼和拉赫巴（Hossein & Rahbar，2011）采用亚洲国家$CO_2$和PM10的数据，分析空气污染分布状况，发现这两类污染物存在显著的空间溢出效应。胡赛尼和卡内科（Hossein & Kaneko，2013）提出不同国家的环境质量在空间上会向邻国溢出，他以129个国家为研究对象，以1980～2007年为样本研究期间，运用面板模型研究国家及其邻国环境质量对二氧化碳排放强度的影响，结果表明该影响十分显著。杰西和潘等（Jessie & Poon et al.，2006）在EKC假说的基础上，纳入了高污染邻国的区域溢出效应，探讨中国经济增长与环境质量（二氧化硫和烟尘）的关系，发现环境污染在中国省域之间确实存在显著的空间效应，经济增长与二氧化硫呈倒U形关系，但烟尘与经济增长呈U形关系。李倩等（Li Qian et al.，2014）使用中国县级市$SO_2$和COD排放量数据，通过计算空间自相关Moran's I指数，发现$SO_2$和COD存在显著的空间关系，通过构建SEM模型和SAR模型评估经济发展水平、人口密度和产业结构对环境污染的影响，研究发现，这些因素与$SO_2$和COD排放量高度相关，与普通最小二乘回归相比，证明了SEM模型和SAR模型的优越性，有效地揭示了空间依赖性的存在性和重要性。

在国内，王立平和管杰等（2010）认为，产业结构转移增强了我国区域间经济联动性，产业结构会对本地区及周边地区环境质量产生影响，而且区域间环境质量的空间溢出效应不容忽视；通过建立空间动态面板模型分析我国经济增长与环境污染之间关系，结果表明，我国环境污染存在显著的空间相关性，地理因素是造成环境污染溢出的主要原因。吕健（2011）利用我国省级单元数据通过构建空间计量模型实证分析了经济增长与环境污染之间关系，发现在较大程度上废渣排放量的下降有利于经济增长；分行业看，废气污染大的行业对经济增长的贡献较大，废水污染大的行业对经济增长的贡献不显著。吴玉鸣和田斌（2012）利用2008年中国省域六类环境污染数据，运用空间计量分析方法研究各省市环境污染的空间相关性，结果表明，环境污染存在显著的空间溢出效应。刘洁和李文（2013）从地方政府税收竞争角度出发，采用2000～2009年我国28个省（自治区、直辖市）的数据研究税收对环境污染的影响，结果发现，我国环境污染在空间分布上存在显著的空间联动性，相邻省（自治区、直辖市）空间溢出效应显著，而且税收竞争会导致地方政府采取相对宽松的环境规制措施，导致污染排放量增加，环境质量恶化。马丽梅和张晓（2014）研究了大气污染的主要污染物 PM10，采用我国 31 个省级经济单元 PM10 数据，建立空间计量模型研究省际 PM10 的交互影响，发现地区间 PM10 存在显著的空间自相关且自相关性逐年增强，而且地区间 PM10 的空间交互影响为负向关系。高峰（2015）基于我国 2000～2013 年 31 个省级行政单元数据，研究发现，我国环境污染状况存在空间集聚现象，近年来环境污染的空间依赖性有进一步加强的趋势。

## 2.3 环境规制与大气污染治理效率

国外对环境效率的研究可以追溯到 20 世纪 70 年代。其评价方法较多，其中，应用最为广泛的是非参数的数据包络分析法（DEA）。自 1978 年起，DEA - CCR 模型被研发后，有关 DEA 的理论与实证研究就引起了学者们的广泛关注。法瑞尔等（Fare et al.，1989）基于 DEA 方法，成功构建了第一个环境效率评价模型；皮特曼（Pittman，1983）测度美国威廉堡斯康星州制造厂的效率时，首次在生产率中引入“坏”产出。此后，许多学者将“坏”产出引入到环境效率的评价当中，并运用基于全要素理论的 DEA 方法对环境效率进行测算评价。莱因哈特和洛弗尔等（Reinhard & Lovell et al.，2002）开发并实现了一种分析生产者之间环境效率变化来源的方法，该方法包含了两阶段模型，在第一阶段，采用随机前沿分析法估算技术效率和环境效率；在第二阶段，再次使用随机前沿分析来估计各种技术、物理环境和管理变量对环境效率评分的影响，在这个阶段，估计每一个解释变量对环境效率的影响，并从单边误差分量中得出环境效率的条件估计。奥利森和彼得森（Olesen & Petersen，2009）提出了一个目标效率 DEA 模型，允许在一个阶段模型中包含环境变量，同时保持高度的鉴别力，该模型同时估计了管理和环境因素对效率的影响，并将总体技术效率分解为目标效率和环境效率两部分。佐石（Satoshi，2015）使用数据包络分析（DEA）模型，研究了1970~2008年98个国家的国际贸易对环境效率的影响，测量了四种典型空气污染物（二氧化硫、氮氧化物、颗粒物和二氧化碳）的环境效率，并将环境效率与收入、资本劳动比和贸易开放程度进行回归，结果表明，贸易开放度与环境效率正相关，贸易开放对环境效率的影响因各国的人均相对收入而异，人均相对收入越高，贸易对环境效率的影响越大。汉尔克斯·泽雷梅斯和考尔兹蒂斯等（Halkos Tzeremes & Kourtzidis et al.，2015）使用二阶段DEA模型建立欧洲地区的可持续效率指数，在第一阶段和第二阶段分别将可持续效率指标分解为生产效率和生态效率指标，生产效率是指经济产出大于投入的比率，生态效率被定义为作为中间变量的坏产出与经济产出之间的比率，基于共同边界研究地区之间的异质性，研究结果揭示了生态效率阶段存在区域之间的不平等。瓦拉蒂卡尼·罗斯迪和史密斯（Valadkhani Roshdi & Smyth，2016）提出了一个多元环境数据包络分析模型（ME-DEA）来衡量产生了世界上大部分的二氧化碳排放的46个国家对资源利用的表现，在这个模型中，将经济（劳动和资本）、环境（淡水）和能源投入与理想产出（GDP）和三个不想要产出（二氧化碳、甲烷和氧化亚氮排放量）结合起来，利用资源DEA模型的乘法扩展，将每个国家按其资源的最佳利用情况进行排序，通过分别计算每个输入和输出的部分效率分数，确定了所有样本国家的低效率的主要来源，根据模型得到的部分效率得分，定义了2002年、2007年和2011年的总经济、能源和环境效率指数（2002年、2007年和2011年反映了《京都议定书》正式颁布前后的时间点），结果发现，对大多数国家来说，这一时期的效率分数都在上升。此外，经济与环境效率之间存在着正相关关系，但研究结果表明，在没有达到一定的经济效率阈值的情况下，环境效率是不可能实现的。洛扎诺（Lozano，2017）使用23个燃煤发电厂和单一污染物的数据集，研究了一个考虑生产阶段和减量阶段的网络数据包络分析系统，2个DEA模型分别用于评估系统的技术和环境效率，技术效率模型计算了基于网络松弛的效率度量，在环境效率模型中，污染物排放量的减少可以根据其环境影响或其津贴费用来加权，从而允许投入和污染物替代。

国内学者对环境效率的研究起步较晚。李静（2008）较早基于非径向、非角度的 DEA - SBM 模型，将二氧化硫排放量、烟尘排放量、固体废弃物产生量作为非期望产出，评价了我国 43 家企业的环境效率；杨俊和邵汉华等（2010）运用 DEA 方法测算得到了我国 1998 ~ 2007 年各省级经济单位的环境效率，结果发现我国省际环境效率偏低，省际与区域之间环境效率差距较大。张子龙和薛冰等（2015）选用超效率 DEA 模型测算了 2005 ~ 2010 年间我国 286 个地级城市的工业环境效率，发现样本考察期间，中国工业环境效率总体上呈下降趋势，且呈现出东高西低的空间格局。

金玲和杨金田（2014）将非期望产出作为投入指标，采用 DEA 模型对 2006 ~ 2012 年我国 30 个省（自治区、直辖市）的大气环境效率进行测算，研究表明，样本考察期内，全国大气环境效率整体呈现上升趋势，分地区来看，大气环境效率最高的是东部地区，最低的是西部西区，区域环境效率差距呈扩大趋势。何为和刘昌义等（2016）以二氧化硫排放作为非期望产出，运用 SBM 模型测算天津市各区县 2006 ~ 2013 年的大气环境效率，结果表明，天津市整体大气环境效率偏低，存在二氧化硫排放过量和资源投入冗余的问题，各区县大气环境效率差距在 2008 年后有扩大趋势，但在 2013 年扩大趋势基本得到控制。汪克亮和刘蕾等（2017）以二氧化硫与烟（粉）尘排放作为非期望产出，运用 SBM 模型测算分析了 2006 ~ 2013 年基于组群边界和群组边界的省域大气环境效率，结果表明，我国大气环境效率较低，东、中、西部地区之间的大气环境治理技术差异较大。在大气环境效率测算中，除污染类指标外，其他指标与环境效率测算选用的指标都有很高的重合性，其得出的结论与环境效率的结论存在很大程度上的相似，因为无论是环境污染这一个包含各种污染物的大概念，还是大气污染这一个单一方面，其影响因素都非常相似。

部分学者用经济增加值与大气污染物排放量的比值来衡量大气污染排放效率。汪克亮和孟祥瑞等（2017）根据排放技术水平差异将全国分为东、中、西三个群组，进一步测算分析了 2006 ~ 2014 年我国 30 个省级单位的大气污染排放效率，根据测算得到的效率值分析群组间的效率差异，最后对我国省际大气污染排放效率与排放技术的影响因素进行了定量分析，对实证结果进行概括总结，发现考察期内的大气污染排放效率整体水平偏低，地区差异非常显著，东部地区明显高于中部与西部。汪克亮和刘蕾等（2017）运用非径向加权 Russell 方向性距离函数，测算长江经济带共 11 个省市 2007～2014 年的大气污染排放效率，结果表明，考察期内大气污染排放效率较低且呈下降趋势，大气污染排放效率地区差距形成的主要成因在于上、中与下游之间的差距以及上游内部各省之间的差距。

近年来，对环境治理效率的研究也成为学者们关注的重点。张悟移和陈天明等（2013）运用 DEA 方法测算了中国 30 个省（自治区、直辖市）2010～2011 年的环境治理效率，运用 Malmquist 指数分析了 2002～2011 年的环境治理效率，研究发现各区域环境治理效率偏低，资源浪费现象严重；2002～2011 年中国整体区域环境治理效率表现出明显的下降趋势，技术落后是制约治理效率的主要因素。王奇和李明全（2012）基于 2004～2009 年大气治理过程中的投入与污染物去除率的数据，运用超效率 DEA 模型测算了我国省级经济单位的大气污染治理效率，发现大气污染治理效率从高到低依次为中部、东部和西部，不同地区应在投入、技术水平和管理水平等方面采取不同的治污措施。范纯增和姜虹（2016）利用超效率 DEA 模型和 Malmquist 模型，测算了我国的 36 个工业部门 2006～2013 年的大气污染平均治理效率，结果表明，仅有 1/3 的工业部门对大气污染治理是有效的；从 ML 指数的分解结果看，技术效率变化对总体大气污染治理效率的贡献明显强于技术进步。

## 2.4 环境规制与水污染治理效率

20 世纪中期以来，国外水污染事件相继爆发，如德国的莱茵河事件、日本的水俣病事件、北美死湖事件和 1978 年美国的“卡迪兹号”

超级油轮事件等，对人类赖以生存的自然环境及生态系统平衡、生物多样性等造成了严重破坏。从20世纪70年代开始，西方发达国家开始对环境问题进行治理，主要以对资源的合理开发与利用以及使经济发展和生态环境保护相协调等治理工作为主。到20世纪80年代末，西方发达国家的污染问题基本得到了有效控制。在几十年的水污染防治工作实践中积累了许多有益的经验，主要归结为以下几点：一是分层治理，即根据行政区域划分对环境污染进行治理；二是对流域整体进行治理，美国和澳大利亚采取两种方法相结合的治理模式，英法等欧洲国家主要采取第二种治理模式，日本较为特别地采用多部门共同治理的模式。由于国情不同，每个国家治理模式各不相同。但西方国家的治理模式对于正处于发展中的我国开展水污染防治有重要的参考价值。

目前，我国国内学者对于水污染治理效率及其影响因素的研究主要集中在3个方面，一是水污染治理效率的测算与分析；二是水污染治理因素的实证研究；三是水污染治理机制及措施的研究。

国内水污染治理效率的实证研究相对较晚。黄森慰和张春霞（2007）基于DEA方法测算了我国6个省区市的水污染治理效率，认为考虑人口数量和经济增长的情况下，我国的水环境管理效率较高，但污染较为严重；曾文慧（2008）基于1994～2002年我国各省（自治区、直辖市）的面板数据，考察了跨界污染对各地区环境规制强度的影响，发现工业化程度的提高未能显著改善环境污染状况，地理区位对各省环境规制强度影响显著；上游地区具有“搭便车”向下游转移污染的激励，一定程度上导致了流域水质的整体恶化。陈旭升和范德成（2009）、李磊和赵培培（2011）、石风光（2014）等学者运用DEA方法测算分析了我国各地区工业废水治理效率。范纯增和顾海英（2016）基于2005～2013年工业水污染物治理投入与除去数据，利用污染当量法和DEA模型，测算了38个工业部门的水污染治理效率，结果表明，水污染治理效率总体较低且不同部门效率差异明显，改善水污染治理效率的主要因素是技术效率，技术创新的支持则较弱。胡晓波和吴红艳等（2013）以2003～2010年湖北省废水处理设施年度运行费用、工业污染源废水治理完成投资和城市环境基础设施建设污水处理投资为投入指标，以工业用水重复利用量、工业废水 COD 去除量和城市污水处理厂处理量为产出指标，运用 DEA 模型评价了废水治理效率，结果表明，2010 年湖北省废水治理相对总效率比 2003 年有所提高，提升的主要原因是废水治理投入产出配置得到了优化。张颖（2013）利用 2001～2010 年我国省级面板数据建立“最优污染规模”模型，对其规制现状及影响因素进行实证研究，结果表明，省级政府对本区域污染有显著影响，地理区位会影响省级政府的规制效率，上游地区规制强度低，所以有通过“搭便车”将污染转嫁给下游地区的倾向。胡欢（2015）运用综合变量 DEA 方法，对 2009 年我国 26 个省区市的水环境管理效率进行实证研究，发现我国各地区水污染治理较低，多数地区未达到相对效率前沿面。张家瑞和曾维华等（2016）采用网络 DEA 模型和经典的 CCR 模型测算了 2001～2012 年滇池流域水污染防治收费政策点源防治绩效，结果表明，滇池流域水污染防治收费政策点源防治整体效率较低，污水处理收费政策点源防治绩效较高，阶梯水价政策和排污收费制度实施绩效较低，未来滇池流域可通过提高阶梯水价征收标准和通过排污收费制度费改税等措施以提高阶梯水价政策和排污收费制度点源防治实施绩效。刘涛（2016）以华东六省一市的数据为依据，基于随机边界分析法评价了 2010～2014 年工业废水治理投资效率，并分析了其影响因素，发现各地区工业废水治理投资效率均有不同程度的提高，且地区间差距有不断缩小的趋势；政府环保投入占政府支出比重、工业总产值占 GDP 比重和城镇化与废水治理效率正相关；财政支出占 GDP 比重的影响不显著。李潇潇（2017）运用 BCC 模型测算了 2009～2015 年安徽省水污染治理效率，并分析了水污染治理效率的影响因素，结果表明安徽省整体水污染治理效率不高，收入水平、人口密集程度、城市化水平对水污染治理效率有着正向影响；产业结构和贸易开放程度对环境治理效率存在反向影响。

## 2.5 研究评述

综合国内外相关研究可以看出：

（1）已有文献较少关注环境规制对能源消费的影响，且有限的研究中，多数学者以能源效率或能源强度指标作为能源消费指标的代理变量，缺乏一定的科学性；且多数文献只考虑环境规制的直接影响效应，忽视了环境规制通过影响技术创新、产业结构调整、外资结构优化等的间接效应，不能全面衡量环境规制的规制效应。

（2）有关环境规制与环境污染的相关性研究中，已有研究极少考虑环境规制的时间滞后效应和空间外溢效应、直接效应和间接效应，即忽视了环境规制和环境污染的动态因素及空间因素，估计结果有可能会出现偏误。

（3）有关环境规制与大气污染减排效率、水污染治理效率的研究文献中，基于经济学视角的研究较多，而从环境规制政策工具方面研究其对大气污染治理效率、水污染防治效率的影响及其政策工具的优化选择的文献极少，这为本书的研究提供了较大的探索空间。

（4）对于环境规制指标的选取，多数学者选用一种环境规制指标来表征环境规制变量，如环境污染治理投资、废气排放达标率、排污费征收、“三同时”制度等；而我国的环境规制工具是一个丰富的工具群，如现阶段实施的命令—控制型环境规制、市场激励型环境规制和自愿参与型环境规制等，单一指标难以全面衡量环境规制的规制效应。

（5）对于环境污染指标的选取，多数学者使用单一指标衡量环境污染，如二氧化硫排放量、二氧化碳排放量、废气排放量、废水排放量等，单一指标只能反映环境污染的一个方面，而一个地区的环境污染是多个污染物指标综合作用的结果，单一指标难以表征环境压力。

本书在已有研究的基础上总结如下。

（1）从环境规制的投入与产出两个方面选取六个具体的环境规制

指标，利用熵值法将六个环境规制指标合成为境规制强度综合指数，克服了已有文献仅用单一指标来衡量环境规制的局限。

（2）在污染物指标的选取上，本书选取具体的6个“三废”排放量指标，运用熵值法将其合并为环境污染综合指数，能够全面表达环境污染状况，克服了单一指标衡量环境污染的缺陷。

（3）本书用能源消费总量指标衡量能源的利用状况，从直接效应和间接效应两个层面全面研究环境规制对能源消费的影响，研究结果较为客观、全面。

（4）基于内生经济增长模型中“源头控制”的思路，构建同时包含空间因素和动态因素的动态空间滞后面板模型，从时空结合的角度研究环境规制对环境污染的直接影响和间接影响，能够得到较为全面客观的结果。

（5）通过构建系统动态 GMM 模型研究环境规制对大气污染防治效率的影响，通过构建 Tobit 限值因变量回归模型研究环境规制对水污染治理效率的影响。通过上述研究，为优化环境规制政策工具，充分发挥环境规制工具的优化组合效应提供决策依据。

# 第3章

# 环境规制强度的时空演变

环境问题的重要性已不能同日而语，和人类污染的能力相比，地球的承载能力已不再是无限的。改革开放以来，随着工业化进程的快速推进，经济持续稳定增长的同时，一系列的资源消耗和生态破坏、环境污染也使经济发展面临严重的资源环境“瓶颈”约束，染物排放量已远高于环境容量，大部分地区环境承载力已达到或超过上限（付云鹏等，2015）。理论和实践都已证明，环境问题的解决已不能仅仅依靠市场这只看不见的手，而需要政府这只看得见的手发挥作用，这为环境规制提供了充足的依据。一般意义上，政府制定规制政策的目的在于保护环境，然而，实践中环境规制失灵的现象时有发生。由于污染排放具有显著的负外部性特征，污染物可通过介质在不同区域之间扩散和传播，跨区域污染问题在所难免。而环境规制则具有正外部性，一个地区提高环境规制强度，增加环境污染治理投资，其他地区也会享受到这种正的外部效应。20 世纪 80 年代以来，随着污染问题的日趋凸显，我国政府逐渐加大了环境规制力度，目前各省（自治区、直辖市）环境规制强度如何，是否存在显著的空间扩散与集聚效应？本章将从理论与实证方面对此予以深入研究，为后续研究奠定实证依据。

## 3.1 环境问题

### 3.1.1 环境的含义

环境一词就其词义而言，是指周围存在的事物。就其狭义来讲，是指相对于人类这一主体而言的一切自然环境要素的总称；可以理解为人类生存的环境，即以人为中心，其他生物质与非生物质被视为环境要素。

环境是相对于某一主体而言的，主体不同，环境的内容、大小及包括的范围等也有所不同。环境既包括以大气、土壤、水、动植物、微生物等为内容的物质因素，也包括以制度、观念、认知方式、行为准则等为内容的非物质因素；既包括自然因素，也包括社会因素；既包括生命体形式，也包括非生命体形式。

环境是一个复杂的动态系统。按其构成要素，可分为自然环境、人工环境和社会环境。

自然环境是指原始的、未经过人类加工改造的、天然存在的环境。按所包含的要素，自然环境又可分为大气环境、水环境、土壤环境、地质环境和生物环境等，主要是指大气圈、水圈、土圈、岩石圈和生物圈——即地球的五大圈。也可以理解为人类赖以生存、生活和生产所必需的自然条件和自然资源的总称，包括直接或间接影响人类的一切自然物质、自然现象等（程发良、孙成访，2012）。

人工环境是指人类为了提高物质及文化生活水平，在自然环境的基础上经过人为加工改造所形成的环境，或者称为人为创造的环境。人工环境与自然环境的区别主要在于，人工环境对原始的自然物质形态做了较大的改变，使其失去了原有的面貌。本书所探究的环境问题是指自然环境。

社会环境是指由人与人之间的各种社会关系所形成的环境，包括政治制度、经济体制、文化传统、邻里关系等。

不同的学科对于环境问题的理解不同。在生物学中，“环境”是指生物的栖息地，以及直接或间接影响生物生存和发展的各种因素。

在环境科学中，人类被看作主体，“环境”是指以人类为主体的全部空间，以及一切影响人类生存、生活、发展和繁衍的各种天然和人工改造过的自然要素或物质要素的总称。世界各国的环境保护法中，往往把环境要素或应保护的对象称为环境。于 2014 年修订、自 2015 年 1 月 1 日起施行的《中华人民共和国环境保护法》第二条明确指出：“本法所称环境，是指影响人类生存和发展的各种天然的和经过人工改造的自然因素的总体，包括大气、水、海洋、土地、矿藏、森林、草原、湿地、野生生物、自然遗迹、人文遗迹、自然保护区、风景名胜区、城市和乡村等。”从法律层面准确地界定了应予以保护的环境要素和对象。

在经济学中，“环境”被定义为能够为人们提供各种服务的资本，是与物质资本、人力资本、社会资本并存的四大资本之一。环境和自然资源一样，都是有价值的，它是人类不可缺少的生命支持系统，是各种物质资源的供应者，又是人类生产和消费产生的各种废弃物的吸纳者，为人类提供不可或缺的服务。因此，从经济学意义上看，环境既可作为投入品为人类生产和生活提供服务，又可作为消费品供人们消费。罗伯特·康斯坦（Robert Costanzn，1997）等学者对全球生态系统服务于自然资本的价值进行了不完全估算（不包括不可再生原料与矿物，也不包括大气层本身的价值），得出的结论是这种价位约为 16 万亿 ~54 万亿美元，平均值为 33 万亿美元，相当于当年全球 GNP 的 1. 8 倍。

### 3. 1. 2 环境资源及其属性

（1）环境资源。环境资源（Environmental Resources）指影响人类生存和发展的各种天然存在的和经过人工加工改造的自然因素的总体。环境作为一种资源，它有两层含义：一是指诸如土地、水、空气、动植物、矿产等单个的环境要素，以及它们的组合方式（环境状态），可称为环境的自然资源属性；二是指与环境污染相对应的环境吸纳废弃物的能力，即“环境自净能力”，可称为环境资源属性。环境的自净能力是有限的，这种有限性表现在两个方面：一是环境不能分解转化所有的废弃物。如一些人工合成的塑料、有毒化学物品等，无法在环境中自行降解、转化；二是环境的净化需要花费一定时间。如果短时间内排入过多的废弃物，则废弃物不能及时得到净化，也会产生环境问题。

环境资源作为人类赖以生存和发展的物质基础，它除了具有整体性、稀缺性、多用途性、区域分异性等特点外，还具有价值性、非排他性、非竞争性，即具有公共产品的属性。环境作为资源，其价值依赖于承载力。当污染排放低于环境承载力水平时，环境能够自净，环境本身不需要也不能够从污染活动中获得补偿，环境无法成为资源体现其价值；一旦污染物排放超过了环境的承载能力，即超过承载阈值，此时环境不能够自净，环境质量下降，需要采取一系列的干预手段从污染活动中获得补偿，体现环境资源的价值，类似于阶段定价机制。也就是说，当污染排放低于环境承载阈值时，环境资源能够免费提供无偿服务，超越一定临界点则变为有偿使用。从此角度来看，环境是一种具有使用成本的物质资源（周肖肖，2016）。如许士春和何正霞等（2010）把资源消耗和环境管制同时引入生产函数之中；廖明球（2011）基于“环境成本”的思想，将环境视为除资本、劳动力和能源投入之外的一种（虚拟）投入，在国民经济核算体系中，分离出环境（虚拟）产品的核算，并将其产生的效用从传统核算的能源部门效用中分离出来。还有部分学者将环境污染看作一种未支付的投入，和资本、劳动力同时纳入核算模型（陈诗一，2009；李胜文和李新春等，2010；匡远凤和彭代彦，2012）。这些都是一种典型的将环境转变成生产用环境资源的做法。

（2）环境资源的属性。环境的价值性源于环境的资源性，环境资源具有物质性和非物质性，由生态价值和存在价值构成。环境经济学认为，即使环境能够作为一种经济物品进行研究，在一定程度上也是一种难以界定产权的公共产品，公共产品（Public Goods）如空气、路灯、法律制度等，在消费或使用上具有非竞争性，在受益上具有非排他性。

西方经济学将其定义为，能够为绝大多数人共同消费或享用的产品或服务，其特点是一些人对这一产品的消费不会影响另一些人对它的消费，即具有非竞争性；某些人对这一产品的使用，不会排斥另一些人对它的使用，即具有非排他性。一般由政府或社会团体提供，如国防、公安司法、义务教育、社会公共福利事业等。

环境资源同样具有典型的公共产品属性，因而在一定程度上难以进行产权界定而被竞争性地过度使用或侵占，即是说，环境资源人人都有使用权，没有人有权力阻止他人的使用，而每一个人都倾向于过度使用，从而造成资源的过度使用及污染的过度排放。日趋严重的生态破坏和环境污染一定程度上源自“公地悲剧”。但环境承载力有一定的容量、阈值，一般意义上，环境承载力指在一定生活水平和环境质量要求下，在不超出生态系统弹性限度条件下，环境子系统所能够承载的社会子系统在污染物数量、经济规模与人口数量上的最大可能性（林婧、董成森，2011）。环境承载力由承载体、承载对象、环境承载率 3 个方面的要素构成（齐亚彬，2005）。当污染水平低于承载力阈值时，则环境具有公共产品的属性，不具有竞争性和排他性；一旦污染水平远远超过承载力阈值时，环境资源的使用则具有排他性，但由于环境资源难以用产权制度进行产权界定，所以又是不具有竞争性的，因此，环境资源又可以看作非完全公共产品（或称之为半公共产品）。

### 3.1.3 环境问题

（1）环境问题的定义和分类。在人类发展的历史长河中，人与自然如何和谐共处历来备受关注，工业化发达国家的历史证明，两者和谐则两利，过度开发自然资源则会受到大自然的“报复”与“惩罚”。在不同的发展阶段，人类所面临的环境问题不同，尤其是进入工业化发展阶段后，随着大量自然资源被过度开采使用，一系列的生态破坏、环境污染等问题相继频发，严重威胁了人类的生存环境和可持续发展，环境问题引起更为广泛地关注和更加深入地研究。

环境问题是指作为中心事物的人类与作为周围事物的环境之间的矛盾（程发良、徐成访，2012）。从广义上讲，环境问题是由于生态系统遭受自然或人为原因引起的破坏，直接或间接地对人类生存和发展造成影响的一切现实的或潜在的问题；从狭义上讲，环境问题是指由于人类不合理的生产和生活方式导致的各种资源破坏、环境污染和生态系统失调（吴彩斌和雷恒毅等，2005）。

从引起环境问题的根源看，环境问题可分为两类：即原生环境问题和次生环境问题。原生环境问题也叫第一环境问题，主要是指由于火山、地震、台风、洪涝、干旱和滑坡等自然因素造成的灾害，不包括在环境经济学研究的范围之内，目前，人类对这一环境问题的抵御能力还很弱。次生环境问题也叫第二环境问题，是指由于人类生产和生活活动超过了环境的承载能力而造成的破坏，比如环境污染和资源耗竭等问题，主要包括生态破坏和环境污染两大类。生态破坏是由于人类不合理的开发利用自然资源所引起的生态环境质量恶化或自然资源枯竭，影响和破坏了生物正常的发展和演化，以及可更新自然资源的持续利用，如过度放牧引起的草原退化，滥采滥伐森林引起的水土流失、植被破坏、土地沙漠化、珍稀动植物灭绝和生态系统能力下降等。环境污染是指由于人类活动产生并排放到环境中的污染物或污染因子超过了环境容量和环境自净能力，使环境系统正常的结构和功能遭到破坏，造成环境质量恶化，从而对人类正常的生产生活及环境系统本身造成的严重损害和影响，如“三废”排放量引起的大气污染、酸雨、水污染和土壤污染等。

原生环境问题和次生环境问题往往难以截然分开，它们之间在某种程度上存在一定的相互作用和因果关系。也就是说，原生环境问题和次生环境问题是相对而言的，在某种程度上存在相互影响、重叠发生，形成复合效应，如对地下水资源的过度开采可能诱发地震，大面积的森林破坏可能增加大量二氧化碳排放，使温室效应加剧，地球温度升高，干旱加剧，降雨量减少等。环境经济学研究的主要对象是第二类环境问题。

（2）环境问题的产生和发展。环境问题除了自然灾害外，大多随着经济社会的发展而产生。人类通过自己的活动从自然界中获取生存和发展所需要的物质与能量，同时又将“三废”排放到环境中去，环境又会以某种方式（如生态破坏和环境污染等）反作用于人类，人类与环境之间形成以物质、能量和信息相联结的错综复杂的人类环境关系。当人类活动与自然规律相违背时，就会产生一定的环境问题，进而导致环境质量恶化。

环境问题自古就有，在不同的历史阶段，环境问题的性质并不相同。著名经济史学家卡洛·M. 齐波拉（1993）认为，人类社会的发展历史大致可以用两次革命来概括，第一次革命是使人类从渔猎经济、采集经济过渡到农耕和畜牧经济的新石器时代的“农业革命”；第二次革命是18世纪后期使人类由农耕和畜牧经济转变为现代工业经济的“工业革命”。齐波拉（1993）认为，这两次革命“深深地打破了历史进程的连续性”，从根本上改变了人类的生活方式和人类文明的发展方向，在人类发展历史上具有转折性的重要意义。随着人类社会的发展和生产力水平的不断提高，人类的生产方式和开发利用自然资源的方式与规模也发生了根本性的变化，环境问题也随之产生。

在原始文明阶段，生产力水平极低，物质极度缺乏，人类抵御疾病、瘟疫以及自然灾害的能力极为有限，因而人口增长缓慢，这一阶段人类主要依靠捕食和采摘来维持生存，人类只是盲目地利用环境，单纯地依赖环境，而很少有意识地去改造环境。这一阶段的环境问题主要是局部的、暂时性的，如乱采滥捕或用火不慎引起的森林草地及动植物资源的毁坏，对自然生态系统的正常功能和修复能力并没有产生破坏。也可以认为，这一时期人类基本处于与自然和谐相处的状态。

在农业文明阶段，人类学会了动物驯养和农业耕作，农业和畜牧业产生并得以发展，经过长时间的过渡，人类逐渐脱离了采集和狩猎，进入到农耕文明时代。这一时期，人类初步掌握了一定的自然规律，改造自然和利用自然的能力越来越强。食物的增加使人口剧增，为了获得足够的耕地和食物满足生存，人类只有通过对森林和草原的大规模毁坏来人为制造适合农耕和放牧的自然环境。因而，这一阶段产生的环境问题主要是生态破坏，如由于耕地过度扩张导致的森林砍伐，由于过度放牧导致的草原破坏等引起的水土流失和土地盐碱化、沙漠化等。但这一阶段的生产力水平不高，人口总量不大，所以环境污染问题并不严重，人与自然仍处于基本和谐的状态（孟嚣巍，2013）。

18 世纪发生在英国的工业革命促进了农业经济向工业经济的转型。如果说“农业革命”把猎人和采集者变成了农民和牧人，“工业革命”则把农民和牧人变成了操作机器装置的工人。18 世纪下半叶，随着蒸汽机和内燃机的发明并大范围应用，生产力水平空前提高，人类开发利用自然资源的规模空前扩大，首先是对煤炭的开采利用；其次是石油和天然气，这些都是不可再生能源。大量煤炭、石油等化石燃料消耗所排放的废气、废渣和废水等，对人类生存和发展造成了严重威胁。工业革命使社会财富迅速增加，人口急剧膨胀，但由于过度排放的废弃物超过了环境容量和自净能力，环境状况每况愈下。20 世纪中叶以来，随着工业化水平的提高，人口增加和城市化进程加快，环境污染不断加剧，除石油和煤炭污染外，化肥和农药的大量使用、有毒化学品、放射性、噪声、电磁辐射等新的污染源及环境问题不断出现，世界范围内污染事件层出不穷，更增加了解决环境问题的难度。著名的世界“八大公害事件”就是环境恶化的典型表现。

（3）当代中国的环境问题。环境问题主要分为环境污染和生态破坏，环境污染又分为全球性的环境污染和地方性的环境污染。20 世纪 80 年代以来加速推进的工业化进程，在给人类带来丰富的物质财富的同时，环境污染的范围不断扩大，强度逐渐增加，全球性的气候变暖、臭氧层损耗、酸雨蔓延、生物多样性减少、大气污染肆虐等问题，使经济发展面临严峻的环境“瓶颈”约束。我国自改革开放以来，在短短 40 年的时间里走完了西方发达国家历经近 200 年才完成的工业化进程，国民经济飞速发展，工业化和城市化进程加速推进，人均收入不断提高，对世界经济作出了巨大的贡献，人均 GDP 从

1978 年的 385 元/人增加到 2016 年的49 992元/人①。但由此带来的严重的生态环境问题使经济可持续发展面临严峻挑战，生态环境恶化积重难返，环境形势不容乐观。

1）大气污染。我国“富煤、贫油、少气”的资源禀赋特征，决定了“以煤为主”的能源结构在短时期内难以改变。大量煤炭消耗使我国的大气污染呈现煤烟型污染特征，大气中的主要污染物排放量居高不下。近年来我国大气中主要污染物排放量——二氧化硫排放量、氮氧化物排放量和烟（粉）尘排放量见表 3－1。可以看出，各类污染物排放量均呈逐年上升趋势，尤其是近年来随着居民生活水平的提高及消费方式的转变，生活污染排放急剧上升，2011 年居民生活二氧化硫排放量 200. 4 万吨，到 2015 年则上升至 296. 9 万吨；居民生活烟（粉）尘排放总量由 2011 年的 114. 8 万吨上升至 2015 年的 249. 7 万吨；居民生活氮氧化物排放总量由 2011 年的 36. 6 万吨上升至 2015 年的 65. 1 万吨。

**表 3－1　　全国近年来废气中主要污染物排放量**

（单位：万吨）

| 年份 | 二氧化硫排放总量 | | 氮氧化物排放总量 | | 烟(粉)尘排放总量 | |
|---|---|---|---|---|---|---|
| | 工业 | 生活 | 工业 | 生活 | 工业 | 生活 |
| 2011 | 2 017. 2 | 200. 4 | 1 729. 7 | 36. 6 | 1 100. 9 | 114. 8 |
| 2012 | 1 911. 7 | 205. 7 | 1 658. 1 | 39. 3 | 1 029. 3 | 142. 7 |
| 2013 | 1 835. 2 | 208. 5 | 1 545. 6 | 40. 7 | 1 094. 6 | 123. 9 |
| 2014 | 1 740. 4 | 233. 9 | 1 404. 8 | 45. 1 | 1 456. 1 | 227. 1 |
| 2015 | 1 556. 7 | 296. 9 | 1 180. 9 | 65. 1 | 1 232. 6 | 249. 7 |

注：资料来源于《中国环境年鉴》2016 年。

从变动趋势看（见图 3－1、图 3－2），我国工业废气排放量呈现明

① 《中国统计年鉴》2017 年，第 3 章，国民经济核算。

显的上升趋势，2000 年排放量为 138 145 亿立方米，到 2015 年已上升至 685 190 亿立方米，15 年间增长了近 5 倍，年均增长 36 469.67 亿立方米。工业二氧化硫排放量 2006 年以前呈急剧上升趋势，2016 年后呈波动下降趋势，但由于排放基数较大，其排放量一直稳定在 1 600 万吨以上。

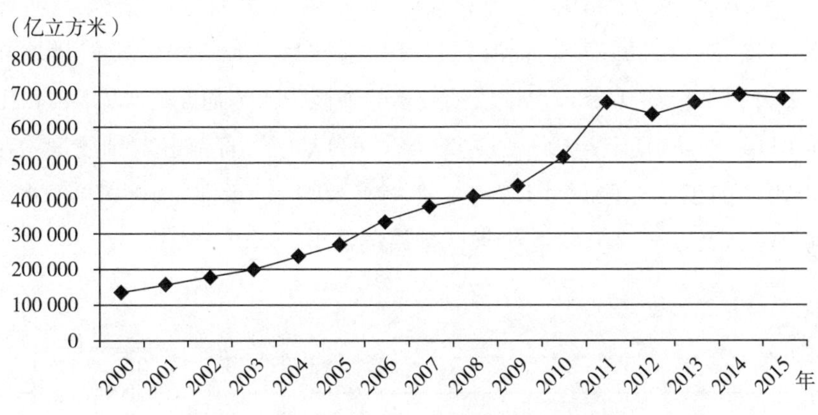


**图 3-1　2000～2015 年工业废气排放变动趋势**

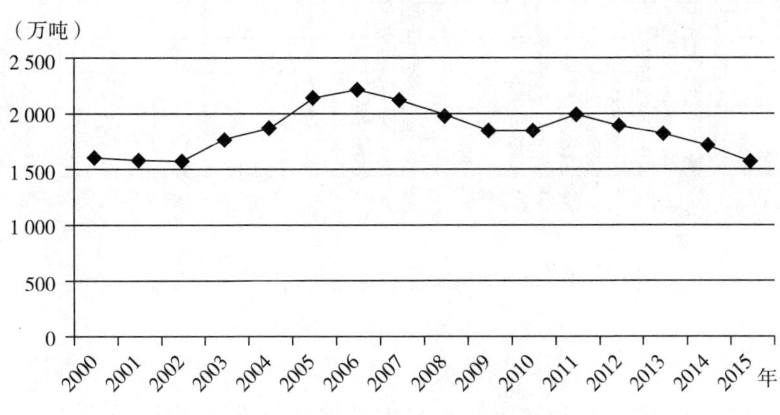


**图 3-2　2000～2015 年工业二氧化硫排放变动趋势**

从地区差异看，我国主要大气污染物排放地区差异较大，见图 3-3、图 3-4。图 3-3 为 2015 年我国 31 个省区市二氧化硫、氮氧化物和烟（粉）尘排放情况。其中，二氧化硫排放量最大的地区依次为山东（152.57）、内蒙古（123.09）、河南（114.43）、山西（112.06）、河北（110.84），排放量均在 110 万吨以上；西藏（0.54）、海南（3.23）、北京（7.12）、青海（15.08）4 个地区排放量几乎均在 15 万吨以下。氮氧化物排放量最多的地区依次为山东（142.39）、河北（135.08）、河南（126.24）、内蒙古（113.9）、江苏（106.76），这 5 个地区排放量均在 100 万吨以上；排放量最少的地区依次为西藏（5.27）、海南（8.95）、青海（11.79）、北京（13.76），排放量均在 15 万吨以下。烟（粉）尘排放量最多的地区依次为河北（157.54）、山西（114.89）、辽宁（100），这 3 个省（自治区、直辖市）排放量均在 100 万吨的以上；西藏（1.71）、海南（2.04）、天津（10.07）、北京（4.94）、上海（12.07）5 个地区排放量最小。

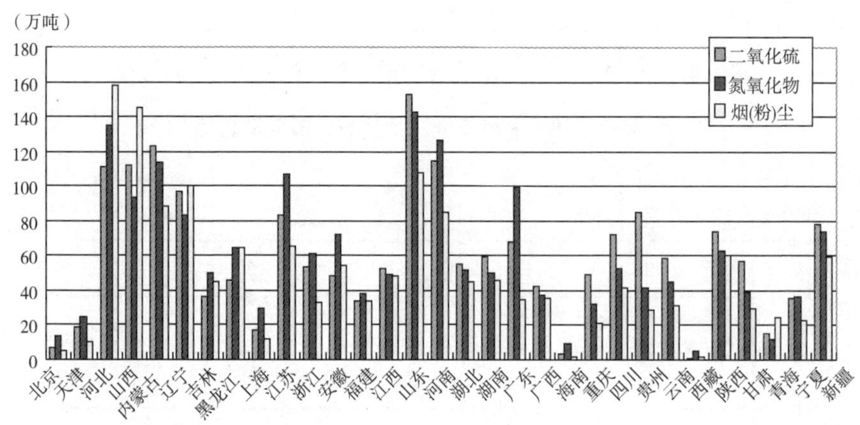


**图 3 –3　2015 年各省区市主要大气污染物排放量**

从东、中、西三大地区差异看（见图 3 –4），2015 年，西部地区二氧化硫排放量最大，依次为东部和中部地区。氮氧化物和烟（粉）尘排放量最多的是东部，依次为中部和西部，但中部和西部相差不大。

从大气中主要污染物的监测情况看，2015 年全国 338 个地级以上城市（含直辖市、地级市、地区、自治州和盟）空气质量新标准监测结果显示，有 73 个城市环境空气质量达标（参与评价的污染物浓度均达标，即为环境空气质量达标），占 21.6%；265 个城市环境空气质量

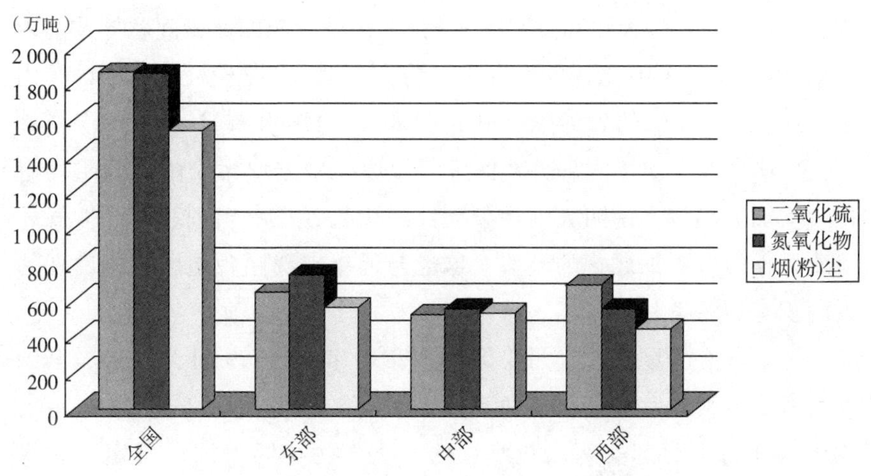


**图 3-4 2015 年三大地区二氧化硫排放情况**

超标，占 78.4%。338 个城市达标天数（达标天数：空气质量指数 AQI 在 0~100 的天数为达标天数）比例在 19.2%~100%，平均为 76.7%；平均超标天数比例为 23.3%（超标天数：空气质量指数 AQI 大于 100 的天数为超标天数。其中，101~105 为轻度污染，151~200 为中度污染，201~300 为重度污染，大于 300 为严重污染），其中轻度污染天数比例为 15.9%，中度污染天数比例为 4.2%，重度污染天数比例为 2.5%，严重污染天数比例为 0.7%。超标天数中以细微颗粒物（PM2.5）、臭氧（$O_3$）和可吸入颗粒物（PM10）为首要污染物的居多（首要污染物：空气质量指数 AQI 大于 50 时，空气质量分指数最大的污染物为首要污染物），分别占超标天数的 66.8%、16.9% 和 15.0%。

2013 年以来，中国多地先后频繁遭遇严重的雾霾污染天气，影响范围多达 20 多个省（自治区、直辖市），波及 100 多个城市，影响范围之广为多年来所罕见。频发爆发的大范围雾霾天气对居民的生产生活和健康造成了严重威胁，也引起了其他国家的高度关注以及国内民众的普遍担忧与不满。2015 年，PM2.5 年均浓度范围为 11~125 微克，年平均浓度为 50 微克/立方米（超过国家二级标准 0.24 倍）。根据对2014~2015 年中国 190 个城市 PM10 和 PM2.5 健康影响的定量估计，发现重庆、北京、保定、天津和石家庄由 PM10 污染引起的健康问题导致的死亡率最高，由 PM10 造成的经济成本约为 3041.22 亿美元，占中国国内生产总值（GDP）的 2.94%（Maji，Arora，Dikshit et al.，2017）。

总体来看，我国大部分地区废气及废气中主要污染物排放量均有持续增加的趋势，说明大气污染随经济增长并没有出现缓解，大气环境质量反而有更加恶化的趋势，这也与近年来我国各地区持续出现的大面积雾霾污染状况基本一致。

为了防治严重的大气污染问题，2015 年 8 月 29 日，十二届全国人大常委会第十六次会议表决通过了修订的《大气污染防治法》，自 2016 年 1 月 1 日起实行。新修订的《大气污染防治法》规定了大气污染防治的基本原则、基本制度、防治措施等。针对中国多污染物共存、多污染源叠加的大气污染现状，规定大气污染防治应当加强对燃煤、工业、机动车船、扬尘、农业等的综合防治，对颗粒物、二氧化硫、氮氧化物、挥发性有机物、氨等大气污染物和温室气体实施协同控制。设专章，对重点区域大气污染联合防治以及重污染天气应对做了专门规定，加大了对造成大气污染违法行为的处罚力度，增加了处罚种类。新修订的《大气污染防治法》的出台，体现了党中央和国务院关于生态文明建设的新要求，顺应了公众对改善大气环境质量的新期待，明确了新时期大气污染防治工作的重点，对解决大气污染防治领域的突出问题具有很强的针对性和操作性，为大气污染防治工作全面转向以质量改善为核心提供了坚实的法律保障。

2）水污染。2000 年以来我国废水排放总量、工业废水排放量及生活废水排放量的变动情况见图 3 – 5。可以看出，我国废水排放总量呈平稳上升趋势，2000 年废水排放总量为 415.2 亿吨，其中，工业废水排放量 194.2 亿吨，生活废水排放量 220.9 亿吨；到 2015 年，废水排放总量、生活废水排放量分别上升至 735.3 亿吨和 535.2 亿吨，生活废水排放量变动趋势和全国排放量变动趋势基本一致。工业废水排放量变动较为平稳，排放量最大的年份为 2007 年，排放量 246.6 亿吨，此后缓慢下降，但下降的趋势并不明显。

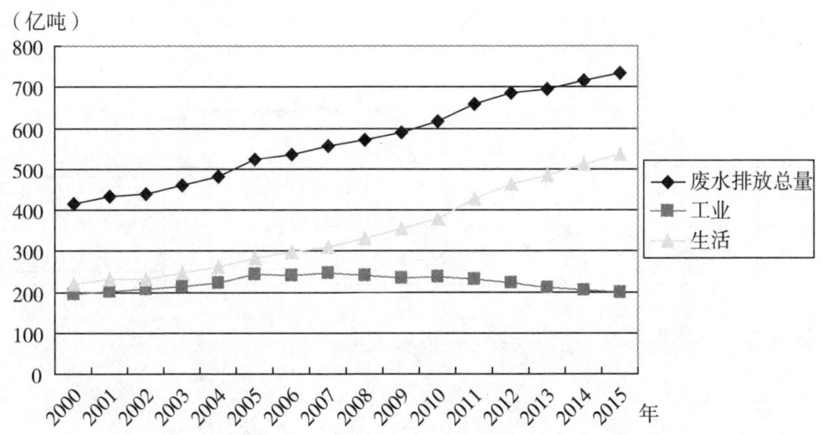


**图 3-5 2000~2015 年废水排放变动趋势**

从化学需氧量排放看（见图 3-6），2010 年后，化学需氧量排放急剧增加，2010 年为 1 238.1 万吨，到 2015 年已上升至 2 223.5 万吨。其中，生活排放量平稳增加，工业排放量平稳下降。

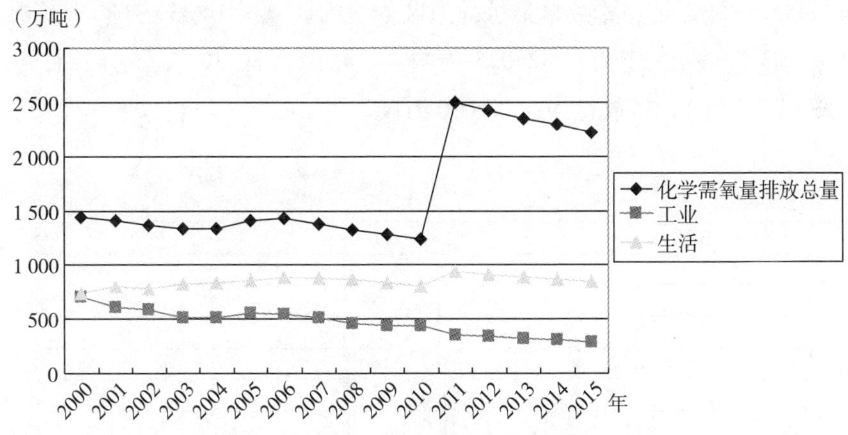


**图 3-6 2000~2015 年化学需氧量变动趋势**

从氨氮排放量看（见图 3-7），2010 年以前，氨氮排放变动平稳，2010 年后排放量急剧增加，生活排放量与全国氨氮排放量变动趋势基本一致，而工业排放变动平稳。

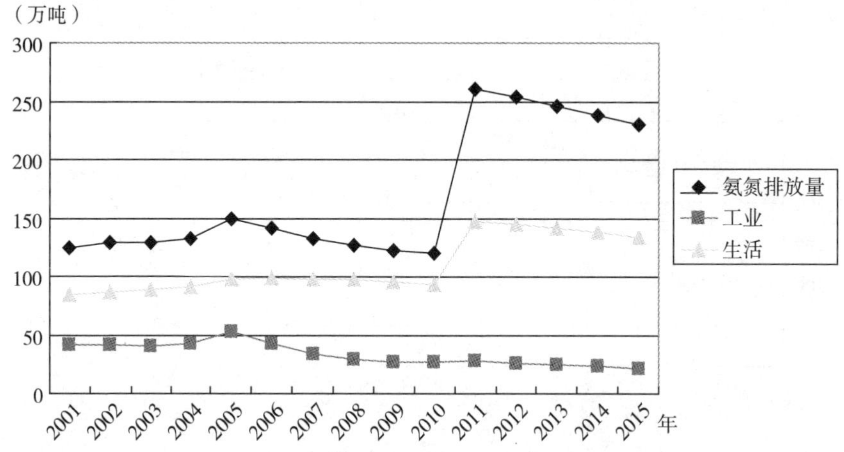


**图 3-7　2000~2015 年氨氮排放量变动趋势**

从地区差异看（见图 3-8），2015 年，废水排放量最多的是广东（911 523 万吨），依次为江苏（621 303 万吨）、山东（559 908 万吨）、浙江（433 822 万吨）、河南（433 487 万吨），这几个地区排放量均在 400 000 万吨以上；排放量最少的地区依次为西藏（5 883 万吨）、青海（23 663 万吨）、宁夏（32 025 万吨）、海南（39 123 万吨）、甘肃（67 072 万吨），排放量均在 70 000 万吨以下。

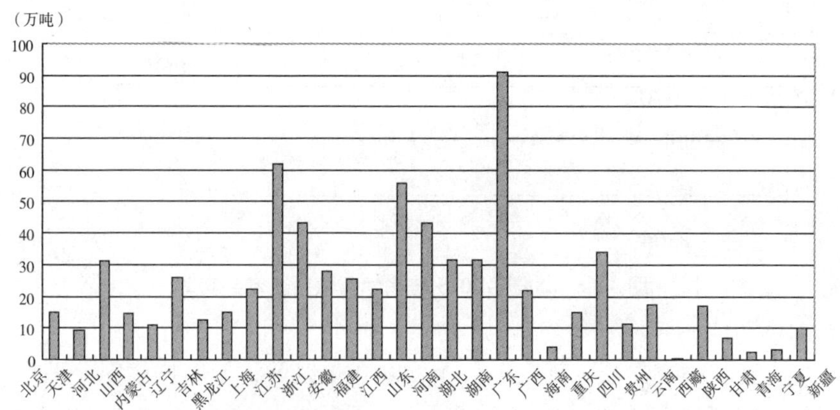


**图 3-8　2015 年各地区废水排放量**

从废水中主要有害物质——化学需氧量排放看（见图3-9），山东最多，为175.763万吨，依次为广东（160.686万吨），这2个地区排放量均在150万吨以上；黑龙江（139.2704万吨）、河南（128.7209万吨）、湖南（120.7703万吨）、四川（118.6426万吨）、辽宁（116.7466万吨）、江苏（105.4591万吨）排放量为100万～140万吨；西藏（2.8836万吨）、青海（10.4299万吨）排放量最少，在10万吨以下。

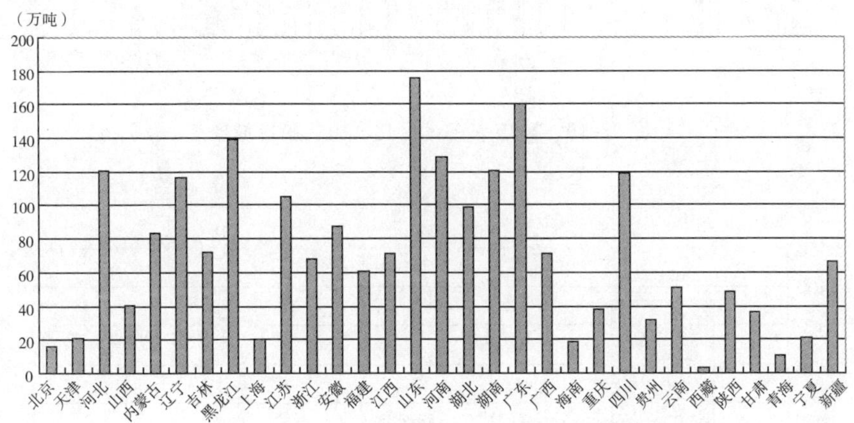


**图3-9 2015年各地区化学需氧量排放量**

从废水中主要有害物质——氨氮排放看（见图3-10），广东排放量最大（19.9701万吨），依次为山东（15.2208万吨）、湖南（15.1131万吨），这几个地区排放量都在15万吨以上；西藏排放量最少，为0.3449万吨，依次为青海（0.9950万吨）、宁夏（1.6246万吨）、北京（1.6491万吨），排放量几乎均在1.7万吨以下。

从东、中、西三大地区看（见图3-11），东部和中部地区排放水平较高，西部地区相对较低，2015年，东部地区废水排放量382.2925亿吨，中部为198.5992亿吨，西部为150.5186亿吨，地区之间废水排放差异随时间推移呈现逐步扩大的趋势。

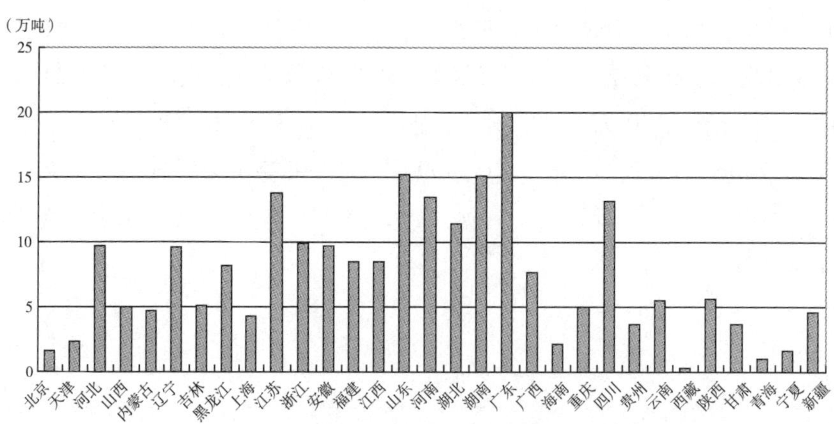


**图 3-10　2015 年各地区化学需氧量排放量**

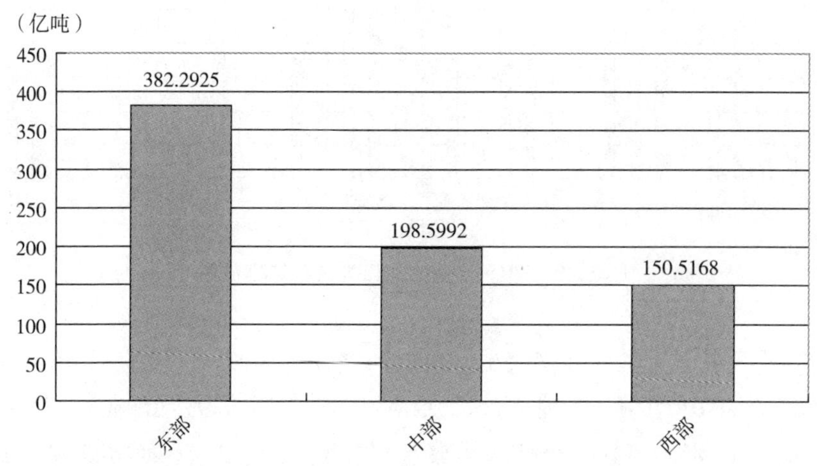


**图 3-11　2015 年各地区废水排放量**

2015 年，全国 1940 个地表水国控断面 Ⅰ-Ⅲ类水体比例上升至 66%，劣Ⅴ类水质断面比例下降至 9.7%。《中华人民共和国 2017 年国民经济和社会发展统计公报》提供的数据显示，2016 年，全国 1940 个地表水国控断面Ⅰ-Ⅲ类水体比例增加了 5.7%，劣Ⅴ类断面比例下降了 2.3%。近岸海域 417 个海水水质监测点中，达到国家一、二类海水水质标准的监测点占67.8%，三类海水占10.1%，四类、劣四类海水占22.1%。

总体来看，目前我国水污染排放仍然呈上升趋势，全国范围内水污染恶化趋势较为明显，总体状况堪忧，只有个别地区水污染出现缓解趋势。

为了杜绝水资源的持续恶化，2015年4月，国务院发布了《水污染防治行动计划》，出台《水污染防治工作方案编制指南》和《水体达标方案编制技术指南》，指导督促各地实施水污染防治工作方案，扎实推进水污染治理工作。深化饮用水水源保护制度，加强农村饮用水水源地环境保护，深入开展地下水污染防治及修复工作。在落实“水十条”方面，积极制定目标责任书和考核办法，建立全国及重点区域水污染防治协作机制，推动建立健全流域水环境补偿机制，优化整合水环境监测网络建设，国家地表水环境监测网络点位调整为2 700多个，以满足“水十条”规定的水质评价与考核要求。这一切，对于强化水污染治理，改善水环境，提高水资源承载力等都具有重要意义。

3）固体废弃物污染。随着我国经济发展及居民收入水平的不断提高，相应地资源消耗量也随之不断增加，包括生活垃圾、工业固体废弃物、危险固体废弃物等在内的固体废弃物产生量不断增加，每年以近10%的速度迅速增长，且长期居高不下。工业固体废弃物产生量2000年为81 608万吨，2015年增至331 055万吨，增长了3.1%，固体废弃物污染呈持续恶化状态（见图3－12）。在土地污染方面，我国土壤侵蚀总面积294.9万平方千米，与2009年相比，2014年全国荒漠化土地面积净减少12 120平方千米，但土壤沙化、水土流失依然严重，防治形势依然严峻。

从地区差异看（见图3－13），2015年，全国固体废弃物产生量327 079万吨；河北产生量最多，为35 372万吨，依次为辽宁（32 434万吨）、山西（31 794万吨）、内蒙古（26 669万吨），这几地区固体废弃物产生量几乎都在25000万吨以上。固体废弃物产生量最少的地区为西藏（400万吨），依次为海南（422万吨）、北京（710万吨），这几个地区均在800万吨以下。各地区固体废弃物污染水平差异显著且呈持续增加的趋势，说明固体废弃物污染状况并没有随经济发展出现缓解态势，这一现状与我国大气污染变化趋势相似，意味着改善环境质量、降低污染物排放任重道远。从东、中、西三大地区看，东部地区固体废弃物污染最为严重，2015 年固废产生量117 480万吨，西部地区为111 069 万吨，中部地区为98 108 万吨。

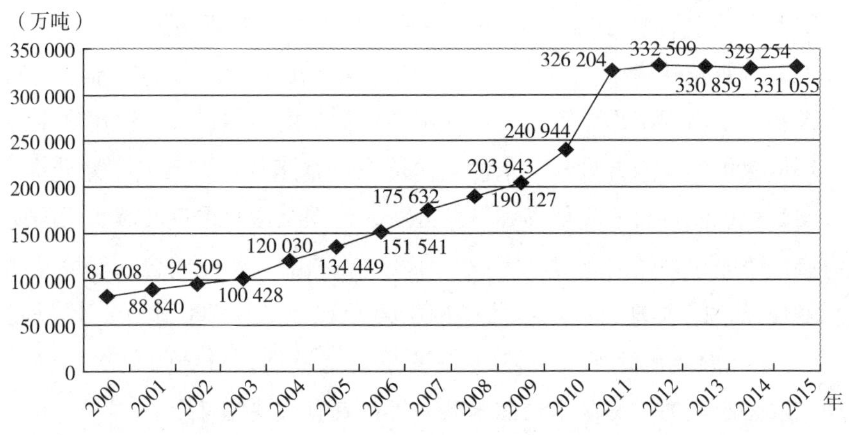


**图 3－12　2000～2015 年工业固体废弃物产生量**

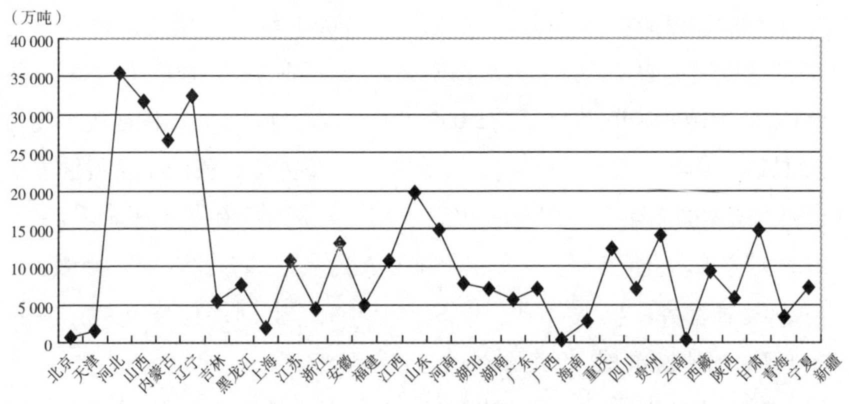


**图 3－13　2015 年各省（直辖市、自治区）工业固体废弃物产生量**

随着各地区固体废弃物排放量的不断增加，固体废弃物污染已经成为影响环境污染的主要因素之一。但我国对垃圾无害化处理不足，综合利用率偏低，堆存量大，造成巨大的环境负担，如固体废弃物堆积，占用大量土地资源，浪费土地资源，造成严重的土壤污染、江河湖泊及地下水体污染、大气污染等，严重危害人体健康。同时，大量固体废弃物的堆积也会改变土壤结构和土质成分，杀伤土壤中的动物和微生物，破坏土壤的生态平衡，影响农作物生长质量。固体废弃物已成为主要的污染源之一，其种类繁多，成分繁杂，数量巨大，危害极为严重。

从处理现状看，近年来，虽然我国在固体废弃物处理及利用方面作出了很大努力，但与美、欧、日等发达国家相比，整体治理水平还较低，处置、处理固废的技术远远不能满足良好生态环境的要求。根据相关研究（阮新，2011），我国每年产生的固体废弃物可利用而没有被利用的资源价值达250多亿元，而发达国家再生资源综合利用率为50%～80%，我国只有30%，并且固体废弃物无害化处置与发达国家相比相差甚远。

为了扭转固体废弃物污染现状，2013年6月29日，第十二届全国人民代表大会常务委员会第三次会议修订通过了《中华人民共和国固体废弃物污染环境防治法》，指出了固体废弃物的防治原则、防治措施以及防治监管，明确了违反固体废弃物污染环境防治法的处罚原则，对推动固体废弃物污染防治起到了积极的推动作用。

4）噪声污染。我国定义环境噪声污染为"所产生的环境噪声超过国家规定的环境噪声排放标准，并干扰他人正常生活、工作和学习的现象"。噪声污染已成为环境污染的四大要素之一，根据环保部的统计，中国环境噪声投诉占环境投诉总数的比例为42.1%。环境噪声污染损害人体健康，影响人们的生活质量，不利于社会安定。近年来，随着城市化进程的加速推进，我国的城市噪声污染一直处于高声级，随着城市机动车数量增加，城市路网增大，交通噪声上升较快。统计资料显示，全国有2/3的城市居民生活在超标的噪声环境之中，严重影响了居民的生活质量。

为了控制噪声污染，改善声环境质量，1989年9月26日，国务院发布《中华人民共和国环境噪声污染防治条例》；1996年10月29日，全国人大常委会颁布《中华人民共和国环境噪声污染防治法》，但收效甚微。

2016年8月31日，环保部发布了《中国环境噪声污染防治报告(2016)》，报告分析了2015年中国环境噪声污染问题，尤其是城市的噪声污染问题，结果显示，在对全国城市噪声监测中，不达标的城市占1/4；所有省会城市及大城市中，除拉萨市达到一级标准外，其余大部分城市为二级甚至更低。2015年全国城市昼间区域声环境质量平均值为54.1分贝，昼间道路交通噪声平均值为67.1分贝，交通干线两侧区域夜间噪声污染仍较为严重。在监测的31个省会城市中，区域声环境质量昼间平均值为54.3分贝，声环境质量处于二级水平的城市有22个，处于三级水平的城市有8个，只有拉萨的声环境质量达到一级水平；与2014年相比，31个省会城市区域声环境质量为一级、四级、五级城市的比例没有变化，二级的城市比例上升6.5个百分点，三级的城市比例下降6.5个百分点。

2015年，全国各省（区、市）环保部门共收到环境投诉100.2万件，其中噪声投诉35.4万件，占环境投诉总量的35.3%，仅次于空气污染的投诉量，其中，对建筑施工噪声类的投诉占比最高，投诉比例为50.1%；其次是社会生活噪声类，约为21%；工业企业噪声类占16.9%；交通噪声类约占12%。在噪声类别分类中，社会生活噪声为62.3%，所占比例最大；其次是交通噪声，占23.8%；工业企业噪声占10.3%；建筑施工噪声占3.6%。噪声污染已经成为一种严重的环境污染。

按照全国经济区域划分，2015年，东部地区噪声投诉量最大，占全国噪声投诉量的59.3%，中部地区为22.2%，西部地区为11.7%，东北地区为6.8%。东部和中部地区建筑施工噪声投诉比例最高，其次为工业企业噪声和社会生活噪声；西部地区的建筑施工噪声投诉比例最高，其次为交通噪声；东北地区的社会生活噪声投诉比例最高，其次为建筑施工噪声。

针对噪声污染，2014年9月，世界卫生组织发布了研究报告——《噪声污染导致的疾病负担》，该报告针对噪声污染，重新定义了噪声带来的危害。根据世界卫生组织对欧洲国家流行病学研究的结果，噪声污染不仅严重危害人们的心理健康，还会增加诱发各类心脏、心血管疾病、学习障碍以及耳病等的风险，长期暴露在噪声污染环境中，也会间接缩短人的寿命。报告引入了“健康生命年”（healthy life years，HLY）的概念，将死亡率和发病率结合在一起，计算一个人剩余的无疾病的健康年份。用 HLY 衡量，成年的欧洲人因为噪声污染而导致每年损失 160 万个健康生命年，抛开一些重复计算因素，这个数值的最低值仍然达到了 100 万个。而被誉为全球第一大公害的空气污染每年给欧洲造成的人群寿命缩短是 450 万个生命健康年，噪声污染造成的损失达到了 30%，排在所有污染损害后果的第二位。噪声污染已严重影响了人们的生存环境、生活质量及人口寿命，其危害仅次于空气污染，噪声污染防治形势严峻。

（4）环境治理现状。为了遏制污染物排放，扭转环境质量持续恶化的趋势，我国政府颁布了一系列有关环境保护的法律法规，从 1979 年颁布《环境保护法（试行）》，到 2014 年新《环境保护法》的颁布与实施，一系列的环境保护政策措施有效地缓解了经济发展与环境保护的矛盾，使我国经济与资源环境协调可持续发展的步伐向生态文明建设迈出了坚实的一步，继续以牺牲生态环境来换取经济增长的传统粗放型发展模式已难以为继。“十三五”规划进一步指出，要“加大环境治理力度，以提高环境质量为核心，实行最严格的环境保护制度，形成政府、企业、公众共治的环境治理体系”。2018 年 5 月 19 日在北京召开的全国生态环境保护大会上，习近平总书记进一步指出，新时代推进生态文明建设，必须坚持人与自然和谐共生，践行“绿水青山就是金山银山”，用最严格的制度保护生态环境。随着我国政府对环境问题的重视及环境治理工作的日益加强，环境污染治理投资不断增加，治理力度不断加大，“三废”排放达标率日趋提高，对保护生态环境起到了积极的作用。

1）环境污染治理投资现状。环境污染治理投资反映一个国家（或地区）为改善环境质量所做出的努力，本文用环境污染治理投资、工业污染源治理投资、环境污染治理投资占 GDP 的比重来说明我国环境污染治理投资的现状，一定程度上也表明了政府对环境治理的重视。

我国环境污染治理投资、工业污染源治理投资、环境污染治理投资占 GDP 的比重都呈逐年上升趋势，见图 3 – 14、图 3 – 15、图 3 – 16。2001 年，环境污染治理投资 1 166.7 亿元，占 GDP 的比重为 1.05%，

2010 年环境污染治理投资 7 612.2 亿元，占 GDP 的比值最大，为 1.84%；自 2010 年后，环境污染治理投资占 GDP 的比重逐年下降，2015 年环境污染治理投资 8 806.4 亿元，占 GDP 的比重为 1.28%。工业污染源治理投资波动较大，基本呈 N 形变化，2014 年最大，为 997.7 亿元。

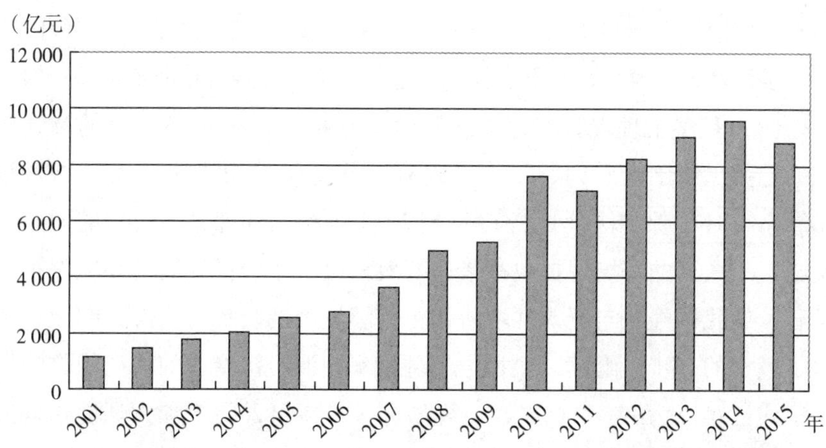


**图 3-14 2001~2015 年环境污染治理投资变动趋势**

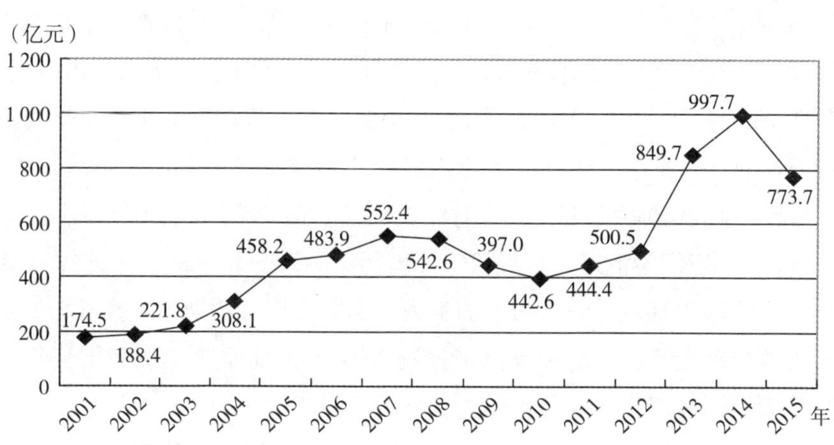


**图 3-15 2001~2015 年工业污染源治理投资变动趋势**

分地区看（见图3－17），各地区环境污染治理投资均呈逐年上升趋势，2001年全国及东、中、西三大地区年均环境污染治理投资分别为94.38亿元、51.48亿元、23.86亿元、15.47亿元；到2015年已分别上升至332.18亿元、370.70亿元、285.09亿元、184.40亿元，环境污染治理投资随时间推移呈逐年增长态势。东部地区环境污染治理投资最大，中部次之，西部最少。但自2013年后，各地区环境污染治理投资均有不同程度下降，这可能和进入新常态后的经济增长速度减缓有关。

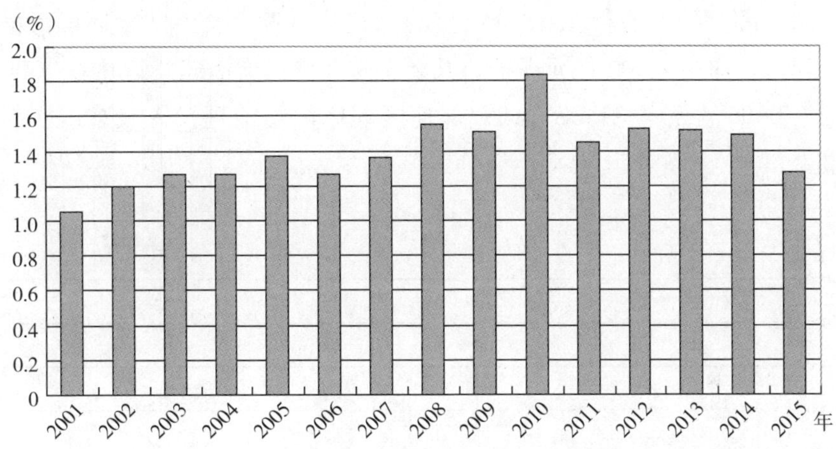


**图3－16　2001～2015年环境污染治理投资占GDP比重**

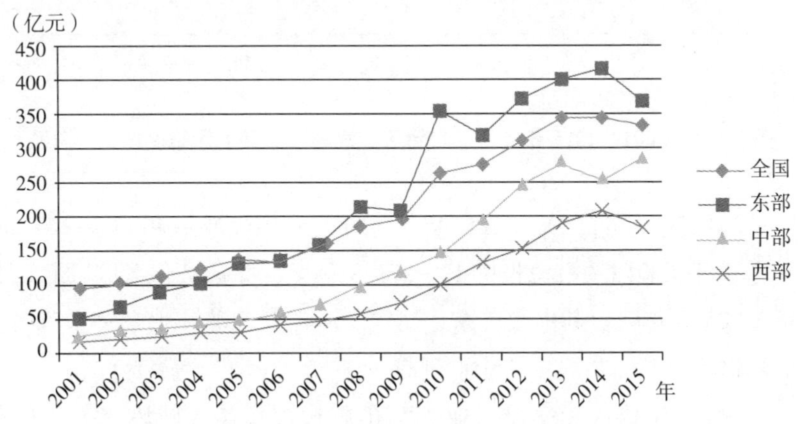


**图3－17　2001～2015年三大地区年均环境污染治理投资**

分省份看（见图3－18），2001～2015年，环境污染治理投资最多的省份依次为：江苏（6 665.17亿元）、山东（6 485.14亿元）、广东（4 224.29亿元），这3个省份治污投资几乎均在4 000亿元以上；河北（3 985.43亿元）和浙江（3 909.68亿元）2个省份环境污染治理投资也接近4 000亿元；内蒙古（3 359.77亿元）、北京（3 280.74亿元）、辽宁（3 276.76亿元）3个地区环境污染治理投资介于3 000亿～3 500亿元；西藏最少，仅为90.75亿元，依次为青海（235.23亿元）、海南（244.74亿元）、宁夏（564.29亿元）、贵州（724.85亿元）、甘肃（900.21亿元）、吉林（988.94亿元），这几个省（自治区）环境污染治理投资均在1 000亿元以下；其余省份环境污染治理投资介于1 000亿～3 000亿元。总体来看，东部地区环境污染治理投入较多，西部最少。

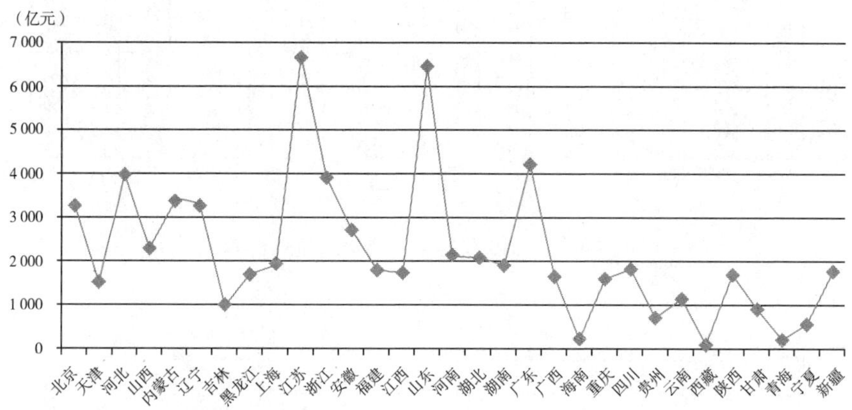


**图3－18　2001～2015年各省（自治区、直辖市）环境污染治理投资总额**

从环保验收项目看，2015年，全国完成环保验收项目数167 230项，完成环保验收项目总投资123 272.8亿元，完成环保验收项目环保投资3 085.8亿元。其中，广东、辽宁、浙江、江苏、山东等东部省份完成环保验收项目数较多，中西部较少。

2）废水排放达标率。工业废水排放达标率是反映废水处理效果的重要指标，一般用达标量/（排放量和达标量）计算。需要说明的是《中国统计年鉴》及其他年鉴只提供了2010年以前的达标率情况（见图3－19），2000年全国工业废水排放量194.2亿吨，废水排放达标率43.46%；2007年工业废水排放达到排放峰值，即246.6亿吨；此后逐渐下降，到2010年全国工业废水排放量下降至237.5亿吨，达标率48.8%。2011年及以后，《中国统计年鉴》和《中国环境统计年鉴》公布的是工业废水处理量，年鉴显示，2011年全国工业废水排放量230.9亿吨，处理量580.5511亿吨，处理率71.55%（处理率用处理量比处理量与排放量之和计算）；到2015年，全国工业废水排放量已下降为199.4983亿吨，处理量444.5821亿吨，处理率69.03%。由此可见，随着对废水排放规制力度的不断增大，工业废水处理技术的不断提高，废水排放达标率和处理率也呈逐年提高的趋势。

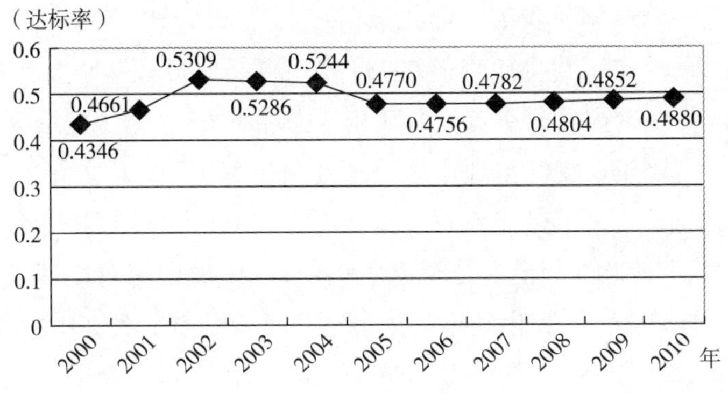


**图3－19　废水排放达标率**

从地区差异看，东部地区达标率均高于中部和西部地区，2015年，东部的河北、江苏、辽宁、山东处理量最大，均在33亿吨以上；西藏、海南、宁夏、北京处理量较小，均在2.0亿吨以下。

从废水中主要排放物处理情况看，2015年，全国化学需氧量、氨氮排放总量分别为2 223.5万吨、229.9万吨，相比2010年分别下降

12.9%、13.0%，“十二五”减排目标任务超额完成。2015年，全国新增城镇（含建制镇、工业园区）污水日处理能力1 096万吨、城镇污水再生水日利用能力338万吨，污水日处理能力累计达1.82亿吨；60个生活垃圾填埋场新增渗滤液处理设施；567个造纸、印染等重点项目实施废水深度治理及回用工程；20 542家畜禽规模养殖场完善废弃物处理和资源化利用设施，化学需氧量、氨氮去除效率分别提高6%、21%。

经过多年的努力，我国废水处理已取得显著成效。2016年，近岸海域417个海水水质监测点中，达到国家一、二类海水水质标准的监测点占67.8%，三类海水占10.1%，四类、劣四类海水占22.1%。

3）二氧化硫去除率。工业二氧化硫去除率是反映废气排放治理效果的重要指标之一，一般用去除量/（去除量+排放量）计算。由于《中国统计年鉴》及各类年鉴只提供了2010年以前的工业二氧化硫去除量的数据，故2011年后本书用工业废气治理设施处理能力（万立方米/时）分析。2000年，我国工业二氧化硫排放量1 612.5万吨，去除率26.3%；2006年达到排放峰值2 234.8万吨，此后逐年下降；到2010年工业二氧化硫排放量1 864.4万吨，去除率63.9%（见图3-20）。2011年，全国工业废气治理设施处理能力1 568 592万立方米/时，到2015年已上升至1 688 675万立方米/时；2011年工业废气治理设施216 457套，到2015年已上升至290 886套。随着国家对废气排放控制力度的不断增大，二氧化硫排放量呈逐年下降趋势，到2015年，全国工业二氧化硫排放量已下降为1 556.7万吨。2015年，全国二氧化硫排放总量1 859.1万吨，比2014年下降5.8%；氮氧化物排放总量1 851.8万吨，比2014年下降10.9%。“十二五”五年累计二氧化硫、氮氧化物排放总量分别下降18.0%、18.6%，分别完成“十二五”目标的225%、186%。

从地区差异看，东、中、西三大地区二氧化硫去除率均呈逐年提高趋势，但东部地区废气治理能力远远高于中西部地区。

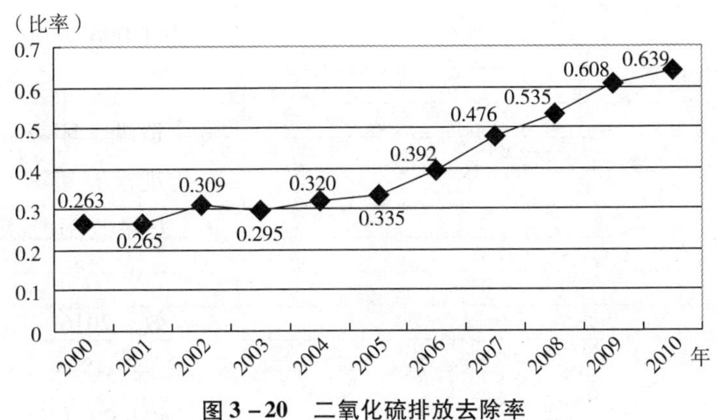


**图3－20　二氧化硫排放去除率**

随着《大气污染防治法》的颁布及实施，我国的大气污染治理也取得了一定成效。2016年，在监测的338个地级及以上城市中，空气质量达标的城市占29.3%，未达标的城市占70.7%。细颗粒物（PM2.5）未达标城市（基于2015年PM2.5年平均浓度未达标的262个城市）年平均浓度48微克/立方米，比上年下降5.9%。

4）工业固体废弃物综合利用率。工业固体废弃物综合利用率用工业固体废弃物综合利用量/（工业固体废弃物产生量＋工业固体废弃物排放量）计算。我国工业固体废弃物综合利用率呈逐年上升趋势，见图3－21，2000年综合利用量37 451万吨，综合利用率45.9%；到2015年，综合利用量200 857万吨，综合利用率已上升至60.2%。从地区差异看，2000年，东部地区工业固体废弃物综合利用量18 242万吨，综合利用率为57.81%，中部地区综合利用量11 713万吨，综合利用率为39.99%，西部地区综合利用量7 497万吨，综合利用率为31.42%，东部地区利用率最高，依次为中部和西部地区。2015年，东、中、西三大地区固体废弃物综合利用量分别为75 775万吨、64 218万吨、58 816万吨，综合利用率分别为64.27%、65.45%、52.95%，中部已超过东部1.18个百分点，西部综合利用率相比2000年提高21.53个百分点。总体来看，各地区固体废弃物综合利用水平不断提高，固体废弃物利用状况好转的趋势较为明显。

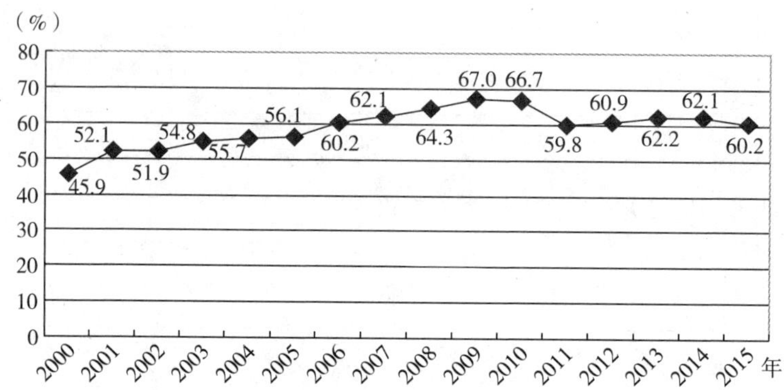


图 3-21　工业固体废弃物综合利用率

2016 年，214 个大、中城市工业危险废物产生量达 3 344.6 万吨，综合利用量 1 587.3 万吨，处置量 1 535.4 万吨，贮存量 380.6 万吨。工业危险废物综合利用量占利用处置总量的 45.3%，处置、贮存分别占比 43.8% 和 10.9%。有效的利用和处置是处理工业危险废物的主要途径，部分城市对历史堆存的危险废物进行了有效的利用和处置，214 个大中城市医疗废物产生量为 72.1 万吨，处置量为 72.0 万吨，大部分城市的医疗废物处置率都达到了 100%。

## 3.2 环境规制现状

### 3.2.1　环境规制的理论基础

资源配置的两种基本方式是市场机制和政府干预，人类活动主要由市场调节和政府调节，但在实际运行中，这两种机制都有可能发生失灵，从而引发环境污染等问题。环境经济学将造成环境恶化的主要经济原因归结为市场失灵和政府失灵。

（1）市场失灵。经济学家一般认为，市场可以有效率地配置资源，但现实中却存在市场失灵的现象，在环境问题上，市场失灵同样普遍存在。所谓市场失灵，是指由于市场机制的某些障碍造成市场对资源配置的无效率。导致市场失灵的主要原因有：公共物品的非排他性和非竞争性、外部性、信息不对称、产权界定不明晰、不完全竞争、短期行为等。

1）环境是一种既没有排他性、又没有竞争性的典型的公共物品。按照产权的完善程度，物品有公共物品和私人物品之分，区分的主要依据是物品的非排他性和非竞争性。环境资源是人人都可以自由进入使用的资源，不存在任何人因为自己使用环境而将他人排除在外的现象。随着使用者的增加，被使用物品的使用成本并没有上升，人人都享受使用资源带来的好处，而不需要付出任何代价，类似自由使用的“公地”，使用的收益归自己所有，而成本由公众承担，造成公地资源的滥用，最终酿成破坏性的严重后果，即所谓的“公地悲剧”。

环境资源首先是一种典型的公共物品，因无法界定产权，从而无法向资源的使用者（或破坏者）直接收费，也就无法排除他人对公共资源的使用，如空气、饮用水等，往往很难界定产权，人人都可以使用，即使能够界定，其界定成本也非常巨大。但公共物品的消费却具有竞争性，一个人对公共物品的使用消费会影响他人使用。由于使用者不需要为公共物品的使用付费，因而人人都有占用更多公共资源的动机，使得公共资源往往被过度使用。环境资源还具有非竞争的性质。由于环境具有自净能力，当排放的污染物没有超过环境容量时，在一定的污染限度内，对环境资源的使用是非竞争性的；但当排放的污染物的数量超过环境的承载能力时，对环境资源的使用就会出现竞争性现象，使得环境资源成为一种具有竞争性但不具有排他性的物品。由于消费不具有排他性，人人都有动力消费环境物品，但却没有动力产生和提供环境物品，使得公共资源的使用超过合理限度，从而造成环境破坏和社会福利的损失。环境资源所具有的公共品性质使得环境资源必然存在被滥用现象，在市场机制不能自发起调节作用时，政府的干预就变得十分必要。

2）环境资源具有典型的外部性特征。外部性广泛存在于现实生活中，许多外部效应能够得到容忍，而且并不阻碍自愿交易活动，但物与物之间的依赖关系可能是长期的，这就使产权的协商和界定变得困难。马歇尔（Marshall，1890）第一次正式提出外部性理论，他认为，外部性一般是指企业或个人对其他另一方造成的副作用，这种副作用是无意的、不用补偿的。进一步，庇古（Pigou，1920）提出边际社会成本和边际私人成本、边际社会纯收益和边际私人纯收益等概念，由于边际社会收益和边际私人收益之间的差异，个人为了谋求利益最大化，往往会以环境为媒介，向外界释放外部性。因而，外部性被定义为：缺乏经济交易的双方当事人，一方给另一方提供的物品束（刘伟明，2012）。

外部性有正外部性和负外部性之分。公共产权下，每一个社会成员都有分享公共物品的权利；同时，一个人破坏公共资源的损失也会由其他人共同承担，即出现外部不经济现象，现实生活中人们往往更多的关注外部不经济的实例。也就是说，公共物品的公共产权性质既缺乏为人们提供有效使用资源的激励机制，也缺乏对人们投机行为的约束机制。这种权利和责任的双重外部性导致公共物品利用中的市场失灵，“公地悲剧”就是典型的例证。

外部性也是环境经济学中一个最基础的概念，影响环境质量的行为同样具有正外部性和负外部性。第一，环境保护具有正外部性。当市场主体采取某些措施保护环境时，其边际私人收益远小于边际社会收益，其他人也会享受到环境质量改变带来的正的外部效应，因此，如果对保护环境的行为不加以鼓励，就会存在“搭便车”行为，影响市场主体保护环境的积极性，市场主体的环境保护激励必将逐渐趋于弱化以至消失，最终会导致环境质量日趋恶化。因此，在改善环境质量方面，市场会存在“失灵”现象（臧传琴，2016）。第二，环境破坏具有负外部性。当市场主体在从事污染环境的行为时，其边际私人成本小于边际社会成本，因为污染造成的收益由污染者独享，而造成的危害却由社会来承担，造成私人成本和社会成本的不对称，污染者对于环境资源的使用会超过帕累托最优，进而导致全社会的福利损失。此时，如果不对污染环境的行为加以制止，污染就会日趋严重，从而造成环境质量的下降。

面对“市场失灵”，必然需要政府的规制或干预，即需要政府制定相应的法律法规明确市场主体的权利和义务，借助于政府的力量，规范市场主体行为，保证法律法规及规章制度的落实，以此来矫正“市场失灵”，弥补“市场缺陷”。

3）信息不对称。信息不对称理论是指市场经济活动中的各类人员对信息的掌握是有差异的，充分掌握信息的人员往往会处于有利地位，而信息掌握不充分的人往往会处于不利地位。因此，信息在市场经济中具有重要作用，特别在环境保护、社会福利、投资、就业等方面尤为如此。

信息对于交易十分重要，而且是造成市场失灵的主要原因之一。信息和一般的劳动物品一样，也是通过劳动生产出来的，因而具有价值，通常不是免费的。由于风险的存在，信息不对称是经济生活中各种非最优现象存在的根本原因（马士国，2007）。首先，环境信息具有稀缺性，生态环境系统就像一只黑箱，人类对它的了解甚少。并且环境信息一旦公开就成了公共物品，因此人们为了保证自身的信息优势，总是会进行“信息封锁”。其次，由于环境信息的公共性和机会主义行为等，常常会导致环境信息的不对称。如相对于被动的受污染者，排污者对其生产过程、排污技术、排放状况、排放的污染物的危害等了解更多，但从个人利益出发，他们往往会隐瞒或提供虚假的污染信息，继续其污染行为。信息不对称可能会造成很多严重的与环境问题有关的市场失灵。

要想减少信息不对称对经济产生的危害，政府应在市场体系中发挥强有力的作用，形成完全的市场和这些市场的充分信息。

4）产权界定不清。产权是现代经济学中的一个重要概念，就其本质来讲，产权是一种排他性的权利，是使自己或他人受益或受损的权利。明晰的产权必须具备4个条件：一是全部资源的权利都能够明确界定；二是出售产权的收益（包括直接收益和间接收益）都应该归产权的所有者；三是产权的所有者可以自由出售其资源；四是产权的所有者可以有效防止他人的侵占。但如果产权不明晰或缺乏产权主体的情况下，经济活动就会产生外部性，但产权的界定需要非常高的成本，环境资源作为公共资源也是如此。阿兰·兰德在其《资源经济学》一书中指出："大气、海洋渔场以及水资源的物理性质，使得实施私人拥有权的代价高得惊人。没有专有权，就不会有人进行交易，也不存在什么有意义的价格。"因此，作为具有公共产权的环境资源及其所产生的外部性，都是引致"市场失灵"，导致环境破坏的重要原因。

5）不完全竞争。有些环境资源没有形成市场或存在市场竞争不足现象，也没有价格或者使用价格过低，进而造成环境资源的过度使用，如江河湖泊、空气、海洋等通常没有市场，也不存在竞争。没有价格，使用者不花费任何成本就可以占用并使用，因而容易造成大气污染和水体污染等。煤炭、天然气等能源资源以及其他许多矿产品虽有市场，但其价格构成中没有体现开发利用的环境成本，因而会加剧开发使用中的环境问题。

由上述问题导致的市场失灵，会造成各种各样的环境问题，市场经济本身不能解决由市场失灵造成的环境问题，需要依靠市场以外的力量来解决。

（2）政府失灵。市场失灵的存在为政府干预提供了理由。政府干预的形式有多种：一是政府通过制定相关的法律、法规和制度等行政工具，规范和限制经济主体的行为；二是运用税收、补贴、市场许可、信贷优惠等，对私人行为进行经济激励；三是依靠政府提供环境信息，资助环境科研活动，改善环境质量；四是政府可直接提供某种公共物品，如经济教科书中经常出现的灯塔的例子、公共草场、城市道路等。从理论上看，政府可以纠正市场失灵，但政府并不是万能的，在政府干预中同样会出现政府失灵现象。

政府失灵的表现有多种，如由于法律法规不完善，执法力度不到位、政府效率较低、政府干预的外部性等，都会使政府干预失效。具体表现在：一是政府政策失灵。主要指政府出台的一些保护环境的政策措施可能会使环境资源使用或配置的私人成本扭曲，表现为政府政策制定过程中可能出现的资源环境价格扭曲，从而使追求个人福利最大化的行为与社会福利最大化的目标相背离。二是环境管理方面的失灵。由于管理失灵的存在，导致政府有关保护环境的政策无法有效实施。主要表现在：首先，政府政策在各部门之间有时会存在不协调或协调不足现象，使政策本应该达到的目标而没有达到；其次，存在寻租行为。政府制定环境规制政策的目的是制止污染，保护环境，这会导致污染者、受污染者和政府之间的博弈，污染者为了既得利益，可能会在既定的政策下进行寻租，如向环境政策的管理者行贿，试图免交或少交排污税费，放宽环境管制标准等，使污染造成的外部成本转嫁给受污染者。

### 3.2.2 环境规制的发展历程

（1）环境规制政策的起步阶段。即20世纪80年代以前。中华人民共和国成立之初，我国并没有专门的环境保护机构，也没有完整的环境保护的法律法规及制度。随着中国工业化进程的逐步推进，重工业比重偏高，工业发展方式粗放，大量的自然资源被开采利用，环境污染问题逐步凸显并日趋严重。在这种情况下，我国政府开始意识到环境保护的重要性，1972年6月，我国政府派代表团参加了在瑞典首都斯德哥尔摩召开的联合国第一次人类环境大会，标志着我国环境保护事业的正式起步。会议通过了《人类环境宣言》，提出了可持续发展的概念。

第一次联合国环境大会后，1973年8月5日，国务院召开了第一次全国环境保护工作会议，会议通过了《关于保护和改善环境的若干规定》（试行草案），这是中华人民共和国第一个综合性的环境保护行政法规，标志着中国环境规制的开始。《规定》提出了当前仍然被执行的“三同时”原则，即污染防治和主体工程“同时设计、同时施工、同时投产”，这一原则对我国的环境保护起到了相当大的作用。

随着中国工业发展过程中环境问题的日趋严重，1973年12月，国务院颁发了我国第一个环境标准，即《工业“三废”排放试行标准》，并于1974年1月起试行，奠定了我国环境标准的基础。

1974年10月，我国成立了第一个环境保护机构——国务院环境保护领导小组，这是我国成立的第一个正式的、专门的环境保护机构，该机构主要负责制定国家环境保护规划、环境保护的方针政策，并监督相关制度的贯彻和执行。与此相适应，各省、自治区和直辖市也设立了类似的环境保护机构。

1978 年 3 月 5 日，全国人大五届一次会议通过的《中华人民共和国宪法》第一章第十一条规定，“国家保护环境和自然资源，防止污染和公害”，这是中华人民共和国成立后我国第一次在宪法中对环境保护作出的明确规定，奠定了我国环保工作的法制基础。

1979 年 9 月 13 日，第五届全国人民代表大会常务委员会第十一次会议通过了《中华人民共和国环境保护法（试行）》，引进了当时国际上的“环境影响评价”制度和“污染者付费”原则，奠定了环境影响报告和排污收费制度的基础，对环境污染防治做了原则性规定。环境保护法的颁布，标志着中国的环境保护事业进入法制化轨道。

（2）发展和完善阶段。20 世纪 80 年代初至 80 年代末。1981 年 5 月，国家计委、国家建委、国家经委和国务院环保领导小组联合颁发了《基本建设项目环境保护管理办法》，对环境影响评价的基本内容和程序做了规定。1982 年 2 月，国务院发布了《征收排污费暂行办法》，该办法是用经济手段加强环境保护的一项有效方法，目的是为了加强经营管理，节约资源，综合利用资源，治理污染，改善环境，奠定了中国环境管理的基础。

1983 年 12 月，国务院召开第二次全国环境保护会议，正式确定环境保护为基本国策，提出了“预防为主，防治结合”“谁污染谁治理”“强化环境管理”三项保护环境的基本原则。随后，又陆续颁布了《水污染防治法》（1984 年 11 月）、《大气污染防治法》（1987 年 5 月）、《海洋环境保护法》（1982 年 8 月）、《环境噪声污染防治条例》（1989 年）等法律法规。1984 年 5 月，国务院成立环境保护委员会。

1989 年，国务院召开第三次全国环境保护会议，把第二次环境保护会议制定的大众方针具体化，形成了“预防为主，防治结合”，“谁污染谁治理（1989 年调整为谁污染谁付费）”和“强化环境管理”的三大政策体系，并制定了环境保护目标责任制、城市环境综合整治定量考核制度、污染集中控制制度、限期治理制度、排污收费制度、环境影响评价制度、“三同时”制度、排污申报登记与排污许可证制度等八项环境规章制度，为解决环境问题提供了政策保障。1989 年 12 月，第七届全国人大常委会第十一次会议通过了《中华人民共和国环境保护法的修正》，新修改颁布的《环境保护法》（1989 年）明确规定：“国家制定的环境保护法规必须纳入国民经济和社会发展计划，国家采取有利于环境保护的经济政策和措施，使环境保护工作同经济建设和社会发展相协调。”同年，国务院提出推行深化环境管理的环境保护目标责任制、城市环境综合整治定量考核制、排放污染物许可制、污染集中控制和限期治理 5 项新制度和措施，形成环境保护的“八项制度”。

（3）深化阶段。20 世纪 90 年代至今。进入 20 世纪 90 年代以后，1990 年 12 月，国务院作出了《关于进一步加强环境保护工作的决定》，要求各级人民政府、各部门、各企事业单位，必须严格执行环境保护法律法规，依法采取有效措施防治工业污染，积极开展城市环境综合整治工作，在资源开发利用中重视生态环境保护，实行环境保护目标责任制等决定。

1992 年 6 月，联合国环境与发展大会在巴西里约热内卢召开，会议通过了《里约环境与发展宣言》《21 世纪议程》《关于森林问题的原则声明》等重要文件，并开放签署了联合国《气候变化框架公约》、联合国《生物多样性公约》，充分体现了当今人类社会发展的新思想。继联合国环境与发展大会后，1992 年 7 月，党中央、国务院批准了旨在解决环境问题的《中国环境与发展十大对策》；1992 年 7 月，国务院环境保护委员会决定由国家计划委员会和国家技术委员会牵头，组织国务院各部门和机构编制《中国 21 世纪议程——中国 21 世纪人口、环境与发展白皮书》，1994 年 3 月，国务院第 16 次常务会议讨论通过并发布了我国第一个可持续发展方面的综合性文件——《21 世纪议程

——中国21世纪人口、环境与发展白皮书》，白皮书从人口、环境与发展的具体国情出发，提出了我国可持续发展的总体战略、对策以及行动方案，确定了污染治理和生态保护重点，加大了执法力度。1993年，全国人民代表大会设立了环境保护委员会。1994年，国家环保局公布了《全国环境保护纲要（1993～1998）》，可持续发展战略被确定为我国三大战略（可持续发展战略、城市化战略、西部开发战略）之一。

1996年7月，国务院召开第四次全国环境保护会议，会议通过了《国务院关于加强环境保护的若干决定》，确立了污染防治和生态保护并重的方针，指出"要按照污染者付费、利用者补偿、开发者保护、破坏者恢复"的方针，在基本建设、技术改造、综合利用、财政税收、金融信贷等方面制定和完善促进环境保护和防止环境污染、生态破坏的经济政策和措施。这一时期，我国进入了全面治理环境污染和保护生态环境的重要时期，在此期间，修订了《中华人民共和国水污染防治法》（1996年5月）、《中华人民共和国海洋环境保护法》（1999年10月25日修订通过，2000年4月1日起施行）等法律法规；制定了《中华人民共和国环境噪声污染防治法》（1996年10月29日通过，1997年3月1日起实施）、《中华人民共和国水污染防治法实施细则》（2000年）、《中华人民共和国大气污染防治法》（2000年）、《淮河流域水污染防治暂行条例》（1995年8月8日发布并实施），同时在修改后的《刑法》中还加入了"破坏环境资源保护罪"以及"环境保护监督渎职罪"，使得法律体系得到了很大的补充和完善，通过法律制度保护环境的路径越来越明晰。1998年6月，国务院办公厅发布了《国家环境保护总局职能配置、内设机构和人员编制规定》，设置正部级的国家环境保护总局，明确了国家环境保护总局的职能和内部机构设置与职能分工。1998年11月，国务院发布了《建设项目环境保护管理条例》，目的在于防止建设项目产生新污染、破坏生态环境。1996年9月，国务院批准了《国家环境保护"九五"计划和2010年远景目标》，其附件《"九五"期间全国主要污染物排放总量控制计划》和《中国跨世纪绿色工程规划（第一期）》是实现“九五”环保目标采取的两项重大举措。2000 年 10 月，全国人大常委会颁布了《环境影响评价法》，鼓励在规划和建设中考虑环境因素。2001 年 12 月 26 日，国务院批准了《国家环境保护“十五”计划》，确定了“十五”期间环境保护的主要任务。

2002 年 1 月，国务院召开了第五次全国环境保护会议，强调走可持续发展的道路。同年 1 月，国务院颁布了《排污费征收使用管理条例》，自 2003 年 7 月起实施，制定了加强排污费征收、使用的管理办法。2002 年 6 月，全国人大常委会颁布了《中华人民共和国清洁生产促进法》。2004 年 12 月，修订了《中华人民共和国固体废物污染环境防治法》。其中，《中华人民共和国清洁生产促进法》是我国第一部循环经济法，标志着我国治理污染方式的重大变化，即由“末端治理”向“全过程控制”转变。2005 年 12 月，《国务院关于落实科学发展观加强环境保护的决定》中明确指出：“把环境保护摆上更加重要的战略位置，加强环境保护是落实科学发展观的重要举措，是全面建设小康社会的内在要求，是坚持执政为民、提高执政能力的实际行动，是构建社会主义和谐社会的有力保障。”

2006 年 4 月，国务院召开第六次全国环境保护会议，强调要把环境保护摆在更加重要的战略位置，以对国家、对民族、对子孙后代高度负责的精神，切实做好环境保护工作。2007 年 6 月，国务院发布了《节能减排综合性工作方案》，明确了节能减排的目标任务和总体要求。为了防治水污染，2008 年 2 月，第十届全国人民代表大会常务委员会第三十二次会议修订了《中华人民共和国水污染防治法》。为了发展循环经济，提高资源利用效率，保护和改善生态环境，实现可持续发展，2008 年 8 月，第十一届全国人民代表大会常务委员会第四次会议修订了《中华人民共和国循环经济促进法》。

2011 年 12 月，第七次全国环境保护大会在北京召开，李克强副总理发表重要讲话，强调坚持在发展中保护、在保护中发展，推动经济转型，提升生活质量，为经济长期平稳较快发展固本强基，为人民群众提供水清天蓝地干净的宜居安康环境。2015 年 1 月，被称为史上最严环保法——《中华人民共和国环境保护法》施行，新环保法将每年的 6 月 5 日定为环境日，强化了企业污染防治责任，突出了可执行性和可操作性。2016 年 1 月 1 日，新修订的《中华人民共和国大气污染防治法》开始施行；2016 年 11 月，国务院印发了《“十三五”生态环境保护规划》；2018 年 1 月 1 日起，新修订的《中华人民共和国水污染防治法》（2017 年修订）开始施行。2016 年 11 月，全国人大常委会发布关于修改《中华人民共和国固体废物污染环境防治法》的决定。

中国的环境管理制度经过不断发展完善，到目前为止，已基本形成了较为完善的环境保护法律框架体系，在解决环境问题中正在发挥着越来越大的作用。

从环境规制方式看，按照政府规制方式的不同，主要经历了命令—控制型环境规制（Command and Control，CAC）、市场激励型环境规制（Market-Based Incentives，MBI）和自愿参与型环境规制三种方式。从目前世界各国的情况看，命令—控制型环境规制仍然是主要的规制方式。

### 3.2.3 环境规制的界定和分类

（1）环境规制的界定。学术界对环境规制的认识经历了一个长期的过程。环境规制最初被看作政府以非市场手段对环境资源利用的直接干预，其突出特点是环境标准的制定及执行均由政府控制，在严格的政府管制中，市场和企业没有任何活动的余地。此后，具有环境规制功能却不属于环境规制范围的环境税、补贴、押金退款、经济激励等手段相继出现，在保护环境中起到了良好的效果，环境规制的内涵随之得到了修正，即环境规制是政府对环境资源利用的直接干预与间接干预，从外延看，不仅包括行政法规，还将经济手段和利用市场机制政策等纳入其中。20 世纪 90 年代以来，随着环境认证、生态标签、自愿协议的相继出现并被采纳，学术界再次对环境规制的含义作出修正，环境规制在外延上除包括命令—控制型环境规制和以市场为基础的经济激励型环境规制外，又增加了以自愿参与为主的自愿型环境规制。

综合环境规制的发展历程及环境规制含义的演变，本书将环境规制定义为：环境规制是以环境保护为目的，以个体或组织为作用对象，以有形约束或无形意识为存在形式的一种约束性规制。

（2）环境规制的分类。目前，学术界对环境规制并无统一的分类标准，按照规制形式，可分为正式环境规制和非正式环境规制。

1）显性环境规制。一般意义上，正式环境规制是指政府以行政命令的方式对环境资源的破坏行为进行直接干预，包括企业必须遵守的环保标准和规范以及必须采用的技术等，是一种显性的环境规制。正式环境规制根据其具体形态，可分为以政府行政命令为主的命令—控制型环境规制、以市场激励为主的激励型环境规制和自愿参与型环境规制。非正式环境规制是一种自发组织、自愿参与、不具有立法性质的相对隐性的规制手段，主要指个体的环保意识、环保观念、环保态度等（周肖肖，2016）。帕加尔和惠勒（Pargal & Wheeler，1995）最早提出非正式环境规制的概念，认为当政府实施的正式环境规制缺失或强度较弱时，将出现许多团体与当地污染厂商进行谈判或协商以促使污染减排的实现，这一现象被称为“非正式环境规制”，即社会团体基于自身利益而追求较高环境质量的行为。

命令—控制型环境规制，是指通过立法或行政部门制定的、能够直接影响排污者作出排污选择的法律、法规、政策和制度。包括企业必须遵守的环保标准、绩效标准和技术标准等。其主要特征是排污者几乎没有选择权，只能被迫机械地遵守环保规章；否则将受到严厉的处罚。命令—控制型环境规制见效快，短期内能使环境质量得到迅速的改善；但对政府监管要求较高，实际中执行成本也较高；过于刚性和一刀切的做法，可能会损害企业的效率，抑制企业技术创新的积极性。目前，命令—控制型环境规制是世界各国应用最为广泛的规制工具。我国颁布的《中华人民共和国环境保护法》、环境影响评价制度、“三同时”制度及其他相关单行法、部门法等，都属于命令—控制型环境规制。

经济激励型环境规制，是指政府利用市场机制设计的、旨在借助市场信号对企业的排污行为进行引导，激励排污者降低排污水平，或者使社会整体污染状况趋于受控和优化的制度（赵玉民，2009）。包括排污收费制度、生态环境补偿费、使用者税费、排污许可证交易、产品税费、补贴、押金返还等。其运作机理是将企业污染治理成本内化到生产成本中，通过压缩利润空间的方式，迫使排污者将自身行为方式转变为绿色生产、绿色消费，进而达到减少污染排放的目的，本质上体现了“谁污染，谁付费”的原则。可以使经济主体获得一定程度选择和决定是否采取减污行动的自由，为企业采用廉价和较好的污染控制技术提供了较强的刺激。但与命令—控制型环境规制相比，首先，在市场机制不健全时，市场激励型环境工具无法有效地发挥作用；其次，经济主体对上述市场工具的反应存在时滞，其作用的显现往往需要一定的时间。自 1972 年 OECD 颁布“污染者付费原则”后，以市场为基础的经济激励型环境规制逐渐引起世界各国的关注及应用。

自愿型环境规制是指政府、企业及社会公众基于自身对环境质量的诉求而提出的、旨在保护环境的协议、承诺或计划，或者主动采取的减污行为。肯纳和奎米奥（Khanna & Quimio，1997）称其为环境规制的“第三次浪潮”。主要包括生态标签、环境认证、信息公开、环境协议、公众参与等工具。自愿型环境规制建立在企业自愿参与的基础上，更多强调行业、企业的主动性和主导作用，一般不具有强制性的约束力。相对于前两类规制工具，具有更强的导向性、公开性和广泛性。实践中，自愿型环境规制主要有三种形式：一是行业或企业与政府通过谈判达成的双边协议；二是由行业或企业发起的倡议或承诺，政府并不参与其中；三是由政府设计并提出的各种计划，企业自愿决定是否参与。目前，我国实行的自愿型环境规制主要有环境标志（1993 年）、ISO14000（1995 年）、清洁生产和全过程控制（2003 年）等。

2）隐性环境规制。隐性环境规制是指内在于个体的、无形的环保思想、观念、意识、态度和环保认知等。其典型特征是存在形式的无形性，主要借助于学习、教育、反思及奖惩机制形成。隐性环境规制运行成本较低，改善环境的效果直接，对保护环境具有长期的、根本性的意义。

（3）环境规制的测度。由于环境规制不存在统一的政府参与模式，也没有独立的规制工具。目前，国内学术界对于环境规制变量的度量存在较大差异。对于正式环境规制的度量，主要5种方法：①用工业污染治理投资占产值的比重表示，以衡量经济个体遵守正式环境规制的程度（沈能，2012；张成和陆旸等，2011）；②用排污费收入或治理污染设施运行费用衡量环境规制（王兵和吴延瑞等，2010；张成和于同申等，2010）；③用污染物排放达标率综合指标衡量环境规制（李玲和陶峰，2012）；④用工业污染治理投资与增加值的比率变化来度量环境规制（张文彬和张理芃等，2010）；⑤用污染物排放量占地区工业增加值比重构建环境规制强度综合指标（高志刚和尤济红，2015）。这些指标往往过于单一地强调环境规制的某一个方面，很难全面反映一个地区的整体环境规制状况，因此均存在一定程度的欠缺。

由于非正式环境规制的研究起步较晚，并且非正式环境规制本身具有隐性特点，不易准确衡量，也没有专门的衡量指标。国内学者基本上借鉴国外研究，以收入水平、受教育程度、人口密度和年龄结构综合衡量非正式规制强度（原毅军和谢荣辉，2014）。

## 3.3 环境规制强度的测度

### 3.3.1 环境规制指标的选取

为了全面衡量环境规制状况，借鉴已有研究，本书从环境规制的投入成本与和产出效果两个方面构建环境规制强度指标，即同时采用环境规制的成本指标和产出指标来构建环境规制强度指数，以便于较为全面地反映中国环境规制的规制状况。

在环境规制成本指标方面，从环境规制的人力成本、物力成本和财力成本 3 个方面选取相关成本指标。环境规制的人力成本指标，用行政主管部门的人数（环保局人员 + 环境监测人员 + 环境监察人员）来衡量；环境规制的物力成本指标，使用废水治理设施数与废气治理设施数之和共同刻画物力成本指标；环境规制的财力成本指标，使用环境污染治理投资占 GDP 的比重来衡量。

在环境规制产出指标方面，选取各地区单位“三废”排放量的经济产出，即用工业增加值与工业废水排放量、工业废气排放量和工业固体废物产生量的比值来衡量。其中工业增加值以 2000 年为基期平减，得到各省市区不变价格的工业增加值。

以上变量所用数据来源于中国经济与社会发展数据库，《中国统计年鉴》《中国环境年鉴》《中国环境统计年鉴》以及各省份相应年份的统计年鉴。

### 3.3.2 评价模型

有关综合评价的方法有多种，综合各种方法的优缺点及适用性，本书选用熵值法测度环境规制强度综合指数。该方法根据评价对象的各个指标，计算出指标所对应的数据差异来确定权重，指标权重的确定完全依赖于所搜集的数据，可以有效地避免主观因素的干扰，客观地反映出样本数据间的差异。

首先，对原始数据进行标准化处理，以消除量纲的影响。熵值法对数据的标准化过程要求很高，它要求标准化后的数据在保留原始样本数据的差异性基础上，也要符合熵值法的计算要求。

本书采用非线性法标准化方法中的向量标准化法对样本数据进行标准化处理，具体见公式（3－1）：

$$Y_{ij} = \frac{X_{ij}}{\sqrt{\sum_{i=1}^{n} X_{ij}^2}} \tag{3-1}$$

熵值法的评价步骤如下：

（1）计算第 $i$ 个方案下第 $j$ 个指标的比重 $P_{ij}$，即：

$$P_{ij} = \frac{X_{ij}}{\sum X_{ij}} (i=1, 2, \cdots, m; j=1, 2, 3, \cdots, n) \tag{3-2}$$

（2）计算指标熵值 $e_i$：

$$e_i = -K\sum_{i=1}^{m} p_{ij}\ln p_{ij}, K = \frac{1}{\ln m}$$

$m$ 为样本量 (3-3)

（3）计算指标的差异系数 $h_j$：

$$h_j = 1 - e_j \tag{3-4}$$

（4）计算第 $j$ 项指标的权重 $w_j$：

$$w_j = \frac{h_j}{\sum_{j=1}^{n} h_j} \tag{3-5}$$

（5）计算综合评价指数 $F_i^k$：

$$F_i^k = \sum w_j^k \times X_{ij}^k \tag{3-6}$$

$F_i^k$ 的值越大，说明用于环境保护的投入产出越大，单位污染物排放量的经济产出越大，环境规制强度越好。

### 3.3.3 评价结果及分析

环境规制强度的测度。以 2000～2015 年我国 31 个省（自治区、直辖市）的环境规制指标数据为依据，运用熵值法计算出环境规制强度综合指数，综合指数值越大，说明环境规制强度越高。利用公式（3-6）计算得到各省（自治区、直辖市）的环境规制强度综合评价结果，见表 3-2。

表 3－2　2000～2015 年我国各省（自治区、直辖市）环境规制强度综合指数

| 地区 | 2000 年 | 2001 年 | 2002 年 | 2003 年 | 2004 年 | 2005 年 | 2006 年 | 2007 年 |
|---|---|---|---|---|---|---|---|---|
| 北京 | 0.0424 | 0.0460 | 0.0497 | 0.0513 | 0.0502 | 0.0494 | 0.0514 | 0.0541 |
| 天津 | 0.0726 | 0.0606 | 0.0554 | 0.0552 | 0.0533 | 0.0402 | 0.0353 | 0.0375 |
| 河北 | 0.0418 | 0.0402 | 0.0430 | 0.0403 | 0.0373 | 0.0381 | 0.0383 | 0.0387 |
| 山西 | 0.0301 | 0.0294 | 0.0299 | 0.0279 | 0.0293 | 0.0293 | 0.0292 | 0.0292 |
| 内蒙古 | 0.0237 | 0.0228 | 0.0219 | 0.0196 | 0.0193 | 0.0188 | 0.0191 | 0.0180 |
| 辽宁 | 0.0366 | 0.0371 | 0.0386 | 0.0379 | 0.0365 | 0.0328 | 0.0320 | 0.0324 |
| 吉林 | 0.0330 | 0.0330 | 0.0324 | 0.0314 | 0.0299 | 0.0266 | 0.0254 | 0.0249 |
| 黑龙江 | 0.0458 | 0.0465 | 0.0486 | 0.0456 | 0.0451 | 0.0441 | 0.0409 | 0.0400 |
| 上海 | 0.0623 | 0.0576 | 0.0574 | 0.0568 | 0.0530 | 0.0528 | 0.0516 | 0.0520 |
| 江苏 | 0.0707 | 0.0602 | 0.0586 | 0.0607 | 0.0542 | 0.0503 | 0.0479 | 0.0484 |
| 浙江 | 0.0884 | 0.0810 | 0.0776 | 0.0727 | 0.0665 | 0.0633 | 0.0584 | 0.0536 |
| 安徽 | 0.0289 | 0.0276 | 0.0273 | 0.0269 | 0.0263 | 0.0252 | 0.0231 | 0.0223 |
| 福建 | 0.0519 | 0.0422 | 0.0429 | 0.0432 | 0.0396 | 0.0366 | 0.0346 | 0.0307 |
| 江西 | 0.0235 | 0.0245 | 0.0221 | 0.0205 | 0.0192 | 0.0194 | 0.0181 | 0.0177 |
| 山东 | 0.0585 | 0.0565 | 0.0577 | 0.0547 | 0.0509 | 0.0483 | 0.0483 | 0.0454 |
| 河南 | 0.0498 | 0.0516 | 0.0509 | 0.0513 | 0.0496 | 0.0489 | 0.0462 | 0.0450 |
| 湖北 | 0.0348 | 0.0368 | 0.0353 | 0.0371 | 0.0332 | 0.0317 | 0.0298 | 0.0295 |
| 湖南 | 0.0390 | 0.0397 | 0.0416 | 0.0370 | 0.0341 | 0.0339 | 0.0343 | 0.0302 |
| 广东 | 0.1108 | 0.1062 | 0.1025 | 0.0983 | 0.0880 | 0.0797 | 0.0792 | 0.0725 |
| 广西 | 0.0241 | 0.0234 | 0.0219 | 0.0205 | 0.0189 | 0.0195 | 0.0185 | 0.0179 |
| 海南 | 0.0281 | 0.0337 | 0.0291 | 0.0298 | 0.0265 | 0.0227 | 0.0214 | 0.0214 |
| 重庆 | 0.0350 | 0.0371 | 0.0362 | 0.0349 | 0.0290 | 0.0274 | 0.0239 | 0.0228 |
| 四川 | 0.0308 | 0.0312 | 0.0291 | 0.0304 | 0.0295 | 0.0298 | 0.0274 | 0.0249 |
| 贵州 | 0.0161 | 0.0173 | 0.0175 | 0.0173 | 0.0188 | 0.0176 | 0.0162 | 0.0167 |
| 云南 | 0.0282 | 0.0280 | 0.0271 | 0.0263 | 0.0246 | 0.0246 | 0.0227 | 0.0217 |
| 西藏 | 0.0460 | 0.0492 | 0.0536 | 0.0573 | 0.0520 | 0.0730 | 0.0720 | 0.0899 |
| 陕西 | 0.0318 | 0.0326 | 0.0312 | 0.0293 | 0.0271 | 0.0246 | 0.0242 | 0.0233 |
| 甘肃 | 0.0195 | 0.0214 | 0.0212 | 0.0183 | 0.0195 | 0.0195 | 0.0196 | 0.0193 |
| 青海 | 0.0164 | 0.0160 | 0.0170 | 0.0171 | 0.0159 | 0.0115 | 0.0099 | 0.0102 |

续表

| 地区 | 2000年 | 2001年 | 2002年 | 2003年 | 2004年 | 2005年 | 2006年 | 2007年 |
|---|---|---|---|---|---|---|---|---|
| 宁夏 | 0.0168 | 0.0181 | 0.0169 | 0.0184 | 0.0186 | 0.0124 | 0.0144 | 0.0150 |
| 新疆 | 0.0347 | 0.0327 | 0.0306 | 0.0302 | 0.0281 | 0.0252 | 0.0221 | 0.0218 |
| 地区 | 2008年 | 2009年 | 2010年 | 2011年 | 2012年 | 2013年 | 2014年 | 2015年 |
| 北京 | 0.0564 | 0.0551 | 0.0556 | 0.0554 | 0.0595 | 0.0594 | 0.0632 | 0.0689 |
| 天津 | 0.0346 | 0.0354 | 0.0314 | 0.0325 | 0.0312 | 0.0338 | 0.0336 | 0.0330 |
| 河北 | 0.0407 | 0.0390 | 0.0408 | 0.0450 | 0.0443 | 0.0455 | 0.0461 | 0.0494 |
| 山西 | 0.0308 | 0.0309 | 0.0305 | 0.0328 | 0.0342 | 0.0348 | 0.0355 | 0.0366 |
| 内蒙古 | 0.0187 | 0.0185 | 0.0185 | 0.0212 | 0.0225 | 0.0231 | 0.0243 | 0.0251 |
| 辽宁 | 0.0306 | 0.0327 | 0.0329 | 0.0325 | 0.0355 | 0.0331 | 0.0329 | 0.0346 |
| 吉林 | 0.0235 | 0.0222 | 0.0222 | 0.0194 | 0.0199 | 0.0201 | 0.0202 | 0.0201 |
| 黑龙江 | 0.0383 | 0.0364 | 0.0353 | 0.0334 | 0.0319 | 0.0342 | 0.0321 | 0.0330 |
| 上海 | 0.0483 | 0.0502 | 0.0476 | 0.0479 | 0.0459 | 0.0484 | 0.0512 | 0.0514 |
| 江苏 | 0.0476 | 0.0468 | 0.0454 | 0.0456 | 0.0473 | 0.0478 | 0.0480 | 0.0509 |
| 浙江 | 0.0566 | 0.0533 | 0.0578 | 0.0513 | 0.0530 | 0.0534 | 0.0534 | 0.0546 |
| 安徽 | 0.0221 | 0.0214 | 0.0215 | 0.0207 | 0.0217 | 0.0237 | 0.0238 | 0.0250 |
| 福建 | 0.0292 | 0.0271 | 0.0249 | 0.0285 | 0.0268 | 0.0268 | 0.0288 | 0.0294 |
| 江西 | 0.0170 | 0.0175 | 0.0190 | 0.0201 | 0.0211 | 0.0195 | 0.0197 | 0.0219 |
| 山东 | 0.0443 | 0.0440 | 0.0420 | 0.0439 | 0.0454 | 0.0461 | 0.0466 | 0.0484 |
| 河南 | 0.0439 | 0.0435 | 0.0437 | 0.0423 | 0.0424 | 0.0425 | 0.0436 | 0.0470 |
| 湖北 | 0.0284 | 0.0285 | 0.0268 | 0.0287 | 0.0261 | 0.0235 | 0.0241 | 0.0268 |
| 湖南 | 0.0303 | 0.0295 | 0.0272 | 0.0253 | 0.0271 | 0.0273 | 0.0283 | 0.0316 |
| 广东 | 0.0649 | 0.0652 | 0.0679 | 0.0628 | 0.0635 | 0.0646 | 0.0669 | 0.0696 |
| 广西 | 0.0182 | 0.0191 | 0.0188 | 0.0169 | 0.0174 | 0.0183 | 0.0184 | 0.0198 |
| 海南 | 0.0165 | 0.0176 | 0.0178 | 0.0130 | 0.0138 | 0.0110 | 0.0105 | 0.0115 |
| 重庆 | 0.0215 | 0.0204 | 0.0225 | 0.0246 | 0.0238 | 0.0251 | 0.0256 | 0.0238 |
| 四川 | 0.0267 | 0.0269 | 0.0251 | 0.0271 | 0.0254 | 0.0264 | 0.0309 | 0.0305 |
| 贵州 | 0.0171 | 0.0154 | 0.0155 | 0.0151 | 0.0147 | 0.0154 | 0.0166 | 0.0161 |
| 云南 | 0.0222 | 0.0230 | 0.0233 | 0.0220 | 0.0233 | 0.0231 | 0.0226 | 0.0224 |
| 西藏 | 0.0822 | 0.0594 | 0.0574 | 0.0226 | 0.0134 | 0.0193 | 0.0131 | 0.0107 |
| 陕西 | 0.0214 | 0.0214 | 0.0234 | 0.0213 | 0.0213 | 0.0208 | 0.0212 | 0.0208 |

续表

| 地区 | 2008年 | 2009年 | 2010年 | 2011年 | 2012年 | 2013年 | 2014年 | 2015年 |
|---|---|---|---|---|---|---|---|---|
| 甘肃 | 0.0182 | 0.0187 | 0.0194 | 0.0158 | 0.0179 | 0.0199 | 0.0187 | 0.0190 |
| 青海 | 0.0107 | 0.0087 | 0.0084 | 0.0083 | 0.0075 | 0.0089 | 0.0079 | 0.0083 |
| 宁夏 | 0.0125 | 0.0106 | 0.0091 | 0.0111 | 0.0103 | 0.0113 | 0.0114 | 0.0123 |
| 新疆 | 0.0207 | 0.0211 | 0.0184 | 0.0189 | 0.0212 | 0.0216 | 0.0231 | 0.0216 |

将表3-2的测算结果排名，见表3-3。由表3-2和表3-3可以看出，2000年，排名前五位的省（直辖市）分别是广东、浙江、天津、江苏、上海；排名后五位的省（自治区）分别是贵州、青海、宁夏、甘肃、江西。结合表3-2可以看出，其余省（直辖市、自治区）的环境规制强度指数介于0.0237~0.0585。2015年，排名前五位的省（直辖市）分别是广东、北京、浙江、上海、江苏，排名后五位的省（自治区）分别是青海、西藏、海南、宁夏、贵州，其余省（直辖市、自治区）的环境规制强度介于0.0190~0.0494。对比2000年和2015年可知，北京、河北、山西、内蒙古、辽宁等地的环境规制强度进一步增强，而西藏、新疆、天津、吉林、陕西等地的环境规制强度相对降低。

将各省（自治区、直辖市）2015年与2000年的环境规制状况进行比较，即以2015年环境规制强度比2000年环境规制强度，若该比值大于1，说明环境规制强度有所提高；反之，则说明环境规制强度降低，具体结果如表3-3所示。总体而言，2000~2015年，只有北京、河北、山西、内蒙古、贵州5个地区环境规制强度上升，其余26个地区环境规制强度均出现下降（即比值小于1）。环境规制强度提高的地区主要集中在环渤海地区及北部地区，包括北京、上海、四川、河北、山西、内蒙古、贵州等地。另外，由各省环境污染状况看，2000~2015年，北京、上海、四川的环境质量得到明显改善。环境规制强度降低的地区集中在西部地区，具体包括西藏、青海、新疆、宁夏、甘肃等地；同样，环境污染加剧的地区主要集中在西北地区，如西藏、青海、新疆、甘肃等地。由此可以初步判定，环境规制强度提高的省份环境污染下降，环境质量得到了改善，而环境规制强度降低的省份环境污染加剧，环境质量进一步恶化。

表 3-3　2000 年、2015 年各省（自治区、直辖市）环境规制强度综合指数排名

| 地区 | 2000 年排名 | 2015 年排名 | 2015 年/2000 年 | 比值排名 | 地区 | 2000 年排名 | 2015 年排名 | 2015 年/2000 年 | 比值排名 |
|---|---|---|---|---|---|---|---|---|---|
| 北京 | 11 | 2 | 1.6238 | 1 | 湖北 | 16 | 16 | 0.7695 | 17 |
| 天津 | 3 | 11 | 0.4549 | 29 | 湖南 | 13 | 13 | 0.8108 | 15 |
| 河北 | 12 | 6 | 1.1818 | 3 | 广东 | 1 | 1 | 0.6282 | 23 |
| 山西 | 21 | 9 | 1.2145 | 2 | 广西 | 25 | 25 | 0.8217 | 14 |
| 内蒙古 | 26 | 17 | 1.0599 | 4 | 海南 | 24 | 29 | 0.4091 | 30 |
| 辽宁 | 14 | 10 | 0.9464 | 8 | 重庆 | 15 | 19 | 0.6791 | 21 |
| 吉林 | 18 | 24 | 0.6078 | 26 | 四川 | 20 | 14 | 0.9899 | 6 |
| 黑龙江 | 10 | 12 | 0.7209 | 19 | 贵州 | 31 | 27 | 1.0039 | 5 |
| 上海 | 5 | 4 | 0.8252 | 13 | 云南 | 23 | 20 | 0.7965 | 16 |
| 江苏 | 4 | 5 | 0.7206 | 20 | 西藏 | 9 | 30 | 0.2319 | 31 |
| 浙江 | 2 | 3 | 0.6181 | 25 | 陕西 | 19 | 23 | 0.6545 | 22 |
| 安徽 | 22 | 18 | 0.8652 | 11 | 甘肃 | 28 | 26 | 0.9724 | 7 |
| 福建 | 7 | 15 | 0.5675 | 27 | 青海 | 30 | 31 | 0.5053 | 28 |
| 江西 | 27 | 21 | 0.9298 | 10 | 宁夏 | 29 | 28 | 0.7293 | 18 |
| 山东 | 6 | 7 | 0.8268 | 12 | 新疆 | 17 | 22 | 0.6221 | 24 |
| 河南 | 8 | 8 | 0.9433 | 9 | | | | | |

## 3.4 环境规制强度的空间特征

由于地理邻接、经济发展、产业结构、污染排放等方面的差异，各地区环境规制水平及实施状况也存在较大差异，因此，探讨环境规制是否存在地理空间上的集聚与外溢效应具有重要作用。借用探索性空间统计分析方法，通过计算全局空间 Moran's I 指数和反映局部空间关联的Lisa指数来进行分析。

### 3.4.1 全局空间 Moran's I 指数

全局 Moran's I 指数从总体上描述整个区域所有空间单元之间的平均关联程度及其显著性，其计算公式为：

$$I = \frac{\sum_{i=1}^{n}\sum_{j=1}^{n} w_{ij}(A_i - \bar{A})(A_j - \bar{A})}{S^2 \sum_{i=1}^{n}\sum_{j=1}^{n} w_{ij}} \tag{3-7}$$

式（3－7）中，$I$ 表示全局空间 Moran's I 指数，且 $I \in [-1,1]$；$S^2 = \frac{1}{n}\sum_{i=1}^{n}(A_i - \bar{A})^2$；$\bar{A} = \frac{1}{n}\sum_{i=1}^{n}A_i$，$A_i$表示第 $i$ 个地区的观测值；$n$ 为地区个数；$W$ 表示空间权重矩阵。

本书是以地理距离为基础设定空间权重矩阵 $W$，$W$ 中的元素的设定原则为：当区域 $i$ 与区域 $j$ 相邻时，$w_{ij}=1$；当区域 $i$ 与区域 $j$ 不相邻时，$w_{ij}=0$。若 Moran's I 指数值介于 0 到 1，表示各地区观测值呈现出空间正相关；Moran's I 指数值越接近于 1，各地区间空间正相关性越强；Moran's I 值越接近于 0，表明地区间不存在空间相关性，若 Moran's I 值介于 －1 到 0，说明各地区观测值为空间负相关。

环境规制强度是否存在空间自相关性，可以通过 Moran's I 指数来检验，2000～2015 年省际环境规制强度的 Moran's I 指数，见表 3－4，可以看出，除 2006 年、2007 年和 2008 年外，环境规制强度的Moran's I 指数均为正值。2011～2015 年环境规制强度的 Moran's I 指数通过了 5% 的显著性水平检验，意味着近年来我国环境规制强度具有显著为正的空间相关性。

**表 3－4　　　　环境规制的全局空间自相关检验**

| 年份 | Moran's I 指数 | Z 值 | P 值 |
|---|---|---|---|
| 2000 | 0. 1442 | 1. 5646 | 0. 0689 |
| 2001 | 0. 1000 | 1. 1911 | 0. 1193 |
| 2002 | 0. 0753 | 0. 9644 | 0. 1653 |
| 2003 | 0. 0947 | 1. 1135 | 0. 1354 |
| 2004 | 0. 0803 | 1. 9856 | 0. 1621 |
| 2005 | 0. 0007 | 0. 2865 | 0. 3636 |
| 2006 | －0. 0254 | 0. 0688 | 0. 4456 |
| 2007 | －0. 0530 | 0. 1696 | 0. 4611 |
| 2008 | －0. 0316 | 0. 0173 | 0. 4648 |

续表

| 年份 | Moran's I 指数 | Z 值 | P 值 |
|---|---|---|---|
| 2009 | 0.0485 | 0.6891 | 0.2365 |
| 2010 | 0.0178 | 0.4316 | 0.3154 |
| 2011 | 0.2041 | 1.9862 | 0.0326 |
| 2012 | 0.2141 | 2.0804 | 0.0277 |
| 2013 | 0.1845 | 1.8339 | 0.0427 |
| 2014 | 0.1801 | 1.8030 | 0.0450 |
| 2015 | 0.2086 | 2.0437 | 0.0294 |

### 3.4.2 局部空间关联 Lisa 指数

学者安瑟琳（Anselin，1996）经过研究指出，在一个存在全局空间自相关的样本中，有可能存在局域不相关，而在不存在全局空间自相关的样本中，也有可能存在局部相关。因此，有必要使用局部空间统计量来识别随空间位置不同而可能存在的不同空间关联模式，观察空间局部不平衡性，发现数据间的空间异质性，为区域经济决策提供依据。区域 $i$ 的局域 Moran's I 指数用来衡量区域 $i$ 与其他邻域之间的关联程度。其计算公式为：

$$I_i = \frac{(A_i - \bar{A})}{S^2} \sum_{i \neq j} (A_j - \bar{A}) \tag{3-8}$$

公式（3-8）中，$I_i$表示局部相关性指数；$S^2 = \frac{1}{n} \sum_{i=1}^{n} (A_i - \bar{A})^2$；$\bar{A} = \frac{1}{n} \sum_{i=1}^{n} A_i$，$A_i$表示第 $i$ 个地区的观测值；$n$ 为地区数；$W$ 为空间权重矩阵。当 $I_i > 0$ 时，$i$ 地区的 Moran's I 散点处于第一象限（高值被高值所包围）或第三象限（低值被低值所包围）；当 $I_i < 0$ 时，$i$ 地区的 Moran's I 散点处于第二象限（低值被高值所包围）或第四象限（高值被低值所包围）。通过计算局域空间关联 Lisa 指数，检验我国环境污染在局部地区是否存在集聚现象。

本节采用 Lisa 指数分析省际环境规制强度指数在局部地区的空间聚集形态。采用 2000 年、2015 年环境规制强度指数的 Moran's I 散点图和局部 Lisa 指数表进行对比研究。

从 2000 年的 Moran's I 散点图［见图 3－22（a）］及 Lisa 指数表（见表 3－5）看，处于第一象限（高—高）的省（直辖市）有 8 个，分别是北京、天津、河北、上海、江苏、浙江、福建、山东，这些地区的环境规制强度高，同时被环境规制强度高的省份所包围。其中，上海和江苏在 1% 的显著性水平下显著，浙江在 10% 的显著性水平下显著。处于第二象限（低—高）的省份有 4 个，分别是安徽、江西、广西、海南。这些省（自治区、直辖市）的环境规制强度低，但被环境规制强度高的省份所包围。其中，江西在 10% 的水平下显著处于“低—高”集聚区。处于第三象限（低—低）的省（自治区、直辖市）有 14 个，分别是山西、内蒙古、辽宁、吉林、湖北、重庆、四川、贵州、云南、陕西、甘肃、青海、宁夏、新疆。其中，上海、江苏在 1% 的水平下显著，浙江在 10% 的水平下显著。这些省（自治区、直辖市）的环境规制程度低，同时被环境规制强度低的省份包围，其中，甘肃在 5% 的水平下显著处于“低—低”区域。处于第四象限（高—低）的省（自治区）有 4 个，分别是黑龙江、河南、广东、西藏。这些省（自治区）的环境规制强度高，但周边邻近省份的环境规制强度低。其中，广东在 5% 的水平下显著处于“高—低”区域。处于第二、第三象限交界处的省份是湖南省。

从 2015 年的 Moran's I 散点图［见图 3－22（b）］及 Lisa 指数表（见表 3－6）看，处于第一象限（高—高）的省（直辖市）有 10 个，分别是北京、天津、河北、山西、辽宁、上海、江苏、浙江、山东、河南，这些省（直辖市）的环境规制强度高，同时被环境规制强度高的省份所包围。其中，北京、河北、上海、天津、江苏在 5% 的水平下显著。处于第二象限（低—高）的省份有 5 个，分别是安徽、福建、江西、广西、海南，这些省份的环境规制强度低，但被环境规制强度高的省份所包围，其中，江西在 10% 的水平下显著。处于第三象限（低—低）的省（自治区）有 13 个，分别是内蒙古、吉林、湖北、重庆、四川、贵州、云南、西藏、陕西、甘肃、青海、宁夏、新疆，其中，甘肃在 5% 的水平下显著处于低—低区域。处于第四象限（高—低）的省份有2个，分别是黑龙江和广东，该省的环境规制强度高，但周边邻近省份的环境规制强度低，其中，广东在5%的水平下显著处于高—低集聚区。处于第三、第四象限交界处的是湖南省。

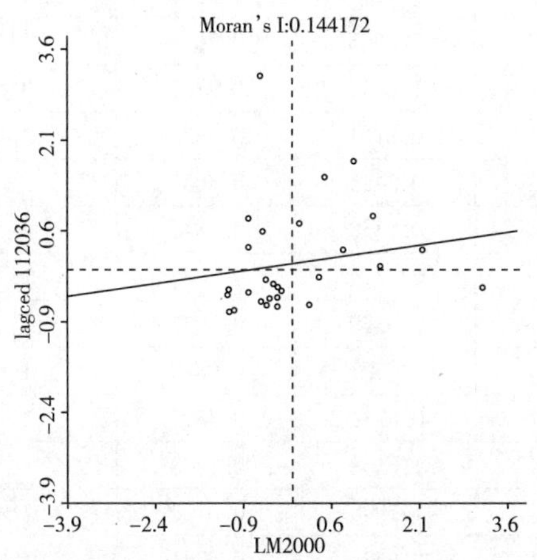


**（a）2000 年环境规制强度指数 Moran's I 散点图**

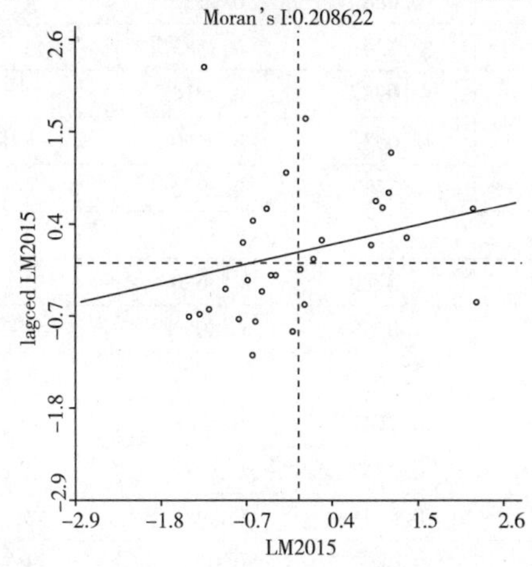


**（b）2015 年环境规制强度指数 Moran's I 散点图**

**图 3 - 22　2000 年、2015 年环境规制综合指数的 Moran's I 散点图①**

① 注：图3 - 1 ~ 图3 - 13，数据来源于《中国环境年鉴》2016 年；图3 - 14 ~ 图3 - 21，数据来源于《中国统计年鉴》2016 年；图3 - 22，为根据本章计算环境污染综合指数，环境规制强度指数计算结果绘制。

表 3-5　　　　2000 年环境规制聚类分析

| 地区 | LM 指数 | Z 值 | P 值 | 所处象限 | 集聚类型 |
|---|---|---|---|---|---|
| 北京 | 0.0467 | 0.1232 | 0.9019 | 1 | |
| 天津 | 0.0712 | 0.1609 | 0.8722 | 1 | |
| 河北 | 0.0061 | 0.1233 | 0.9019 | 1 | |
| 山西 | 0.0987 | 0.2966 | 0.7668 | 3 | |
| 内蒙古 | 0.3347 | 1.2522 | 0.2105 | 3 | |
| 辽宁 | 0.0771 | 0.2114 | 0.8326 | 3 | |
| 吉林 | 0.0965 | 0.2486 | 0.8037 | 3 | |
| 黑龙江 | -0.1281 | -0.1458 | 0.8841 | 4 | |
| 上海 | 1.7356 | 2.7224 | 0.0065 | 1 | HH |
| 江苏 | 1.1624 | 2.6849 | 0.0073 | 1 | HH |
| 浙江 | 0.6449 | 1.7307 | 0.0835 | 1 | HH |
| 安徽 | -0.3407 | -0.8739 | 0.3822 | 2 | |
| 福建 | 0.7644 | 1.5268 | 0.1268 | 1 | |
| 江西 | -0.6664 | -1.7998 | 0.0719 | 2 | LH |
| 山东 | 0.2504 | 0.6370 | 0.5241 | 1 | |
| 河南 | -0.0629 | -0.0840 | 0.9330 | 4 | |
| 湖北 | 0.0842 | 0.3341 | 0.7383 | 3 | |
| 湖南 | 0.0014 | 0.0987 | 0.9214 | 2-3 | |
| 广东 | -0.9478 | -2.0533 | 0.0400 | 4 | HL |
| 广西 | -0.2688 | -0.5287 | 0.5970 | 2 | |
| 海南 | -0.4643 | -0.5335 | 0.5937 | 2 | |
| 重庆 | 0.1348 | 0.4289 | 0.6680 | 3 | |
| 四川 | 0.2921 | 1.0169 | 0.3092 | 3 | |
| 贵州 | 0.5081 | 1.3817 | 0.1671 | 3 | |
| 云南 | 0.3206 | 0.7947 | 0.4268 | 3 | |
| 西藏 | -0.1421 | -0.2443 | 0.8070 | 4 | |
| 陕西 | 0.2148 | 0.8441 | 0.3986 | 3 | |
| 甘肃 | 0.6999 | 2.0847 | 0.0371 | 3 | LL |
| 青海 | 0.4326 | 1.0462 | 0.2955 | 3 | |
| 宁夏 | 0.1844 | 0.4168 | 0.6768 | 3 | |
| 新疆 | 0.8236 | 1.6402 | 0.1010 | 3 | |

注：1-2、2-3、3-4、1-4 分别表示第一、第二象限坐标轴交线，第二、第三象限坐标轴交线，第三、第四象限坐标轴交线，第一、第四象限坐标轴交线。

**表 3-6　　2015 年环境规制聚类分析**

| 地区 | LM 指数 | Z 值 | P 值 | 所处象限 | 集聚类型 |
|---|---|---|---|---|---|
| 北京 | 1.3746 | 2.0869 | 0.0369 | 1 | HH |
| 天津 | 0.1644 | 0.2930 | 0.7695 | 1 | |
| 河北 | 0.7095 | 2.2572 | 0.0240 | 1 | HH |
| 山西 | 0.0807 | 0.2475 | 0.8045 | 1 | |
| 内蒙古 | 0.0757 | 0.3615 | 0.7177 | 3 | |
| 辽宁 | 0.0014 | 0.0641 | 0.9489 | 1 | |
| 吉林 | 0.0220 | 0.1023 | 0.9186 | 3 | |
| 黑龙江 | -0.0523 | -0.0281 | 0.9776 | 4 | |
| 上海 | 1.5981 | 2.4182 | 0.0156 | 1 | HH |
| 江苏 | 0.9810 | 2.2013 | 0.0277 | 1 | HH |
| 浙江 | 0.3738 | 1.0060 | 0.3144 | 1 | |
| 安徽 | -0.2447 | -0.5829 | 0.5600 | 2 | |
| 福建 | -0.1308 | -0.1801 | 0.8571 | 2 | |
| 江西 | -0.2878 | -0.7020 | 0.4827 | 2 | |
| 山东 | 0.7421 | 1.6828 | 0.0924 | 1 | HH |
| 河南 | 0.1790 | 0.5857 | 0.5581 | 1 | |
| 湖北 | 0.0543 | 0.2418 | 0.8090 | 3 | |
| 湖南 | -0.0012 | 0.0886 | 0.9294 | 3-4 | |
| 广东 | -0.8224 | -1.7123 | 0.0868 | 4 | HL |
| 广西 | -0.1527 | -0.2591 | 0.7956 | 2 | |
| 海南 | -0.8679 | -0.9291 | 0.3528 | 2 | |
| 重庆 | 0.1794 | 0.5256 | 0.5991 | 3 | |
| 四川 | 0.0487 | 0.2492 | 0.8032 | 3 | |
| 贵州 | 0.3331 | 0.9055 | 0.3652 | 3 | |
| 云南 | 0.4107 | 0.9636 | 0.3352 | 3 | |
| 西藏 | 0.8328 | 1.8795 | 0.0602 | 3 | LL |
| 陕西 | 0.1511 | 0.6115 | 0.5409 | 3 | |
| 甘肃 | 0.5426 | 1.5888 | 0.1121 | 3 | |
| 青海 | 0.9509 | 2.1359 | 0.0327 | 3 | LL |
| 宁夏 | 0.6905 | 1.3365 | 0.1814 | 3 | |
| 新疆 | 0.7016 | 1.3570 | 0.1748 | 3 | |

注：1-2、2-3、3-4、1-4 分别表示第一、第二象限坐标轴交线，第二、第三象限坐标轴交线，第三、第四象限坐标轴交线，第一、第四象限坐标轴交线。

## 3.5 本章小结

本章首先界定了环境、环境资源、环境问题的定义，分析了环境问题产生的根源，从大气污染、水污染、固体废物及噪声污染等方面分析了中国当代的环境污染问题。从环境污染治理投资、污染治理达标率等方面分析了中国目前的环境治理现状。其次，从外部性、信息不对称、产权界定、不完全竞争和环境物品所具有的公共物品性质等方面，分析了环境规制的产生，回顾了中国环境规制的发展历程。最后，界定了环境规制的含义、分类及学术界对环境规制指标的测度。

在以上理论分析的基础上，从环境规制的投入成本与和产出效果 2 个方面构建环境规制强度指标，运用熵值法测算了我国 31 个省份的环境规制强度指数，分析了各省份环境规制强度的时空演变。结果表明，环境规制强度较高的省份主要集中在东部沿海经济发达地区，环境规制强度较低的省份以中西部落后地区为主；环境规制强度较高的省份其环境质量较好，环境规制强度较低的省份其环境质量差，污染严重，表明我国政府实行的环境规制政策具有明显降低环境污染的作用。

通过计算环境规制强度的全局 Moran's I 指数和 Lisa 指数，分析了环境规制的整体空间相关性和局域空间相关性。整体上看，环境规制具有显著为正的空间自相关特征，高环境规制强度的省域被高环境规制强度的省域所包围，低环境规制强度的省域被低环境规制的省域所包围；环境规制在空间分布上形成了显著的高—高集聚区或低—低聚集区，存在明显的区域集聚特征。

# 第4章

# 环境规制影响能源消费：影响机理及效应

随着我国国民经济的快速发展，以及工业化、城镇化进程的加速推进，能源消费和环境问题日趋突出。提高能源利用效率，优化能源结构，降低能源消费，遏制污染排放，协调经济增长与能源消费、环境污染的矛盾，已成为可持续发展的必然选择。为此，我国自"九五"计划起，就强调走节约能源、保护环境的可持续发展道路，不仅制定了严格的节能减排目标，而且对一些能耗大、污染重、效率低、节能减排难度大的企业进行整改，同时大力推进企业技术创新。一系列相关的资源保护及环境政策法律法规也随之出台，直接或间接地改变了能源利用方式，对降低环境污染也起到了积极的作用。相关研究也引起了学术界的高度关注，大量研究文献也随之出现，但目前针对环境规制如何影响能源消费的研究文献极少，部分文献检验了环境规制与能源效率或能源强度的关系，但仅限于环境规制对能源效率或能源强度的直接影响，有关环境规制间接影响的研究极少，且有限的研究并没有得出一致的结论。环境规制如何影响能源消费，其直接影响和间接影响方向、程度如何？能否找到有利于降低能源消费的环境规制路径？对于这些问题的研究，无论是对于提高能源利用效率、降低能源消费，还是对于能源环境政策的制定，都具有重要的理论及现实意义。本章主要从环境规制影响能源消费的直接效应和间接效应两个方面入手，首先，基于资源经济学的理论，从理论上分析环境规制影响能源消费的作用机理；其次，构建计量模型，从直接效应和间接效应两个方面实证检验环境规制是否以及如何影响能源消费；最后，根据研究结论，结合环境规制实证回归结果，提出有针对性的降低能源消费的对策建议。

## 4.1 环境规制对能源消费的影响机理

政府环境规制对能源消费的影响主要指政府通过不同的环境规制政策措施对能源消费产生影响的作用过程及作用结果，既包括以直接规制方式产生的影响效应，也包括通过各种间接方式产生的影响效应。环境规制对能源消费的直接作用主要体现在政府通过颁布各种环境规制法律法规、以政府行政命令和政府政策等作用影响能源消费；其间接作用主要是指政府制定的环境规制政策措施通过影响产业结构、技术进步、外商直接投资等传导途径对能源消费产生的影响效应。合理设计并有效执行的环境规制有利于优化能源结构，提升能源效率，降低能源消费。在环境规制影响能源消费的过程中，环境规制的直接作用和间接传导作用构成了一个有机整体，二者共同作用于能源消费的整个过程。

### 4.1.1 环境规制对能源消费的直接影响机理

环境规制可以理解为政府为保护环境而采取的对经济活动具有影响的一系列政策措施。作为一种制度性变量，环境规制已经影响到规制中的各方行为。环境规制对能源消费的直接影响主要体现在环境规制中与能源利用相关的政策措施对能源消费产生的影响，主要表现在政府通过直接的行政规制手段（如立法、执法和司法相结合的方式）对企业的能源利用进行干预，这类规制主要以命令—控制型的环境规制为主。

（1）政府可以直接利用命令—控制型的环境规制工具，直接作用于企业的生产过程。首先，政府可以通过对高耗能、高污染企业的生产过程进行直接干预，强制企业执行节能降耗措施，完成节能目标，降低能源消费；其次，政府可以通过行政处罚、节能标准、命令与控制等强制性规制手段或者通过资源产业协议、环境认证方案等“软”规制手段，对企业的生产活动进行干预，迫使企业提高能源利用效率，降低能源消费。

实际上，环境规制可以形成提高能源生产效率的倒逼机制，在严厉的环境规制下，这种倒逼机制有助于加快企业淘汰落后产能，改造提升传统落后产业，发展新兴产业。落后产能是能源高消耗、污染高排放的根源，特别是一些生产设备、生产工艺和生产技术较为落后的资源加工小企业，其长期达不到节能降耗的目标要求，进而造成巨大的资源浪费和环境污染。严厉的环境规制有助于这些企业加大对能源利用技术的改造力度，改进落后生产工艺，推广清洁生产和循环生产，提高资源综合利用水平和精深加工水平；推进产业结构向高端化、规模化、集群化方向发展，进而推动资源型传统产业的转型和优化升级。严厉的环境规制还有助于新兴产业、新能源、新材料等节能环保产业的发展，这类产业具有高技术含量、高附加值、高发展空间的特点，属于低能耗、低污染产业，是产业转型升级的主要方向。目前，世界各国都在纷纷抢占新兴产业的制高点，新兴产业不仅具有较强的竞争力，能够带来很好的经济效益，而且具有明显的能源环境效应。

（2）政府通过对化石能源的生产者和使用者征收能源税、环境税等，增加他们的生产成本与环境成本，进而减少能源需求（张华和魏晓平，2014），或者通过补贴清洁能源的方式，鼓励企业使用清洁能源或替代能源，同样能够降低化石能源消费。如果能源消费者能够预期到环境规制越来越严格，他们会在时间点上向前移动能源开采路径，导致短期内化石能源开采加速，能源价格下降。但廉价的化石能源也会刺激能源消费需求，从而可能引发能源消费的“绿色悖论”效应。霍特林（Hotelling，1931）法则假定，在完全竞争、开采成本不变的条件下，由于化石燃料的稀缺性，其均衡价格高于实际的开采成本。对于矿产资源的所有者而言，首先考虑的是何时开采才能取得收益最大化，他们可以通过对开采时间的动态调整以使其单位净收益最大化。霍特林（Hotelling，1931）法则显示，当化石燃料的使用不存在外部成本时，资源所有者将采取的最大化单位净收益的开采率总是与社会最优使用量相一致。但由于存在环境政策规制这一能源使用的外部成本，因此霍特林（Hotelling）法则会被打破。在政府一系列环境规制政策措施的冲击下，环境资源的所有者意识到未来开采化石能源的成本会变得越来越高，进而就会作出提前加速能源开采以降低成本并使其整体收益最大化的决定。冈德森和孙金云（Gunderson & Sun，2017）对韩国的研究发现，韩国通过实行国家绿色发展战略提升了能源使用效率，但却导致了温室气体排放和能源消费总量的提升，进一步得出基本环境战略政策的实施可能导致更加严峻的后果的结论，也有学者得出了与此相反的结论。因此其结果如何还有待于进一步的实证检验。

（3）政府可以通过对清洁能源的投资补贴鼓励清洁能源的发展，降低煤炭消费比重，进而达到降低能源消费总量的目的。由于我国的能源消费结构以煤为主，煤炭在我国的能源消费中占有绝大的比例，而清洁能源技术落后，消费不足。政府可以以行政命令的方式，通过增加相关企业使用煤炭等传统化石能源的成本，来约束企业煤炭的使用比例，甚至直接对企业使用煤炭的比例进行限制，以达到优化能源消费结构的目的，最终形成环境规制通过优化能源消费结构降低能源消费总量的目的。再者，我国对清洁能源投资不足也是“市场失灵”的一个例证，在能源价格的供求关系中，清洁能源巨大的外部性未被考虑在其中，清洁能源的生产者因为难以盈利或盈利空间小而没有足够的投资兴趣。政府虽已对清洁能源投资给予了一定补贴，但由于补贴力度过小而难以起到应有的作用。目前，美国和德国对新能源的补贴分别为财政支出的0.4%和0.7%，而中国对新能源的补贴仅为财政支出的0.2%[①]。因此，

① http：//www.wuhaneca.org/view.php？id=18268.

大幅度提高对新能源的补贴以支持其开发利用，从而提高清洁能源占一次能源消费的比重，不但可以降低化石能源的使用比例，减少各种污染物排放量，由此增加的财政支出也可以由征收污染税、硫税和资源税等方面的收入冲抵。

### 4.1.2 环境规制对能源消费的间接影响机理

目前学术界关于环境规制通过间接渠道影响能源消费的研究较少。相关研究表明，环境规制对技术创新、产业结构调整和对外开放程度等都具有显著的影响，而这些因素又影响着能源消费的方向和程度。本章主要分析环境规制通过技术创新、外商直接投资和产业结构调整影响能源消费的作用机理，为后续实证分析奠定理论基础。其分析框架见图4－1。

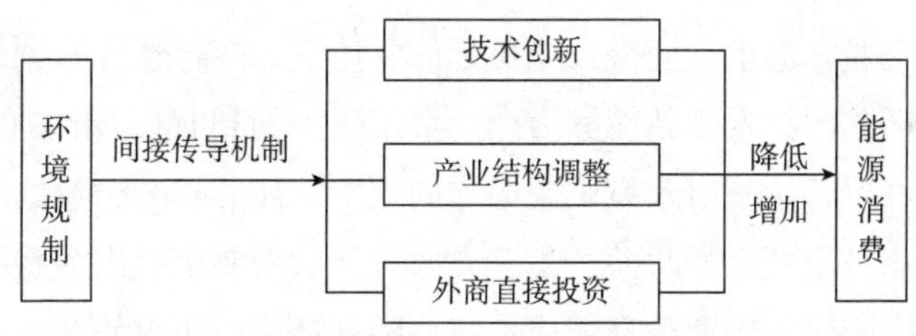


**图4－1　环境规制影响能源消费的间接作用机制**

#### 4.1.2.1 环境规制通过技术创新影响能源消费的作用机理

（1）环境规制对技术创新的影响。技术创新是指企业运用新知识、新技术改进原有产品的生产工艺和流程，或者改变原有的生产方式和经营管理模式，以实现产品的优化升级和提升生产效率。技术创新受各种内外部因素的综合影响，内部因素主要是指企业在追求利润最大化的过程中，为了提高自身竞争能力，通过对技术的更新改造来提高生产技术水平，所获得创新收入大小将会进一步影响其后期的创新行为。外部因素主要是指受政府行政命令和政策干预、产业竞争和市场需求等因素的影响，而迫使企业做出的创新行为选择。产业竞争为推动企业进行技术创新提供重要的动力源泉；市场需求则为企业提供重要的创新思路和创新机遇；政府行政命令和政策干预为企业创新行为产生激励和引导作用。

政府环境规制会通过影响企业的创新活动对能源消费产生影响。近年来，政府环境规制对技术创新的影响研究已成为学者们关注的焦点和研究的热点。传统新古典经济理论认为，环境规制产生的收益必然以增加企业成本、降低企业竞争力为代价。但波特（Porter，1995）经过研究指出，严格的环境规制能够激发企业的创新活力，由创新带来的收益不但能够抵消环境规制的规制成本，还会产生创新补偿收益，最终会提升企业的国际竞争能力，即著名的“波特假说”。环境规制对企业技术创新的影响主要可以概括为以下两个方面。

第一，政府环境规制对技术创新会产生正向激励作用。这种正向激励作用，主要体现在企业生产技术创新和节能环保技术创新两个方面。一方面，企业在追求利润最大化目标的驱使下，会通过技术创新提高其生产率水平，而技术创新能够为企业带来更大的利润；同时，新增加的利润不仅可以抵消政府政策干预增加的成本，还会提升企业的利润总水平，为企业带来更大的收益。另一方面，当政府制定并出台相关环境保护的政策措施时，企业的环境成本就会随之增加，这会使企业利润水平减少。为了维持原有的利润水平，企业必然会主动进行技术创新，增加创新投资，或者采用新技术、新工艺，或引进新设备，生产符合节能环保标准要求的产品。

第二，环境规制会挤占企业用于技术创新的资金，不利于企业开展技术创新活动。随着政府环境规制政策的完善和环境规制力度的加大，企业为了满足环境规制要求，达到规制标准，就需要投入更多的资金用于节能减排以应对更高的规制水平，这会使企业付出更高的成本。在企业总投入有限的情况下，更多的环境成本就会挤占原本用于技术研发的资金，从而阻碍企业的技术创新活动。如政府征收资源税、环境税、排污税费等行为挤占了企业原本用于生产经营活动的投入，短期内这些干预政策将无法带给企业额外的利润。

环境规制对技术创新的最终影响取决于以上两种因素的共同作用。如果企业通过技术创新获得的净收益超过应对政府环境规制投入的收益时，企业就能够在应对政府环境规制的过程中获得竞争优势，政府干预对企业技术创新就会产生积极的正向溢出作用；反之，若企业技术创新的收益低于应对政府环境规制政策投入的收益时，政府干预对企业技术创新就会产生消极的负面作用。

（2）技术创新对能源消费的影响。短期内，环境规制政策的实施不可避免地会增加企业的额外成本。为了达到环境规制标准，就需要增加节能降耗投资，这增加了企业的生产成本；同时，增加的节能降耗投资会挤占企业的生产性投资，即产生“挤出效应”，影响企业生产效率的提高，甚至造成生产的无效率。但从长期看，环境规制会影响或改变企业的成本结构及资源配置方式，使企业不得不对现有的生产方式做出调整，倒逼企业进行技术创新。技术创新一方面能够减少节能降耗支出，降低“遵从成本”；另一方面，新技术的使用和新工艺的引入，会极大地提高企业的生产效率。因此，环境规制引致的企业生产成本上升和生产要素价格上升，会使受规制影响较大的企业加大节能降耗技术创新投入，进而提高能源效率，降低能源消费。波特等（Porter et al.，1991）认为，资源利用不完全会导致污染排放，减少污染排放与提高资源利用率往往是一致的。因而，长期来看，环境规制导致的企业资源消耗量的降低会引起直接成本的节约。

由此可以看出，技术创新可以通过先进的生产方式和技术工艺来提高能源利用效率，减少能源消耗。但技术创新也可能会产生“回弹效应”。其原因在于，一方面，技术进步会促进经济增长，更快的经济增长需要更多的能源投入，因而会增大对能源的需求量；另一方面，技术创新会导致能源开支减少，降低能源的实际价格，一定程度上会增加对能源的额外需求。这两方面的因素都会使能源消费增加，能源利用效率下降。由此可见，技术进步会降低能源消费，但通过“回弹效应”又会使能源需求增加，因此，技术创新对能源消费的影响方向取决于两种因素作用的大小。

4.1.2.2 环境规制通过产业结构影响能源消费的作用机理

（1）政府环境规制对产业结构的影响。政府规制会影响产业结构，而产业结构变动是影响能源消费的重要因素，由于产业性质、技术能力、能源利用效率等方面的差异，导致其能源消费量不同。政府环境规制对产业结构的影响主要表现在：

第一，环境规制通过影响需求结构和供给结构而对产业结构产生影响。首先，从消费需求角度看，政府通过加大节能环保宣传力度，提高广大公众的节能环保意识，倡导绿色生活方式和绿色节能环保产品的使用，在全社会营造良好的节能环保氛围。在政府干预政策的引导下，随着公众节能环保意识的提高，其消费观念也会随之发生变化，对节能环保、低碳出行等领域的关注度也越来越高，消费需求会越来越偏向绿色节能环保产品。为了适应市场需求，企业不得不转变传统生产方式，改变传统生产工艺，向市场提供更加节能环保的绿色产品，有助于重污染产业向轻污染或无污染产业的转化，最终实现产业结构的优化和升级。另外，环境政策的出台和对投资项目的审批对市场上的投资方向起着重要影响，若环境规制强度增强，环保部门对企业施工项目和排污检查会更加严格，从而使重污染企业生存的空间减小；相对来说，那些能源消费低、经济效益高、污染排放少的企业就会获得正向支持，而能源消耗量大、经济附加值低的企业被逐渐淘汰；其次，环境规制通过影响企业的供给结构而改变产业结构。其原因在于，环境规制会影响作为生产要素的自然资源的供应价格，环境规制会对自然资源开采过程中的污染和破坏行为制定严格的制止和惩罚措施，如我国提出的主体功能区的规划，就有限制开发区和禁止开发区，这会使有限的资源得到更加充分有效的利用。而对资源有效利用很重要的一点就是，在产业层面上，严格的环境规制会使企业成本增加，为了使污染排放达到规制要求，企业不得不挤出一部分生产性资金或研发资金用于污染治理或治污技术创新，这会带来污染治理等方面的新兴产业的发展，而限制传统高耗能、高污染产业的发展空间，因而，投资方向的改变一定程度上会影响产业结构的变化。同时，面对严厉的环境管控政策，高能耗、高排放产业发展会受到政府的严格管控。企业为了达到政府规制标准的要求，会减少高能耗、高污染产业的发展，使得企业内部结构不断调整，进而使区域产业结构不断优化。

总之，环境规制可以从需求与供给两个方面影响产业结构。从需求角度看，环境规制可以引导公众进行绿色消费，提高公众的环保意识，改变消费偏好；同时，投资需求被鼓励到资源节约、环境友好的新兴产业和绿色产业（如绿色服务业）。从供给角度看，环境规制限制了自然资源的非法开采和生态资源的有偿使用，导致自然资源供给减少和价格上升，从而淘汰一批严重依赖资源的粗放型产业，并最终作用于产业结构。

第二，环境规制通过设置行业进入壁垒影响产业结构变动。出于保护环境的目的，政府通常会要求某一行业的新进入企业必须采用较先进的生产技术，配备相应的节能减排设施，从制度上增加了新进入企业的前期投资成本，提高了潜在进入企业的资本壁垒（龚海林，2012）。对于不同行业企业，环境规制政策会产生不同的影响，特别对于高能耗、高污染行业的准入影响较大。进入壁垒的设置，使得高能耗、高污染企业无法进入，这就对一个区域内的企业数量产生直接影响，进而影响该区域内整个产业的发展。同时，为了加快区域产业调整和优化升级，也为了改善环境，政府往往会采用财政补贴、税收补贴、土地补贴等方式，支持清洁产业或低能耗、低排放产业的发展，激励这些产业的进入。这改变了原有的市场结构和市场份额，从而形成一种新的产业格局，最终实现整个区域产业结构的优化升级（肖兴志和李少林，2013）。

第三，环境规制通过建立企业退出、淘汰机制对产业结构产生影响。为了转变经济发展方式，促进经济高质量、集约化发展，政府通常会设置企业退出或淘汰机制，即降低退出高能耗、高污染行业的壁垒，通过政府行政手段强制某些高能耗、重污染企业直接退出市场。为了保持资源环境与经济的可持续发展，遏制环境污染，我国多个省份都实行了直接淘汰、退出机制，以政府行政命令的方式强制不符合环境保护要求的企业关闭、淘汰落后产能，或者退出市场，倒逼地区产业结构向合理化、高级化发展。

第四，环境规制通过改变产业转移对产业结构产生影响。环境规制会影响企业的生产成本和选址等，严厉的环境规制会增加高能耗、重污染产品的生产成本。由于环境规制力度的区域差异，在利润最大化目标的驱使下，企业会将污染密集型产品的生产从环境规制强度较高的地区向环境规制强度较低的地区转移，从而使环境规制强度较低的地区成为污染密集型产业的避难所。而环境规制强度大的地区，政府会采取措施鼓励低能耗、低排放的清洁产业或高技术产业等以现代服务业为主的第三产业的发展，并对高能耗、高排放企业进行限制，最终使这些产业在区域之间进行转移，影响地区的产业结构。一般情况下，经济比较落后的地区更倾向于以牺牲资源环境为代价来吸引外商直接投资或者本国其他地区的转移产业。在我国，经济落后的中西部地区是高能耗、高排放的污染密集型产业的集聚地，产业结构重型化趋势明显；而东部地区现代服务业为主的第三产业所占比重较大，产业结构高级化趋势明显。

（2）产业结构变动对能源消费的影响。环境规制影响产业结构，而产业结构变动又会影响能源消费，二者是相互统一的有机整体。

三次产业结构变动会对能源消费产生影响。一般而言，当产业结构出现由能源需求高、环境污染重的行业向能源需求低，环境污染较少、较多依赖科技与服务的行业倾斜时，可表现为能源效率的提高，能源消费量的减少。以工业制造业为主的第二产业是能源消费大户，也是排放大户；而以现代服务业为主的第三产业和清洁产业能源消耗低、排放少；同时，第二产业内部结构变化对能源消费也会产生较大影响，第二产业中的技术密集型企业和资源密集型企业之间的能源利用效率和能源消费也存在显著差异，随着企业由资源密集型向技术密集型的转变，其能源利用效率也会提高，进而减少能源使用量。当经济结构由工业主导的第二产业转向以现代服务业为主导的第三产业时，由于新兴制造业和现代服务业整体上能源消耗少，污染程度轻，附加值高，在实现经济增长的同时不但能够提高能源利用效率，也减少了能源使用量。相关研究也表明，实现节能降耗的30% ~40%依靠技术进步，而60% ~70%则需要通过调整产业结构和工业内部结构、降低高能源密度行业在工业中的比重来实现（晏艳阳和宋美喆，2011）。由此可以看出，环境规制能够促进产业结构的调整优化，而产业结构的调整优化，特别是重工业向轻工业的转化以及三次产业及工业内部结构的调整，都能够大大降低能耗强度，减少能源使用量。

#### 4.1.2.3 环境规制通过影响外商直接投资影响能源消费

（1）环境规制对外商直接投资的影响。环境规制对外商直接投资可能存在积极的正面影响，也可能存在消极的负面影响。

第一，环境规制在一定程度上抑制了外商直接投资的进入。“污染避难所假说”认为，由于不同国家或地区实行的环境规制标准不同，而环境规制会影响企业生产成本，并且与企业生产成本之间存在负相关关系沃尔特和厄格罗（Walter & Ugelow，1979），环境标准越严格的国家或地区，外资进入的环境成本就越高。在利润最大化目标驱使下，这些外商资本会重新考虑生产决策，环境绩效差的外资企业一般会选择将资本投向环境规制水平较低的国家或地区。通常，发展中国家环境规制强度较低，更容易成为外商资本的“污染避难所”；与此同时，部分经济落后的国家或地区为了发展本地经济，更倾向于以牺牲资源环境为代价，通过降低资源使用和污染排放标准吸引外资企业投资，使这些国家或地区成为吸引外商资本投资的“污染避难所”（肖璐，2010）。近年来，随着我国环境治理力度的逐渐加大，环境规制标准日趋严格，外商直接投资的环境“门槛”也越来越高。因此，严格的环境规制会给外商资本投资带来“绿色投资壁垒”，最终会对外商资本的进入起到一定的抑制作用。

第二，环境规制对外商直接投资进入具有正向作用。面对政府严格的环境规制政策，一些国家可能会改变吸引外商资本的投资政策，对资源节约、环境友好型的外商直接投资给予一定的支持，使得本国资源节约、环境友好型外商直接投资增加。此外，较高的环境规制标准可以刺激外商投资企业进行生产技术创新和管理技术创新，产生创新投资效应，进而促进了东道国绿色生产技术水平的提高，使东道国吸引外商直接投资的竞争力进一步提高，促进外商直接投资的流入。

（2）外商直接投资影响能源消费的作用机理。有关外商直接投资对能源消费的影响可以从技术效应和结构效应两个方面来理解，其影响结果可能为正，也可能为负。

第一，外资进入能够带来先进的生产技术和管理经验，以技术进步提高能源利用效率，降低能源消费。在开放条件下，利用外资发展经济已成为包括中国在内的发展中国家的重要选择，外资企业自身的生产技术和能源利用效率普遍高于国内企业，也更加注重经济的可持续发展，在生产过程中会使用更高效的节能技术，减少能源浪费，并投入更多的资源治理环境污染，最终提高东道国的能源效率（牛丽娟，2016）。外资进入不仅弥补了东道国资本、资金、技术不足的问题，也为东道国带来了先进的管理理念和技术水平（江小娟，2004）。此外，外资进入还可以通过技术外溢效应（如示范效应、竞争效应、模仿效应、人员培训和流动等）以及产业间的前后向关联效应影响东道国的技术创新能力。环境规制标准趋严所吸引的高质量外商资本，也会为东道国带来先进的节能减排生产技术和管理工艺，增强了该地区的技术创新能力和溢出效应。而对东道国企业的技术转移和技术溢出能够提升能源利用效率，降低能源消费。

第二，外商直接投资能够通过结构效应对能源消费产生影响。一般来讲，落后国家或地区为了加速本国经济的发展，会通过竞相降低环境标准吸引外商直接投资企业，使自己成为“污染天堂”。为了充分利用当地的资源环境获取更多利润，外商投资企业一般会倾向于投资高能耗、高污染产业，其结果使接受外商资本投资的国家或地区产业结构中高能耗、高污染产业所占比重上升，能源消费量增大，环境污染严重。

外商直接投资对东道国带来的资源环境效应如何，目前学术界并没有得出一致结论，对能源消费的影响如何，还有待于进一步的实证检验。

## 4.2 变量选取及数据来源

本章在以上理论分析的基础上，实证研究环境规制对能源消费的影响，所选变量包括被解释变量和解释变量。被解释变量为能源消费，解释变量包括环境规制变量及其他控制变量。各变量说明如下：

（1）能源消费（ln*EC*），能源消费是本文的被解释变量，指一定时期内国内物质生产部门、非物质生产部门和生活消费的各种能源消费量的总和，包括原煤和原油及其制品、天然气、电力，单位为万吨标准煤。

（2）环境规制（ln*ER*），采用第3章表3-2中利用熵值法计算的环境规制强度指数来表示。该指数从环境规制的人力成本、物力成本与财力成本3个方面选取6个具体指标，利用熵值法将其合并为环境规制强度综合指数，能够较为全面地反映我国环境规制的基本状况。

（3）经济发展水平（ln*Y*），用人均国内生产总值来表示，并以2000年为基期，用GDP指数平减得到不变价的人均国内生产总值，同时引入人均国内生产总值的平方项、立方项，以检验经济发展水平与能源消费之间可能存在的非线性关系。从经济学的角度分析，能源消费与经济增长是相互依赖、相互促进的。一方面，经济增长需要大量的能源投入，而能源的大量投入促进了经济快速增长；另一方面，能源的可持续发展也需要以经济增长为前提。经济增长对能源的需求具体表现在3个方面：经济增长对能源总量的需求；经济增长对能源品种的需求；经济增长对能源质量的需求（吴德春和董继武，1991）。

（4）资本存量（ln*K*），采用各省份人均物质资本存量来衡量。物质资本存量的计算参考张军和吴桂英等（2004）的永续盘存法，当年投资指标采用固定资产形成总额。按不变价格，通过估计一个基准年后运用永续盘存法计算各省市的资本存量，用公式表达为：$K_{it} = K_{it-1}(1 - \delta_{it}) + I_{it}$ 。其中 $K_{it}$ ，$K_{it-1}$ 分别是本期和上一期的资本存量，$I_{it}$ 是当年投资额，用固定资产形成额来衡量，并用固定资产投资价格指数平减。$\delta_{it}$ 是经济折旧率，同样采用9.6%的折旧率。根据数据的可得性，物质资本存量基期数据选用《中国固定资产投资年鉴》中1990年的累计完成投资额。然后，用各省物质资本存量除以其年末人口数得到人均物质资本存量。

（5）人均人力资本（ $\ln H$ ），采用人均受教育年限的方法计算。参考王小鲁（2000）的做法，将未上过学、小学、初中、高中、中等职业教育、高等职业教育、大学（专科）、大学（本科）、研究生的毕业年限分别设定为1年、6年、9年、12年、12年、12年、15年、16年和19年。采用各省份不同受教育程度人口占6岁及以上人口的比重数据，用各受教育程度的设定年限计算出加权平均值，得出各省的人均人力资本。人力资本积累不仅能够增强资本对能源的替代能力，提高能源利用效率、降低能源投入；还能够通过调整产业结构、助推产业升级、提高要素替代能力等途径间接降低能源需求。一般来说，人力资本越高的地区或企业，其节能意识越强，节能技术的使用也更加全面，能带来更高的能源效率，因此，高质量的人力资本积累是缓解我国能源约束的重要途径之一。

（6）技术进步（ $\ln TEC$ ），以万人专利授权量（项/人）来衡量。用各省专利授权量（项）比上年末人口数（万人）得到万人专利授权量。一个地区的研发技术投入越大，研发能力越强，越有利于提高能源利用效率，单位产出的能源消费量就会越少。相关研究也认为，技术进步不仅能够通过新的生产要素组合直接提高能源利用效率，影响能源消费，还会通过新技术发展新兴产业，改造传统产业，优化产业结构等方式间接影响能源消费（刘凤朝和孙玉涛，2008）。但技术进步也可能会产生“回弹效应”。技术进步对能源消费的影响如何，还需要进一步的实证检验。

（7）产业结构（ $\ln INDU$ ），用工业总产值占地区生产总值的比重来衡量。产业结构调整是一个动态过程，发达国家产业结构演变的历史证明，产业结构变动会直接影响能源消费需求，改变能源消费结构。由于不同产业（或行业）能源消费水平不同，在产业结构中，如果能源消费量大的产业（如以工业制造业为主的第二产业）所占比重大，整个国民经济的能源消费量就会增加；反之，如果能源消费量小的产业（如以现代服务业为主的第二产业）所占比重大，能源消耗水平则会下降。我国过去几次大规模的产业结构调整表明，产业结构变动会使能源消费水平发生很大波动。产业结构的优化和升级是经济增长方式转变的重要标志，同时也是减少能源消费的重要手段。因此，随着产业结构的合理化和高级化，能源消费会随之减少。

（8）对外开放度（ $\ln OPEN$ ），以实际吸收外商直接投资与地区生产总值之比来衡量，实际吸收外商直接投资根据历年外汇比率将美元换算为人民币。外商直接投资可以通过规模效应、结构效应和技术效应对能源消费产生影响，三种效应交错驱动，共同影响能源消费强度的大小。已有文献关于外商直接投资与能源消费的实证研究相对较少，且并没有得出的一致性的结论，外商直接投资对我国能源消费影响如何，还需要进一步的实证检验。

（9）城镇化率（ $\ln URBA$ ），以非农业人口占总人口比重来衡量。城镇化率的提高不仅意味着城镇人口的增加，与城镇产业结构、经济增长方式和居民消费水平等也具有密切的关系。这些因素都有可能增加能源消费总量。相关研究表明，城市人均能源消费是农村人均能源消费的8~9倍（王蕾和魏后凯，2014）。城镇化对能源消费的影响一般通过两种途径来实现的，一是由于基础设施、建筑和交通工具的大量使用，城镇化将成为能源消费与气候变化的重要因素韦克斯勒（Wexler L.，1996）；塔里克（Tariq B.，2001）；二是城镇化产生的集聚效应也提高了能源利用效率，从而能够降低能源消费。城镇化进程对能源消费的影响取决于以上两种因素的共同作用。

以上变量所用数据来源于中国经济与社会发展数据库、《中国环境年鉴》《中国环境统计年鉴》《中国统计年鉴》《中国固定资产投资年鉴》《中国人口和就业统计年鉴》和各省份相应年份的统计年鉴，个别缺失数据采用线性插值法补齐。

变量的描述性统计指标见表 4－1。可以看出，能源消费、资本存量、技术进步和对外开放度指标在不同省份之间存在较大差别，而环境规制、经济增长、人力资本、产业结构和城镇化率指标的差距相对要小一些。

**表 4－1　变量的统计描述**

| 变量 | 符号 | 均值 | 标准差 | 最小值 | 最大值 |
|---|---|---|---|---|---|
| 能源消费 | ln*EC* | 9.0341 | 0.7802 | 6.2538 | 10.5687 |
| 环境规制 | ln*ER* | -3.5077 | 0.4956 | -4.8929 | -2.2000 |
| 经济增长 | ln*Y* | 8.9589 | 0.5556 | 7.8867 | 10.578 |
| 资本存量 | ln*K* | 7.9625 | 1.2150 | 4.1597 | 10.472 |
| 人力资本 | ln*H* | 2.1492 | 0.1676 | 1.4134 | 2.5982 |
| 技术进步 | ln*TEC* | 0.3369 | 1.3633 | -3.6413 | 3.7684 |
| 对外开放度 | ln*OPEN* | 0.4605 | 1.1118 | -6.5645 | 2.6842 |
| 产业结构 | ln*INDU* | 3.8058 | 0.2143 | 2.9806 | 4.0966 |
| 城镇化率 | ln*URBA* | 3.4818 | 0.4294 | 2.6426 | 4.5460 |

## 4.3 模型构建

### 4.3.1 直接影响模型

本书研究环境规制与能源消费的关系，以 2000～2015 年我国 30 个省（自治区、直辖市）能源消费为被解释变量，以包括环境规制变量在内的其他各种因素为解释变量，构建面板数据模型如下：

$$\ln EC_{it} = \alpha_1 \ln ER_{it} + \alpha_2 \ln Y_{it} + \alpha_3 (\ln Y_{it})^2 + \alpha_4 (\ln Y_{it})^3 + \gamma X_{it} + \mu_{it} \quad (4-1)$$

模型（4－1）中，$i$ 表示省份，$t$ 表示年份；$EC_{it}$ 为能源消费指标；

$ER$ 、$Y$ 分别表示环境规制强度与人均收入，$(\ln Y_{it})^2$ 、$(\ln Y_{it})^3$ 分别为人均收入的二次方和三次方。$X$ 为控制变量，包括资本存量、人均人力资本、技术进步、对外开放度、产业结构和城镇化率，$\mu_{it}$ 为随机误差项。为了降低异方差的存在，对所有变量均进行对数处理，表示为 ln。在模型（4－1）的基础上，引入控制变量，将模型（4－1）变形为模型（4－2），即：

$$\begin{aligned}\ln EC_{it} &= \alpha_1 \ln ER_{it} + \alpha_2 \ln Y_{it} + \alpha_3 (\ln Y_{it})^2 + \alpha_4 (\ln Y_{it})^3 + \alpha_5 \ln K_{it} \\ &\quad + \alpha_6 \ln H_{it} + \alpha_7 \ln TEC_{it} + \alpha_8 \ln OPEN_{it} \\ &\quad + \alpha_9 \ln INDU_{it} + \alpha_{10} \ln URBA_{it} + \mu_{it} \qquad (4-2)\end{aligned}$$

模型（4－2）中，$\ln K$、$\ln H$、$\ln TEC$、$\ln OPEN$、$\ln INDU$、$\ln URBA$ 分别表示物质资本存量、人均人力资本、技术进步、对外开放度、产业结构和城镇化率；$\alpha_1 - \alpha_{10}$ 为各变量的回归系数；其他变量的含义与模型（4－1）相同。

### 4.3.2 间接影响模型

为了研究环境规制通过中介效应对能源消费的间接影响，对直接效应模型（4－1）、模型（4－2）进行扩展，构建包含环境规制与技术进步、外商直接投资和产业结构交互项的间接影响模型，见模型(4－3)。

$$\begin{aligned}\ln EC_{it} &= \alpha_1 \ln ER_{it} + \alpha_2 \ln Y_{it} + \alpha_3 (\ln Y_{it})^2 + \alpha_4 (\ln Y_{it})^3 + \alpha_5 \ln K_{it} + \alpha_6 \ln H_{it} \\ &\quad + \alpha_7 \ln TEC_{it} + \alpha_8 \ln OPEN_{it} + \alpha_9 \ln INDU_{it} + \alpha_{10} \ln URBA_{it} \\ &\quad + \beta_1 \ln ER_{it} \times \ln TEC_{it} + \beta_2 \ln ER_{it} \times \ln OPEN_{it} \\ &\quad + \beta_3 \ln ER_{it} \times \ln INDU_{it} + \mu_{it} \qquad (4-3)\end{aligned}$$

模型（4－3）中，$\ln ER_{it} \times \ln TEC_{it}$ 、$\ln ER_{it} \times \ln OPEN_{it}$ 、$\ln ER_{it} \times \ln INDU_{it}$ 分别为环境规制强度与技术进步、外商直接投资、产业结构的交互项；$\beta_1$、$\beta_2$、$\beta_3$ 分别为交互项的回归系数；其他变量含义与模型（4－1）、模型（4－2）相同。

### 4.3.3 模型检验

（1）单位根检验。面板数据的单位根检验主要用来判断面板数据的稳定性，类似于时间序列分析。在面板数据分析中，如果面板数据是非平稳的，则容易产生“伪回归”现象，为了避免“伪回归”，首先需要检验数据的平稳性，即需要对面板数据进行单位根检验。

面板数据单位根检验的方法主要有 LLC（Levin-Liu-Chu，2002）、IPS（Im-Pesaran-Skin，2003）、Hadri（2000）、Fisher-ADF（1999）等。其中，LLC 检验允许各个截面的固定影响效应和时间趋势项不同，既考虑了各截面间较大的异质性，但由于样本容量的有限性，不能完全消除序列相关性检验构造的渐进正态分布的面板数据统计量，其假设前提是该数据具有较多的截面数和较短的时间维度，相对来说其检验的条件比较宽松；IPS 检验、Fisher-ADF 检验和 Fisher-PP 检验对面板数据的不同界面分别进行单位根检验，其最终的检验是在综合了各个界面的检验结果上，构造出统计量，对整个时间序列/截面数据是否含有单位根做出判断。由于一个合适的 ADF 回归可以纠正序列相关问题，因此在个体单位根基础上构造的统计量更具有一般性，在考虑了截面异质性的同时还可以帮助消除序列相关问题，因此这几种方法的检验能力是较其他方法更强的检验。因此，只采用一种检验方法很可能产生偏差，故本书分别采用 LLC、IPS 和 ADF 三种方法对面板数据变量及其一阶差分变量进行单位根检验，结果见表 4－2。

**表 4－2　变量的单位根检验结果**

| 变量 | LLC | | IPS | | ADF | |
|---|---|---|---|---|---|---|
| | 统计量 | P 值 | 统计量 | P 值 | 统计量 | P 值 |
| ln*EC* | －22.5990 | 0.0000 | －2.8247 | 0.0024 | 150.6902 | 0.0000 |
| Dln*EC* | －2.8933 | 0.0019 | －5.0082 | 0.0000 | 182.1330 | 0.0000 |
| ln*ER* | －4.1768 | 0.0000 | －0.1538 | 0.4389 | 67.8260 | 0.2853 |
| Dln*ER* | －5.5077 | 0.0000 | －8.5473 | 0.0000 | 345.9300 | 0.0000 |
| ln*Y* | 10.6700 | 1.0000 | －11.2190 | 0.0000 | 490.3600 | 0.0000 |
| Dln*Y* | －5.1581 | 0.0000 | －12.4450 | 0.0000 | 770.5900 | 0.0000 |
| ln*K* | －3.8555 | 0.0001 | 6.5386 | 1.0000 | 30.8200 | 0.9997 |
| Dln*K* | －6.6483 | 0.0000 | －5.8026 | 0.0000 | 187.7000 | 0.0000 |

续表

| 变量 | LLC | | IPS | | ADF | |
|---|---|---|---|---|---|---|
| | 统计量 | P 值 | 统计量 | P 值 | 统计量 | P 值 |
| ln*H* | -0.1491 | 0.4407 | 7.5245 | 1.0000 | 7.1536 | 1.0000 |
| Dln*H* | -10.6480 | 0.0000 | -10.2430 | 0.0000 | 508.6200 | 0.0000 |
| ln*TEC* | 5.4179 | 1.0000 | 15.1160 | 1.0000 | 4.2867 | 1.0000 |
| Dln*TEC* | -10.5340 | 0.0000 | -8.6858 | 0.0000 | 313.6300 | 0.0000 |
| ln*OPEN* | -5.1693 | 0.0000 | -0.9069 | 0.1822 | 131.6500 | 0.0000 |
| Dln*OPEN* | -12.1350 | 0.0000 | -8.0319 | 0.0000 | 403.2500 | 0.0000 |
| ln*INDU* | -2.5705 | 0.0051 | 3.6927 | 0.9999 | 40.8770 | 0.9824 |
| Dln*INDU* | -1.3927 | 0.0819 | -3.6807 | 0.0001 | 166.2600 | 0.0000 |
| ln*URBA* | -6.3736 | 0.0000 | -0.9102 | 0.1814 | 71.5740 | 0.1899 |
| Dln*URBA* | -12.5850 | 0.0000 | -6.5358 | 0.0000 | 234.8100 | 0.0000 |

由表4-2可知，所有原始变量皆为非平稳，因此，对变量进行一阶差分之后再进行单位根检验，其中D表示变量的一阶差分。结果显示，除Dln*INDU*在10%的显著性水平下基本平稳，其余所有变量均在1%的水平下显著拒绝原假设，即可认为差分后的变量均为一阶单整变量。

（2）Hausman检验。Hausman检验用于判断模型中的个体影响应该设定为固定影响效应还是随机影响效应，该检验原假设为随机影响模型中个体影响与解释变量不相关，若不能拒绝原假设，表明应该采用随机效应模型，反之，应该采用固定效应模型。Hausman检验构造的统计量如公式（4-4）所示：

$$W = [b - \hat{\beta}]' \hat{\sum}^{-1} [b - \hat{\beta}] \tag{4-4}$$

公式（4-4）中，$b$、$\hat{\beta}$分别为估计的固定效应、随机效应模型回归系数，$\hat{\sum}$为二者回归系数差值的方差。统计量$W \sim \chi^2(k)$，$k$为模型的解释变量个数。

Hausman检验结果表明，直接效应模型（4-2）中分别考虑人均收入的一次项、二次项和三次项，其 Chi - sq. Statistic 值分别为 149.17、131.77 和 85.98，P 值均为 0.0000。检验结果表明，应该拒绝原假设，选择固定效应模型。

间接效应模型（4 - 3）中，分别考虑人均收入的一次项、二次项和三次项后，Chi - sq. Statistic 值分别为 45.22、38.11 和 27.74，P 值均为 0.0000。检验结果表明，应该拒绝原假设，选择固定效应模型。

## 4.4 实证结果及分析

### 4.4.1 环境规制对能源消费的直接影响

以 2000 ~ 2015 年我国 30 个省（区、市）能源消费为被解释变量，以环境规制及其他控制变量为解释变量，对模型(4 - 2)进行固定效应回归，结果见表 4 - 3。模型 1、模型 2、模型 3 分别为加入了人均收入一次项、二次项、三次项的回归结果。

表 4 - 3　环境规制影响能源消费直接效应回归结果

| | 模型 1<br>OLS | 模型 2<br>OLS | 模型 3<br>OLS |
|---|---|---|---|
| ln*ER* | -0.3416*** | -0.3449*** | -0.3432*** |
| ln*Y* | 1.3406*** | 9.6749*** | -7.5440 |
| $\ln Y^2$ | — | -0.4640** | 1.4162 |
| $\ln Y^3$ | — | — | -0.0681 |
| ln*K* | 0.2478*** | 0.2397*** | 0.2394*** |
| ln*H* | 1.0333*** | 1.0489*** | 1.0529*** |
| ln*TEC* | -0.0100 | -0.0047 | -0.0043 |
| ln*OPEN* | 0.0034 | 0.0032 | 0.0029 |
| ln*INDU* | 0.2300* | 0.2356* | 0.2374* |

续表

| | 模型 1<br>OLS | 模型 2<br>OLS | 模型 3<br>OLS |
|---|---|---|---|
| ln*URBA* | 0. 4266 *** | 0. 4296 *** | 0. 4258 *** |
| cons | -8. 8265 *** | -46. 1880 *** | 6. 1414 |
| $R^2$ | 0. 9426 | 0. 9438 | 0. 9438 |

注：***、**、*分别表示系数检验 10%、5%、1%显著。

（1）环境规制强度回归系数在三个模型中均为负，且系数检验 1%显著，回归系数大小基本一致，即环境规制强度每提高 1 个百分点，能源消费量将会下降 0. 34 个百分点。这表明我国政府实行的环境规制政策工具对降低能源投入、缓解能源压力起到了显著的作用。首先，政府可以通过颁布行政命令、规定企业使用煤炭比例、制定节能目标和节能技术、关停并转高煤耗企业等方式，直接限制企业煤炭的使用。严厉的环境规制也会迫使地区内部的高煤耗企业采取迁出或提高能源利用效率的方式降低能源使用量。其次，随着环境规制强度由弱变强，会对能源的生产和消费方式产生冲击，促使企业使用更为清洁的能源，或者进行清洁能源领域的技术创新，从源头上提高能源利用效率，降低能源消费。最后，随着居民受教育水平的提高，居民的环保意识也会不断增强，因而更倾向于消费清洁环保的能源产品，这将倒逼企业加大对能源领域技术创新的研发投入。由创新带来的收入将会抵消甚至超过企业的环境规制成本，由此既增强了企业的技术创新能力，促进了能源利用效率的提高，也对降低能源消费量起到了积极的作用。

（2）从人均收入回归结果看，模型 1 中人均收入回归系数显著为正；引入二次项后，模型 2 中人均收入的一次项系数显著为正，二次项系数显著为负，模型 3 中人均收入回归系数检验均不显著。这说明我国经济增长与能源消费之间存在显著的倒 U 形关系，符合库兹涅茨曲线假说的经济学原理。即在经济发展的早期阶段（到达拐点之前），技术和生产装备较为落后，以能源资源大量投入为主的粗放型发展模式占主导地位；当经济增长越过某一拐点之后，随着经济发展水平的提高，工业化进程的不断推进，先进技术、知识和设备逐渐被广泛应用，技术进步成为经济增长的主要驱动力，这对提高能源效率产生了积极影响。随着能源利用效率的不断提高，单位经济产出的能源投入减少，能源消费量开始下降。因此，长期来看，能源消费将随经济增长呈现出一种“先上升、后下降”的变化趋势。

根据模型2的估计结果，本书计算了倒U形曲线的拐点，即 $\xi = \exp[-9.6749/2\times(-0.4640)] = 33709.63$ ，结果表明，在人均GDP达到33 709.63元时，能源消费量会随经济增长而下降。根据统计数据，2011年我国人均GDP为36 403元，已越过拐点，目前正处在倒U形曲线拐点的右边，进入能源消费随经济增长的下降阶段。从各省（自治区、直辖市）人均GDP看，2015年，除西藏（31 999元）、贵州（29 847元）、云南（28 806元）、甘肃（26 165元）4个省区外，其余省份均已越过拐点，均进入能源消费随经济增长的下降阶段。

（3）资本投入（lnK）回归系数为正，三个模型中回归系数大小几乎一致，且系数检验1%显著，即资本投入每增加1%，能源投入将会上升0.24%。投资是拉动经济增长的“三驾马车”之一，固定资产投资可促成资本的形成，迅速形成有效需求和有效拉动。自2000年起，我国的投资经历了一个快速增长时期，图4-2显示，2000~2010年我国的固定资产投资增长率一直保较快的波动上升趋势，自2003年起，投资增长率一直稳定在20%以上，2009年增长率最高，为29.95%，此后虽逐步下降，但增长率仍然较高。在投资过快增长的同时，投资结构不合理问题也更加突出。2003年，钢铁投资增长96.2%，水泥增长113.4%，电解铝增长86.6%，投资过分偏向于重工业和高耗能工业，农业和第三产业投资相对不足。2008年以来，在4万亿元投资的拉动下，以基础设施建设投资为代表、以房地产消费为核心、以重化重工上游产业为依托的政府及企业集群投资迅速扩张。虽然投资的过快增长对拉动经济发展起到了重要作用，但投资高速增长导致钢铁、水泥、电解铝等高能耗产业迅速扩张，这些高耗能产业生产规模的扩大及相关产业链条的拉动，造成能源消费快速增长，能源消费向高耗能行业集中。一些地区为了追求经济增长，盲目发展重化工项目，导致能源强度快速增加，使得整个经济的能源强度增大，能源消费量迅速增加。

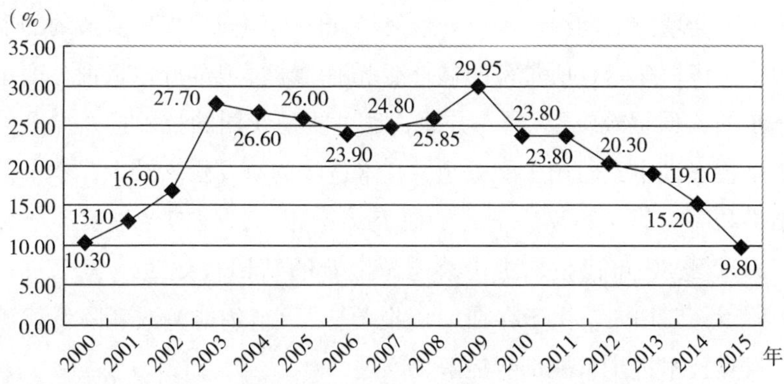


**图4－2　2000～2015年全社会固定资产投资增长率**

资料来源：《中国统计年鉴》2016年。

（4）人力资本变量回归系数为正，三个模型中回归系数基本一致，且系数检验1%显著，即人力资本水平每提高1%，能源消费反而会上升1.05%，这与预期不符。人力资本积累不仅能够直接降低能源投入，还可通过技术等中介因素间接影响能源投入。但如果人力资本开发、利用程度不够，将会在相当程度上降低技术和设备引进效率，产生更大的资源浪费（赵领娣和郝青，2013）。虽然改革开放以来，我国的教育事业发展迅速，人均受教育年限大幅度提高，但与发达国家相比还有较大的差距，限制了人力资本在提升能源利用效率和促进消费结构、产业结构调整升级等方面的作用。

（5）技术进步回归系数为负，但不显著，说明技术进步能够降低能源投入，但目前并没有起到显著的节约能源资源的作用，本书的这一回归结果和刘凤朝（2008）等学者的研究结论基本一致。首先，技术创新一方面可以直接作用于能源消费，提高能源效率，节约能源资源；

另一方面技术创新通过对产业结构调整和经济增长的影响，能够间接影响能源消费。但目前我国在能源领域的技术创新力量还比较薄弱，能源领域技术进步比较缓慢，影响了能源利用效率的提高。其次，也可能和技术进步的“回报效应”有关。一方面，技术进步能够提高能源利用效率，从而节约能源，但同时技术进步也促进了经济快速增长，经济快速增长又会增加对能源的需求，最终出现因能源效率提高所节约的能源资源被经济快速增长所带来的额外能源消费全部或部分地抵消，产生技术进步的“回报效应”；另一方面，也可能是我国的技术投入大多偏向于生产技术进步，而用于能源领域技术进步的研发投入较少。本书的实证结果和周勇等（2007）学者的研究结论相似，他们经过实证研究认为，20 世纪 80 年代技术进步对能源消费的“回报效应”为 78.81%，90 年代为 55.13%，由于存在“回报效应”，节约能源或者降低能源强度，仅靠技术进步只能部分地解决问题。

（6）外商直接投资回归系数为正，表明外资进入消耗了中国的能源资源，三个模型回归结果基本一致，但系数检验均为统计不显著。一般来讲，外商直接投资影响东道国能源消费主要通过两个渠道，一是通过外资带来的技术扩散效应影响东道国的能源使用效率和能源消费规模；二是通过对东道国产业结构的改变和优化，间接影响东道国的能源消费规模。改革开放以来，虽然我国的外商直接投资不断增加，但流入我国的外资大多集中于能源资源消耗量大的第二产业，尤其是制造业部门，而流入第一、第三产业的外资比重偏低；再者，外资带来的技术扩散效应与东道国的吸收能力有关。如刘英（2009）经过研究认为，外商直接投资与国内资本存量对我国能源消费总量都具有正向冲击作用。何安莉（2014）对浙江省的实证研究结果表明，浙江省吸收的直接外商投资越多，能源消耗总量上升越快。唐佐甫（Tang，2009）经过研究认为，外商直接投资的流入通过工业化扩张、交通运输和制造业部门发展等引致能源消费的增长。萨多尔斯基（Sadorsky，2010）认为，外商直接投资可以使商业活动更容易获得更便宜的资金，这将导致企业对已有业务进行扩张或者建立新的工厂，这些都会导致能源消费的增加。本书的回归结果和大多数学者的研究结论基本一致。

（7）以地区工业产值占生产总值比重表示的产业结构回归系数为正，且系数检验10%显著，三个模型中回归系数大小基本一致，即第二产业产值占比每增加1%，能源消费量将会上升0.24%。产业结构变动通过直接和间接两种方式对能源消费产生影响，直接影响方式是通过降低高耗能产业产值的比例，增加低耗能产业产值的比例来实现。间接影响表现在两个方面：一是通过产业间的关联效应降低能源消费，即通过降低高耗能产业产值的比例，进而影响其与上下游关联的高耗能产业产值的比例来降低能源消费；二是通过降低居民对高耗能产品的需求进一步降低能源消费。在我国，虽然产业结构调整的步伐不断增大，但总体上以工业制造业为主的第二产业仍占主导地位，这些产业大多为高耗能产业，如钢铁、水泥、电解铝等，单位产值能耗多，降低难度大，因此通过产业结构调整降低能源消费还需要较长的时间；而通过居民消费需求改变影响能源消费正处于起步阶段。本书的回归结果也表明我国的工业发展还处于粗放型发展阶段，工业产值增加主要依赖资本、劳动力和能源等要素投入的驱动，而依靠技术、知识投入相对较少。

（8）城镇化率与能源消费显著正相关，回归系数在1%水平上显著，且系数大小几乎一致，即城镇化率每提高1%，能源消费将会增加0.43%。魏伯瑞和亚吉塔等（Wei B. R.，Yagita et al.，2003）经过研究指出，城市化对能源消费起着“双刃剑”的作用，一方面，城市化水平的不断提高，使得技术结构、产业组织结构和产品结构等得到更合理的调整，各种配置得到进一步优化，各种资源得到更合理的利用，使能源消费出现下降趋势；另一方面，城市化的推进推动了经济增长，提高了人们的生活水平，从而使能源消费数量增大。目前，我国正处于以城市化为推动的城市人口快速增加时期，而城镇居民人均能源消费量远高于农村居民，因此城市化进程需要能源和其他物质要素的支撑，随着居民消费水平的提高、消费结构的升级，城市化进程加快将会对能源消费产生更高的依赖性。此外，城镇化率的不断提高，推动了城市基础设施建设和城市配套服务体系的不断发展完善，尤其是快速发展的城市交通运输体系，推动了能源需求的快速增长。郑云鹤（2006）通过建立中国能源消费与工业化、城市化与市场化之间的回归模型，指出目前工业化与城市化进程加快会导致能源消耗的增加。刘耀斌（2007）通过实证检验发现，中国城市化水平是能源消费量变化的格兰杰因果原因，即城市化水平提高将会使能源消费量增加。

### 4.4.2 环境规制对能源消费的间接影响

以2000～2015年我国30个省（自治区、直辖市）能源消费投入为被解释变量，以环境规制及其他控制变量为解释变量，对间接效应模型（4－3）使用固定效应回归，结果见表4－4。

表4－4　　环境规制影响能源消费间接效应回归结果

| 自变量 | 模型1<br>OLS | 模型2<br>OLS | 模型3<br>OLS |
|---|---|---|---|
| $\ln ER_{it} \times \ln TEC_{it}$ | －0.0857** | －0.0862*** | －0.0860*** |
| $\ln ER_{it} \times \ln OPEN_{it}$ | －0.0014 | －0.0014 | －0.0013 |
| $\ln ER_{it} \times \ln INDU_{it}$ | 0.0085 | 0.0067 | 0.0067 |
| $\ln Y$ | 1.1815*** | 8.6606** | －7.3002 |
| $\ln Y^2$ | — | －0.4157** | 1.3272 |
| $\ln Y^3$ | — | — | －0.0613 |
| $\ln K$ | 0.2576*** | 0.2494*** | 0.2493*** |
| $\ln H$ | 1.0959*** | 1.1061*** | 1.1092*** |
| $\ln URBA$ | 0.4427*** | 0.4460*** | 0.4426*** |
| cons | －6.6549** | －40.2110** | 8.2947 |
| $R^2$ | 0.9438 | 0.9448 | 0.9448 |

注：***、**、*分别表示系数检验10%、5%、1%显著。

（1）由表4－4可知，环境规制与技术进步交互项回归系数为负，在模型1中系数检验5%显著，在模型2和模型3中系数检验1%显著，三个模型中回归系数大小几乎一致，即环境规制与技术进步交互项每变动1%，将会引起能源投入量下降0.09%，表明现阶段环境规制能够通过倒逼技术进步降低能源投入。一方面，环境规制通过倒逼技术进步可以提高能源利用效率，进而减少能源使用量；另一方面，环境规制通过倒逼技术进步能够实现能源结构的优化。能源消费结构变动受技术水平制约，如历史上蒸汽机的发明使煤炭消费量增加，而清洁能源的开发及使用使煤炭消费量减少等。环境规制通过倒逼技术进步能够优化能源消费结构，特别是以降低污染排放、保护环境为目的绿色技术进步，能够减少对燃煤等重污染能源的使用，增大石油、天然气、电力等清洁能源的使用比例，通过能源结构优化既提高了能源利用效率，也降低了能源投入量。同时，环境规制通过倒逼技术进步促进了传统的以高能耗、高排放为主的资源密集型企业的转型升级，在技术溢出作用下，技术进步领先地位的厂商会带动其他厂商的技术进步，从而带来整体能源效率的提高，降低能源投入量。因此，政府制定各种环境规制政策措施，短期内可能会增加企业内部成本，但长期来看，环境规制的技术创新倒逼机制则能够有效促进企业的技术创新活动，弥补创新成本，提高能源效率，降低能源消费。

（2）环境规制与外商直接投资交互项回归系数为负，且系数大小基本一致，但系数检验不显著。这表明我国政府实施的能源环境保护政策不但具有直接降低能源消费的作用，还能够通过提高外商投资企业的能源“门槛”间接降低能源使用量，但目前这一作用还不显著。在以GDP为核心的政绩考核机制下，为了吸引更多的外商投资企业发展本地区经济，提高就业率，以便于在财政乃至政治竞争中脱颖而出，地方政府对于环境规制政策表现出象征性执行、选择性执行或消极执行等“非完全执行”现象（张华，2016）；环境规制的“逐底竞争”行为容易招致资源密集型的低质量外资企业的进入，不但消耗了大量资源，也带来严重的污染排放。随着我国对外开放力度的加大，流入我国的外资企业越来越多，因此应及时完善相应的能源资源法律法规，统一外资立法。目前我国涉及外商直接投资的法律法规较多，但几乎均没有涉及能源使用方面的技术性法规措施，从而导致外商投资者难以系统清晰地了解我国的法律法规现状。有关外资并购的法律法规在引导外商直接投资产业选择、能源使用技术要求等方面也没有提出具体要求。因此，应进一步规范外资进入的能源技术“门槛”，规范外资进入的能源使用技术规范，充分发挥环境规制倒逼外资进入的能源节约效应。

（3）环境规制与产业结构交互项回归系数为正，但系数检验不显著，说明目前环境规制通过倒逼产业结构调整并没有对能源的节约使用起到积极的作用。当经济可持续发展面临趋紧的环境规制约束时，产业结构的“绿色化”调整就成为解决“保增长、促减排”这一两难境况、促进经济可持续发展的重要途径（吴伟平等，2017）。当对排污企业施加严厉的环境规制约束时，边际治污成本较低的企业就会获得“绿色”发展的比较优势，而边际治污成本较高的企业因其较差的成本上涨承受能力，导致其行业规模逐渐萎缩。因此，严厉的环境规制会淘汰污染密集型的落后产能和过剩产能，从而成为产业结构调整的新的驱动力。环境规制还可以通过培育绿色需求，促使各种生产要素从生产率较低的非清洁生产型产业转向生产率较高的清洁生产型产业，实现产业价值链向高端延伸，优化产业分工带来规模经济利益和比较优势利益，从而提升绿色效率，达到降低能源投入的目的。因此，合理的环境规制标准有助于驱动地区产业结构的“绿色化”调整和节能减排。然而，与发达国家相比，我国的环境规制强度仍然偏低，且存在非正式规制手段（如公民的环保意识、环保组织等）单一等问题（原毅军等，2014）。短期内环境规制标准的趋严不仅难以促进产业结构的优化升级，而且会放大“遵循成本效应”。因此，发挥环境规制倒逼产业结构调整的节能减排效应还需要较长的时间。

其他变量回归结果与表4－3基本一致，只是回归系数大小有微弱的差异。

## 4.5 降低能源消费的对策建议

随着我国经济建设步伐的加快，能源供需矛盾已成为制约经济增长的“瓶颈”，如何利用政府干预降低能源消费，实现能源的节约使用，对于实现经济的可持续增长具有重要意义。根据上述实证结果，适度加强环境规制，降低能源消费，可从以下几个方面着手。

（1）制定合理的环境规制政策措施，完善政府干预体系，明确对能源消费的针对性。随着我国市场经济体制改革的不断深入，政府干预的科学性与有效性也随之逐步提高，干预手段逐步合理化，干预效果也越来越明显。因此，借助政府干预，不仅有助于降低能源消费，提升能源效率，对于实现资源节约、环境保护和可持续发展目标也具有重要意义。为此，首先，要适度加强环境规制。在制定环境规制政策措施时，应结合目前实际，避免不切实际的盲目提高环境规制强度的行为，完善政府干预体制和手段，实现政府和市场双调控的有机结合。其次，针对不同产业实行有差别的干预政策。对于高能耗、高排放产业，应以政府行政命令型的方式规定节能目标，制定节能标准，对不能达标的企业，实施停产整顿或迫使其退出市场；对于技术密集型等低能耗产业，应鼓励这些企业大力研发能源领域的新技术及节能环保新产品，达到从根本上节约能源使用的目的。再次，根据地区异质性特征，对于处在不同区位的经济体，因地制宜，制定和实施有区别的政府规制政策。特别对于经济环境较差、能源禀赋优越的中西部地区，应充分发挥环境规制的“创新补偿”效应，慎重平衡经济发展和资源节约，防止产业逆淘汰。最后，积极开发高效、节能、环保的新能源，警惕能源禀赋带来的“资源诅咒”现象。东部地区应发挥其技术先进的优势，积极引进国际上能源使用的最新技术，培养高产品附加值、低能源消耗的产业，带动我国能源利用效率的提高。

（2）充分发挥环境规制的倒逼节能效应。本书的实证结果表明，环境规制不仅能够直接降低能源消费，还能够通过技术创新、产业结构调整和外资质量优化间接降低能源消费，但环境规制倒逼外资质量提高和产业结构调整的节能效应并不显著。因此，如何发挥环境规制的间接节能效应应引起重点关注。

1）要继续发挥环境规制倒逼技术创新的贡献力度。“新常态”下，经济增长的动力机制已发生了变化，即由要素驱动和投资驱动转向创新驱动；第三产业将逐渐成为产业主体，这为节能降耗提供了契机。环境规制政策工具的设计不仅要关注技术创新的激励作用，还应兼顾是否能为技术创新提供必要的机制体制保障及资金、人才支持。因此，应加快完善节能降耗保障体制机制，深化能源价格改革，改进并完善电价管理办法；扩大差别电价的实施范围；继续深入推进煤炭、石油、天然气价格改革；加大力度推进城镇供热及北方冬季供暖体制改革。其次，加大节能降耗研发资金投入力度。除政府投资外，可考虑鼓励企业通过直接融资和间接融资（如争取民间投资、外国政府贷款、利用国际金融组织贷款）等方式，加大节能降耗技术改造的投入力度及节能项目的信贷支持力度；鼓励民间投资于节能降耗产业，并给予一定补贴及支持优惠；充分利用技术进步和结构调整的有效结合，协调工业化、资源利用、环境保护和可持续发展之间的关系。

2）重视并强化环境规制倒逼产业结构调整的节能效应，挖掘产业节能潜力。从产业结构的角度看，目前我国大多数省份（特别是中西部落后地区）经济增长过度依赖于工业制造业为主的第二产业，以现代服务业为主的第三产业发展滞后，比重偏低。从工业内部结构看，高耗能行业占比过大，特别是技术含量高、附加值高、能耗低的行业占比较低；而能耗高的一般加工工业生产能力过剩，这给节能潜力挖掘带来了较大压力。因此，首先应借助于政府环境规制政策工具的作用，设定针对高耗能产业的节能目标，规定节能标准，对达不到节能要求的产业制定严厉的惩罚措施，这样既节约了能源投入，也增强了企业之间的竞争力。其次，构建节能型产业结构、工业结构。在质量方面，通过挖掘内部节能潜力，依靠技术节能降低重点用能产业能耗水平，提高产业整体节能水平；在数量方面，通过调整产业之间、工业之间的比例关系，压缩高能耗产业、发展壮大低能耗产业降低能源消费；在动力机制方面，借助政府环境规制工具，建立产业节能降耗的长效机制，加大产业结构调整力度，完善调控体制机制，推动经济发展方式的根本转变。

3）重视并发挥环境规制倒逼外资结构优化的节能效应。环境规制通过影响地方政府的招商引资政策，改变外商企业的投资区位选择而影响能源消费。因此，在利用外资过程中，首先，应进一步完善引资政策与产业准入标准，将能源使用技术标准纳入政策范围，设定不同行业、产业用能标准，建立相应的能源使用评价指标体系，通过强化招商引资产业导向等途径，引导外商资本更多地投向能源消耗少、技术先进的产业领域。其次，加强法制建设，以政府行政手段强制推行节能规范及能源使用技术标准，依法节约能源。随着对外开放的深入，相关的节能降耗法律法规也应与时俱进，随时修改完善，目前我国涉及外商直接投资的法律及行政法规、部门规章、规范性文件较多，但有关能源使用方面的技术性法规措施几乎没有，从而使外商投资企业难以系统了解我国能源使用方面的技术及法律法规，因此，应尽快出台针对性强、可操作的能源立法及技术规范，公开节能指标，接受社会监督。再次，积极利用外资推动我国产业结构优化升级。要利用外商投资企业带来的技术、知识外溢效应和产业结构调整效应提高我国的能源生产效率；鼓励国内企业加强与外商投资企业之间的联系，特别是经由产品联系而产生的技术联系。最后，在经济全球化进程中，注重培养形成具有竞争力的产业集群，从而形成国内产业结构调整和产业升级的同时，带动能源效率的提高和能源消费的降低。

（3）重视各种环境规制工具的优化组合效应，充分发挥各种规制工具的互补作用。以市场为主的经济型规制工具虽有诱发技术创新的积极效果，但不一定能抵消价格下跌带来的负面影响，需要辅之以政府行政命令为主的管制型政策管控。由于我国区域之间能源禀赋、发展水平、技术能力等各异，因此应根据地区差异，灵活选择运用规制工具。首先，对于市场化程度不高，资源丰裕、研发能力低、能源消耗量大的地区，应依靠命令—控制型规制工具见效快的优势，短期内仍以政府管制型规制工具为主，通过政府行政命令的方式制定企业生产技术标准和节能技术标准，更多地依靠政府的力量降低能源消费，即以命令—控制型规制工具为主，市场激励型规制工具为辅，同时应强化公众参与监督的作用；其次，对于市场化程度高，资源贫乏，利用效率较高的发达地区，应突破政府行政规制的约束，政府应尽量避免对企业经营活动的过多干预，更多地发挥以市场为主的激励型规制工具的作用，充分发挥市场在配置资源中的作用，促使企业自觉履行节能降耗义务；再次，应逐步提高环境行政监管，避免节能减排中“政治庇护”和“非完全执行”现象的发生，特别是对国有化程度较高的地区，应尽量采取措施避免地方政府的政治庇护，防范发生“寻租”现象；最后，以市场为主的激励型规制工具虽有诱发技术创新的积极效果，但不一定能抵消价格下跌带来的负面影响，也需要辅之以政府行政命令为主的管制型政策管控，因此，应灵活运用各种规制工具及其组合效应，因地制宜，充分发挥各类规制工具在节能降耗中的互补效应和协同效应。

（4）继续深入推进能源价格市场化改革，完善能源价格体系。我国的能源价格改革始于20世纪80年代以后，经过多年的改革实践，目前，电力价格市场化改革正在稳步推进，天然气价格改革不断深入，原油、成品油价格基本国际化，煤炭价格已基本市场化，已初步建立了与市场经济体制相适应的价格管理体制。在扭转长期以来我国能源价格偏低、能源浪费严重、高耗能产业畸形发展，环境代价过大等方面发挥了重要作用；大大提高了能源供给能力，对国民经济发展和保障能源安全发挥了至关重要的作用。但还存在许多亟待解决的关键问题，如石油价格形成机制有待进一步完善，天然气价格市场化进程缓慢等。

1）继续深入推进能源价格的市场化改革，首先要转变政府职能。由于能源是关系国计民生的战略性资源，与市场化程度较高的行业相比较，能源行业的市场化程度较低，政府对其市场准入和价格制定等进行较为严格的管制，经济过热、通货膨胀压力较大时，放慢能源价格改革的步伐；经济低迷时，则放松能源建设项目的审批（史丹，2013）。因此，继续推进能源价格的市场化改革，核心问题是转变政府职能，正确处理政府与市场的关系，将政府由价格的制定者和审批者转变为价格的监管者，让市场真正起主导作用。

2）提高能源税征收标准，补偿生态环境成本。能源税原则上既包括资源税（针对生产者征收）和生态环境补偿税，也包括针对能源消费者征收的环境税。目前我国税收体系中涉及的环境保护税种主要有：资源税、消费税、城市建设维护税、车船购置税、土地使用税等，这些只是间接地起到了保护环境的作用，尚没有独立的、专门针对环境保护的环境税。资源税虽改为从价计征，但税率仍然较低，难以对企业和个人形成有效的约束，一定程度上也造成了国有资源资产的流失和浪费。因此，一方面应考虑征收环境税，倒逼能源的节约使用；另一方面，应提高资源税征收水平，为能源生产和消费的外部成本提供资金支持。

3）深入推进能源市场体制改革，完善能源价格体系。一是形成合理的能源价格比价，以价格反映资源的稀缺性。在价格上体现水电、核电和天然气等清洁能源的优质优价，鼓励清洁能源的开发使用；提高煤炭、石油等化石能源的征税标准；对于使用清洁能源的用户免征环境税或者给予一定补贴，扩大清洁能源市场需求。这不仅有利于降低能源消费总量，也有利于调整能源结构，减少污染排放。二是深化能源价格改革，需要与能源市场体制改革相结合，建立健全能源市场体系。要打破行业垄断，建立能够反映资源稀缺及市场供求状况、环境治理成本的价格机制；对主要耗能产品制定能耗限额，形成有利于节约能源、提高资源利用效率的价格机制；对超过耗能限额的企业加征能源税。通过各种改革措施的综合推动，达到降低能源消费的目的。

## 4.6 本章小结

本章以环境规制影响能源消费为研究重点，首先，基于资源经济学的基本原理，从理论上分析了环境规制对能源消费的直接影响机理和间接影响机理，理论上，环境规制不仅能够对降低能源消费产生直接影响，还能够通过倒逼技术创新、产业结构调整和优化外商投资结构间接影响能源消费，其影响效应如何还有待于进一步的实证检验。

其次，通过构建面板数据计量模型，检验了环境规制的直接效应。研究发现，环境规制具有显著的降低能源消费的作用，说明我国政府制定并实施的环境规制政策工具，对于促进节能降耗起到了极大的推动作用。人均 GDP 与能源消费呈倒 U 形曲线关系，目前我国大多数省份已越过倒 U 形曲线拐点，进入能源消费随经济增长的下降阶段；物质资本投入、人力资本投入对降低能源消费并没有起到积极的作用；技术进步对能源消费的影响表现为负向不显著；外商直接投资对能源消费的影响表现为正向不显著；第二产业比重提高增加了能源消费，目前阶段城镇化率提高有显著增加能源消费的作用。

再次，环境规制对能源消费间接影响回归结果表明，现阶段环境规制能够通过倒逼技术创新降低能源使用量，环境规制通过影响外商直接投资进而影响能源消费的作用负向不显著，环境规制通过倒逼产业结构调整影响能源消费的作用正向不显著。需要进一步采取措施，充分发挥环境规制倒逼外资进入和产业结构调整的节能降耗作用。

最后，根据实证研究结论，从环境规制政策制定、环境规制间接效应的发挥、推动能源价格改革等方面提出了有针对性的对策建议。

# 第5章

# 环境规制影响环境污染：相关理论及时空效应

改革开放40年来，我国经济建设成就举世瞩目，但同时也遇到了发达国家工业化过程中集中出现的环境问题，资源环境的“瓶颈”约束与粗放的经济发展模式，使经济可持续发展面临严峻的挑战。为了转变高投入、高排放的粗放型发展模式，实现环境与经济的可持续发展，我国政府制定了严格的污染物减排目标和环境规制政策措施，力求尽可能地把环境污染带来的外部不经济降低到最低限度。尽管环境规制政策体系仍在不断完善，但污染问题依然十分突出。政府环境规制的有效性研究也引起了学者们的广泛关注，但已有文献过多关注环境规制的直接减排效应，环境规制通过中介效应的减排效果如何，极少有文献对此进行深入研究，从而难以提出全面科学的环境规制政策措施。本章在已有研究的基础上，首先从理论层面分析了环境规制影响环境污染的直接效应和间接效应；其次基于内生经济增长理论的“源头控制”思想，构建计量模型，从直接效应和间接效应两个层面实证检验环境规制影响环境污染的时空效应，为制定有针对性的环境规制政策措施提供决策依据。

# 5.1 相关理论研究

## 5.1.1 环境规制影响环境污染的直接效应

为了减少污染排放，改善环境质量，我国政府制定和实施了一系列的环境规制政策措施及法律法规条例。但现实中，环境规制对环境污染的直接影响存在双重效应，既可能促进污染排放，产生“绿色悖论”效应，也可能减少污染排放，实现“倒逼减排”效应。作用机理见图5-1。

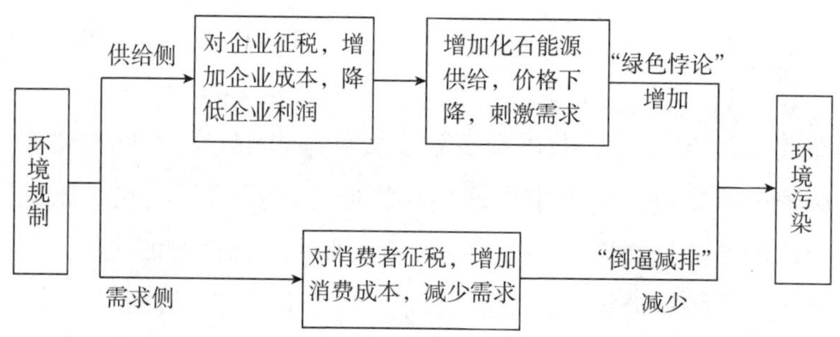


**图5-1 环境规制影响环境污染的直接效应**

环境规制从概念上看，是指由于化石能源的不可持续性以及生产过程中污染物排放具有外部不经济性，政府通过环境行政处罚、排污许可、征收排污税费等方式对生产活动进行直接或间接干预，以保持环境和经济的可持续发展，属于政府社会性规制的重要范畴。已有研究根据环境规制工具的强制程度，将其分为三类：一是直接规制，如环境标准、政府命令与控制等；二是经济工具，如征收环境税费、可交易排污许可等；三是“软”规制手段，如环境认证方案、资源产业协议等。一般意义上，政府制定并实施环境规制的目的在于降低污染排放，保护环境，预期环境规制的直接减排效应为正。以化石能源为例，在消费者方面，若政府向化石能源的使用者征收能源税或环境税等，将增加（或相对增加）能源使用者的生产成本和环境成本，进而减少消费者对化石能源的需求，因而有利于降低污染排放；或者，政府向清洁能源的使用者提供财政补贴，鼓励他们使用替代能源，同样能减少消费者对化石能源的需求，增加其对清洁能源的需求，进而减少污染物排放量。由此可见，无论是对化石能源的消费者征收能源税，还是对清洁能源的消费者给予财政补贴，都能够降低消费者对化石能源的需求，直接抑制污染物排放，从而达到改善环境质量的目的，实现“倒逼减排”效应。

然而，严厉的环境规制也可能导致“绿色悖论”的产生。“绿色悖论”效应的形成很大程度上取决于化石能源供给侧的动态反应。在化石能源生产者方面，当政府对化石能源企业征收排污税（或者用财政补贴非化石能源企业），提高（或相对提高）化石能源企业的生产成本，压缩了它们的经营利润，若化石能源企业的决策者能够预测到未来环境规制政策越来越严格，为了追求长期利润最大化，它们会在整个时间域上将化石能源的开采路径向前移动，短期内加大对化石能源的开采力度，增加化石能源供给量，导致短期内化石能源产品价格下降，廉价的化石能源会刺激需求上升，随之而来的是污染物排放量的增加，引发“绿色悖论”效应。但这种推断在现实中并不必然成立。一方面，短期内，化石能源企业生产规模和开采技术固定，供给量在短期内不可能无限制增加，从而使化石能源价格下降的幅度有限，因此对化石能源需求的增加也是有限的；另一方面，虽然化石能源价格下降在一定程度上能够激发消费者需求，增加其对煤炭等化石能源的购买数量，但这部分新增购买数量很可能是为未来储备，不一定会在当期全部消耗掉。因此，污染物排放量也不一定在短期内急剧增多。

### 5.1.2 环境规制影响环境污染的间接效应

环境规制不仅会通过供需结构直接影响环境污染，而且通过技术创新、产业升级和国际贸易等传导渠道间接影响环境污染。环境规制的间接影响效应见图5－2。

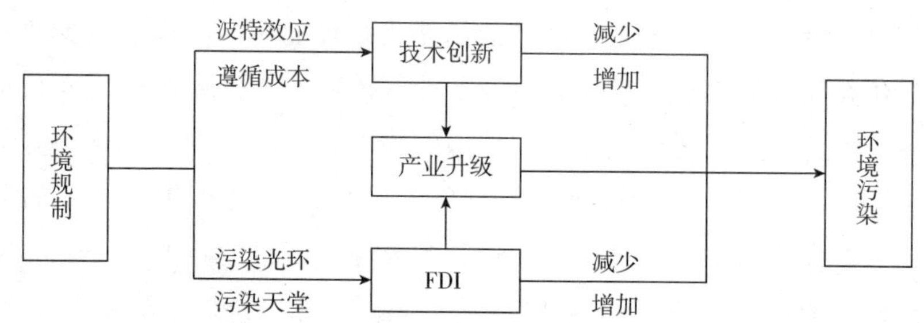


**图5－2　环境规制影响环境污染的间接效应**

（1）环境规制对技术创新即存在正面的补偿效应，也存在负面的抵消效应，从而对污染排放产生间接影响。正面的补偿效应即为“波特假说”效应，意为合理设计的环境规制能够激发企业进行生产技术和减污技术的创新，产生“创新补偿”效应。生产方面的技术创新可以提高企业的生产效率和竞争能力，进而部分或全部弥补因环境规制增加的额外生产成本；减污方面的技术创新可以促进企业环保技术升级，有效减少生产过程中的污染物排放量，改善环境质量。然而，不合理的环境规制可能会阻碍技术创新，不利于治污减排。例如环境规制强度过高，必然会大幅度增加企业在污染治理和环境保护方面的投入，在一定程度上挤出了用于技术研发的投入，阻碍了企业对生产技术或清洁技术的研发，不利于企业生产率的提高和污染物的减少，即产生“遵循成本”效应。因此，技术创新对环境污染的影响存在不确定性。

（2）在外商直接投资（FDI）方面，可能产生“污染天堂”效应或“污染光环”效应两种情况。“污染天堂”假说认为，在经济全球化背景下，发达国家的企业面临着相对苛刻的环境规制，企业需要为环境保护和污染治理投入更多的资金，这不可避免地增加了企业的生产成本，挤占了企业的生产性资金，因此它们倾向于通过外商直接投资将污染密集型产业转移到环境政策相对宽松或政策执行能力缺失的发展中国家，这增加了发展中国家的污染物排放量，导致其环境质量恶化。相反，“污染光环”假说认为，外商直接投资进入可以改善东道国的环境质量。因为东道国通过外商直接投资可以引进先进的清洁技术，并将清洁技术应用于本国生产活动中，提升其环保水平，从而减轻本国的污染排放。在环境规制约束下，外资进入对东道国环境污染的以上两种相左的效应会受到外商投资企业的技术溢出能力、东道国的吸收能力和资本积累效应的影响。首先，东道国严厉的环境规制增加了外资企业的生产成本，对其研发投入形成一定的挤出，不利于先进技术的研发及扩散；其次，外商投资企业技术溢出效应的发挥需要内资企业具备较强的学习和吸收能力，环境规制使内资企业的污染治理成本增加，一定程度上削弱了其吸收能力；最后，由于环境规制影响着外商企业的投资区位选择，因此高强度的环境规制会阻碍外商资本的流入，造成东道国资本存量下降，不利于降低环境污染。综合分析，环境规制通过外商直接投资对东道国环境污染的影响具有不确定性。

（3）在产业结构方面，环境规制能够倒逼产业结构的调整优化，产业结构的优化则能减少污染物排放量，改善环境质量。随着收入水平的提升，产业结构将发生两次转变，在经济发展初期，产业结构以农业为主，随着经济增长，产业结构逐渐转变为以排放密集的工业为主，加重了环境污染；在经济发展后期，由工业为主的产业结构逐渐转变为以服务业为主的第三产业，第三产业主要是无烟产业，产生的污染物排放量少。首先，严厉的环境规制将抑制排放多的污染密集型产业的发展，有利于以现代服务业为主的第三产业的发展，从而推动产业结构的合理化和高级化，因此环境规制可以倒逼产业结构优化升级而影响污染排放；其次，高强度的环境规制使得污染密集型产业需要承担高昂的“环境遵循成本”，提升了高耗能产业的生存“门槛”，出于规避“环境遵循成本”的需要，污染密集型产业往往会向环境规制宽松的地区转移；再次，以现代服务业为主的第三产业是清洁产业，该产业受环境规制“遵循成本”的冲击较小；最后，随着公众环保意识的提高，其需求会越来越偏向于绿色产品，这为服务业发展提供了契机，从而加快了产业结构合理化、高级化的步伐。

### 5.1.3 包含环境污染与环境规制的内生经济增长模型

目前，解决环境污染问题主要有两种思路。第一种是“末端治理”思路，该思路维持环境规制标准不变，只通过增加污染治理投资改善环境质量；第二种是“源头控制”思路，该思路在增加污染投入的同时，提高环境规制标准和标准执行力度，控制污染物的产生和排放。改革开放40年来，不断累积的污染物排放量正逐步接近生态环境的最大承载能力，第二种治理污染方法引起了人们的重视。本书将这两种污染治理思路统一到内生经济增长模型当中，从理论上寻找可持续发展的最优增长路径。

在孙刚（2004）模型基础上，引入内生经济增长思想分析长期内环境污染问题。为贴近现实，我们假设环境质量（$E$）存在上限值，即完全无污染时的环境质量，并定义$E$为实际环境质量和上限环境质量之差，由于环境质量不可能超过环境上限，也不能低于不可逆转的环境下限$E_{min}$，故可得 $E \in (E_{min}, 0)$ 。

假设在一个封闭的经济体中，存在着无数个有限生命但无限世代的同质消费者，为了简化分析，不考虑人口增长并将人口规模标准化为1。假定，消费者的效用函数取决于消费的商品数量和环境质量状况，表示为$U$（$C$，$E$）。其中$C$表示人均消费，$E$表示环境质量。参照格里莫和鲁格（Grimaud & Rouge，2005）的做法，综合考虑消费数量与环境质量来定义福利函数，假定效用函数$U$（$C$，$E$）是一个加性可分且弹性固定的函数，同时满足$U'_C > 0$，$U''_{CC} < 0$，$U'_E > 0$，可以表示为：

$$U(C,E) = \frac{C^{1-\sigma} - 1}{1 - \sigma} - \frac{(-E)^{1+\omega} - 1}{1 + \omega}, \sigma \in [0, +\infty), \omega \in [0, +\infty) \tag{5-1}$$

模型（5-1）中，$U$（$C$，$E$）代表可积瞬时效用函数；$\sigma$代表相对风险厌恶系数；$\omega$代表消费者对环境的偏好程度系数。因此，消费者在无限时间域上的福利可表示为：

$$W = \int_0^{\infty} e^{-\rho t} U(C,E) \tag{5-2}$$

模型（5-2）中，$\rho$ 为时间贴现率且 $\rho \in (0, +\infty)$，代表前人对后人利益的关注程度。$\rho$ 越大，表示前人越不关注后人的利益，$\rho \to +\infty$时，表示前人完全不关注后代利益，当 $\rho \to 0$ 时，表示前人对自身和后人的利益同等重视。可以看出，$\rho$ 越小，经济越有可能实现可持续发展。

假设污染物排放量（$P$）受三方面因素的影响：第一，产出水平 $Y$。在其他影响因素不变时，产出越大则污染排放量越大。第二，污染密度 $Z$。$Z$ 越大，表示污染物排放量越大。第三，环境标准的执行力度 $\gamma$。在给定环境标准下，$\gamma$ 越大，则实际污染物排放量越低，$\gamma > 1$ 保证了 $P''_{ZZ} = Y\gamma(\gamma - 1)Z^{\gamma-2} > 0$，即污染的边际成本递增。污染物排放量可以表示为：

$$P = YZ^{\gamma}, Z(0,1), \gamma(1, +\infty) \tag{5-3}$$

环境质量不仅受到污染物排放量的影响，同时受到环境的自我更新速度 $\theta$ 和环境保护投入 $I$ 的影响。假设环保投入 $I$ 对环境质量改善的贡献为 $R(I)$，$R'(I > 0)$，且 $\lim\limits_{I \to +\infty} R(I) = +\infty$，即环保投入对环境质量的改善没有上限。因此，环境质量的运动方程可表示为：

$$\dot{E} = -YZ^{\gamma} - \theta E + R(I) \tag{5-4}$$

由于环保投入来源于经济产出，环保投入要消耗一部分产出，物质资本的积累方程可表示为：

$$\dot{K} = Y - C - I \tag{5-5}$$

根据卢卡斯（Lucas，1988）设定的人力资本生产函数，假定人力资本积累速度为 $u$，将人力资本分为两部分，一部分 $uH$ 用于最终产品生产，另一部分 $(1-u)H$ 用于人力资本的积累。因此，人力资本的积累方程可表示为：

$$\dot{H} = u(1-u)H, u > 0 \tag{5-6}$$

把人力资本理论与 Stokey－Aghion 孙刚模型结合，最终社会产出水平可表示为：

$$Y = AK^{\alpha}(uH)^{1-\alpha}Z, \alpha, z \in (0,1) \tag{5-7}$$

模型（5-7）中，$A$ 表示技术水平；$K$ 表示资本总量；$Z$ 表示环境标准（或污染密度）。由于治理环境污染需要进行环保投入，该投入会占用一定比例的经济产出，从而导致实际产出小于潜在产出，所以 $Z<1$，$Z$ 越小表示环境标准越高，污染密度越低。

两种治污思路如下。

（1）“末端治理”思路。环境规制标准 $Z$ 和环境规制执行力度 $\gamma$ 始终维持原状，只通过增加污染治理投资 $I$ 改善环境质量。假定政府为解决污染问题规定一个最高的污染排放密度标准 $Z_f$，也就是说，社会中所有企业在生产过程中的污染密度都必须满足 $Z \leqslant Z_f$，根据理性人假设和环境资源的公共品特征，可知企业的逐利性会驱使社会最优污染排放密度达到 $Z_f$。另外，假定环境规制执行力度维持在 $\gamma_1$ 水平。政府制定政策的目标是争取消费者在无限世代中的效用达到最高值，该问题可表示为：

$$\underset{C.I}{Max}\int_0^{+\infty} e^{-pt}U(C,E)dt$$

$$s.t. Y = AK^{\alpha}(uH)^{1-\alpha}Z_f$$

$$\dot{E} = -YZ_f^n - \theta E + R(I)$$

$$\dot{K} = Y - C - I$$

$$\dot{H} = \mu(1-\mu)H$$

解得消费者的最优消费路径为：

$$\frac{\dot{C}}{C} = \frac{1}{\sigma}\left[\alpha\frac{Y}{K}\left(1-\frac{Z_f^{\gamma_1}}{R'(I)}\right)-\rho\right] = \frac{1}{\sigma}\left[\alpha A\left(\frac{H_\gamma}{K}\right)^{1-\alpha}Z_f\left(1-\frac{Z_f^{\gamma_1}}{R'(I)}\right)-\rho\right] \tag{5-8}$$

环境是经济可持续发展的基础，环境状况不崩溃（$E>E_{min}$），才能保证正常生产活动的进行。根据 $\dot{E} = -YZ_f^n - \theta E + R(I)$ 可知，当 $Z$ 和 $\gamma$ 保持不变时，持续增长的产出导致 $YZ_f^n \rightarrow +\infty$，同时，环境自我修复

能力 $\theta E$ 也是有限的，只能部分抵消经济增长造成的环境破坏作用，这将导致环境质量随着经济增长不断恶化。但是，环保投资对环境质量的改善作用 $R(I)$ 满足 $\lim_{I\to\infty}R(I)=+\infty$，当环保投资趋近无穷大，其对环境的改善作用也趋于无穷大，只有当环境改善作用完全抵消经济增长过程中对环境造成的不良影响时，才能保证消费的最优路径能够实现。从模型（5-8）中可以看出，时间贴现率 $\rho$ 越小，消费的最优路径就越有可能实现。

以 $gx=\dot{X}/X$ 表示任意变量 $X$ 的增长率，可以得到平衡增长路径：

$$g_Y=g_C=g_K=g_B=g_{Hr}=(\mu-\rho)\left[\frac{R'(I)\sigma+Z_f^{\gamma_1}\omega}{R'(I)-Z_f^{\gamma_1}}\right]^{-1} \quad (5-9)$$

$$g_{R'(I)}=-(\sigma+\omega)g_C \quad (5-10)$$

平衡增长路径得以实现必须满足以下条件：第一，时间贴现率 $\rho$ 必须小于人力资本的积累率 $u$，这样才能保证经济可持续发展，避免经济产出与人力资本积累同时为零的情形；第二，环保投入对环保质量改善作用的边际效率 $R'(I)$ 必须大于最低环境规制标准 $Z_f^{\gamma_1}$。但是，从模型（5-10）可知 $g_{R'(I)}<0$，即环境投资对环境的改善效果是边际递减的，当 $R'(I)$ 不断下降直至小于最低环境标准 $Z_f^{\gamma_1}$ 时，模型（5-10）将为负值，平衡增长路径将不存在。

由此可知，维持环境标准 $Z$ 和环境规制执行力度 $\gamma$ 不变时，仅仅通过增加环保投资改善环境质量的"末端治理"方法无法实现经济可持续发展，原因在于环保投资对环境质量改善作用的边际贡献呈不断下降趋势，当它一旦低于社会计划者设置的最低环境规制标准，平衡增长路径就不可能实现。

(2)"源头控制"思路。相比于"末端治理"，该方法允许提高环境规制标准 $Z$ 与标准执行力度 $\gamma$，从而控制污染物排放量 $P$。另外，因为环境规制标准和标准执行力度可变包含了环保投入因素，故而此思路中不再提及环保投入。模型沿用前文的假设条件，因此，消费者的效用最大化问题可以表示为：

$$\underset{C.I}{Max}\int_{0}^{+\infty} e^{-\rho t}U(C,E)dt$$

$$s.t.\ Y = AK^{\alpha}(uH)^{1-\alpha}Z_f$$

$$\dot{E} = -YZ^{\gamma} - \theta E$$

$$\dot{K} = Y - C$$

$$\dot{H} = \mu(1-\mu)H$$

可以解得消费者的最优消费路径为：

$$\frac{\dot{C}}{C} = \frac{1}{\sigma}\left[\alpha\frac{\gamma}{1-\gamma}\frac{Y}{K} - \rho\right] = \frac{1}{\sigma}\left[\alpha A\frac{\gamma}{1-\gamma}\left(\frac{\mu H}{K}\right)^{1-\alpha}Z - \rho\right] \tag{5-11}$$

由此可见，与“末端治理”方法类似，环保投入对环保质量改善作用的边际效率 $R'(I)$ 必须大于最低环境规制标准 $Z_f^{\gamma_1}$，完全抵消经济增长过程对环境造成的不良影响时，才能保证消费的最优路径能够实现。

接下来得出各变量的稳态增长率如下：

$$g_Y = g_C = g_K = (\mu-\rho)\left[\sigma + \frac{\omega+\sigma}{\gamma(1-\alpha)(1+\omega)}\right]^{-1} \tag{5-12}$$

$$g_Z = \frac{\omega+\sigma}{\gamma(1+\omega)}g_C \tag{5-13}$$

$$g_P = g_B = \frac{1-\sigma}{1+\omega}g_C \tag{5-14}$$

$$g_{H_r} = \left[1 - \frac{\omega+\sigma}{\gamma(1-\alpha)(1+\omega)}\right]g_C \tag{5-15}$$

平衡增长路径得以实现须满足以下条件：第一，与“末端治理”方法一样，时间贴现率 $\rho$ 必须小于人力资本的积累率 $u$；第二，消费者的跨期替代弹性 $\sigma > 1$，从而保证 $g_E = g_P < 0$，也就是说，在该偏好约束下，保证了环境质量可能低于不可逆转的环境下限 $E_{\min}$。

将模型（5－12）对 $u$、$\rho$、$\sigma$、$\omega$、$\gamma$ 分别作一阶导数，得到 $\partial gc/\partial u > 0$，表明人力资本积累速度 $u$ 越高，稳态经济增长率就越高；$\partial gc/\partial$

$\rho < 0$，表明时间贴现率 $\rho$ 越低，当代人对后代人的利益就越关注，越有可能实现可持续发展；$\partial gc/\partial\sigma < 0$，表明 $\sigma$ 越大，跨期替代弹性 $1/\sigma$ 越小，消费者不会采取以环境换经济的增长方式；$\partial gc/\partial\omega > 0$，表明消费者对环境偏好程度越大，稳态经济增长率越高；$\partial gc/\partial\gamma > 0$，表明 $\gamma$ 越大，即环境规制执行力度越大，越可能实现经济可持续发展。

由此可知，在“源头控制”方法下，经济可持续发展的平衡增长路径可以实现。而且，人力资本积累速度越高、消费者对环境越偏好以及环境规制执行力度越大，就越有可能实现可持续发展。

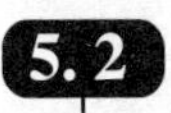

## 5.2 环境污染的时空演变

### 5.2.1 环境污染现状

已有文献中，学者们利用不同国家或地区经济增长与环境污染数据，大多采用参数回归模型对二者关系进行了大量实证研究，结论因污染指标选取或实证方法不同差异较大。本节依据 EKC 假说，采用非参数分析方法对我国的人均国内生产总值与各类环境污染排放量的关系进行分析。非参数统计方法是在不涉及总体分布或不对总体分布参数进行相关假定的前提下，进行统计检验和判断分析的一种方法。它的主要优点是要求的假定条件很少，适用范围广泛，对总体分布的假定要求不高，不会出现因对总体分布假定不当而导致重大错误，所有具有很强的稳健性。

采用实际人均国内生产总值来衡量经济增长，选取我国 31 个省级经济单元 2000 ~ 2015 年的相关数据，运用局部多项式法非参数方法，分析工业“三废”排放量与实际人均国内生产总值的相关关系。所用数据来源于 2001 ~ 2016 年《中国统计年鉴》，各年人均生产总值以 2000 年为基期用 GDP 指数进行平减。

（1）工业废水与经济增长的关系。我国 2000 ~ 2015 年全国工业废水排放总量及人均量与实际人均国内生产总值（GDP）的非参数拟合结果见图 5－3。图中的小圆圈表示原始数据，红色线条（estmate）表示非参数估计对原始数据的拟合结果，绿色虚线（cl. upp）和蓝色虚线（cl. low）分别表示置信区间的上端和下端。

图 5－3（a）是工业废水排放总量与人均国内生产总值的非参数估计结果。可以看出，工业废水排放总量与实际人均国内生产总值大致呈 M 形曲线形状。当实际人均国内生产总值大于 4 000 元后，两者呈负相关关系，即随着人均收入水平的提升，工业废水排放总量将逐渐减少。但当人均实际收入处于 5 500～7 000 元时，二者呈正相关关系，这与传统的倒 U 形 EKC 特征不符。

图 5－3（b）是人均工业废水排放量与实际人均国内生产总值的非参数估计结果。通过局部多项式法对原始数据的拟合结果，可以看出，与工业废水排放总量类似，二者之间同样呈现出 M 形曲线关系，且其拐点值与工业废水排放总量也大致相同。

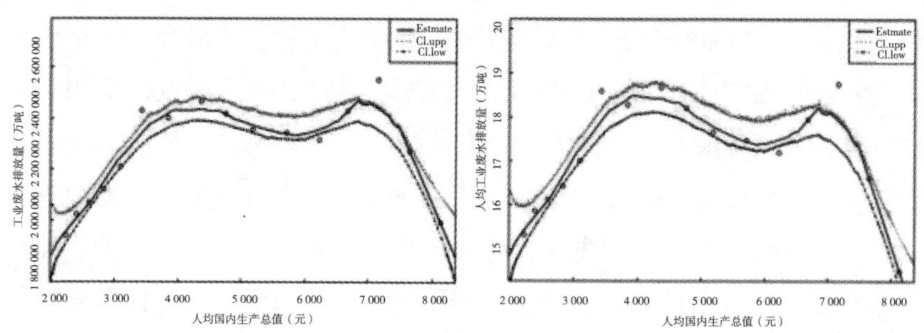


**（a）工业废水排放量与人均 GDP 的非参数估计（b）人均工业废水与人均 GDP 的非参数估计**

**图 5－3　工业废水与人均 GDP 的关系**

（2）工业废气排放量与经济增长的关系。工业废气排放总量及人均量与人均国内生产总值的非参数估计结果见图 5－4。可以看出，不论是工业废气排放总量还是人均量，都随着人均国民收入的增长呈现出不断上升的趋势，二者之间存在明显的正相关关系。但实际人均收入达到 6 500 元左右时，增速明显放缓。

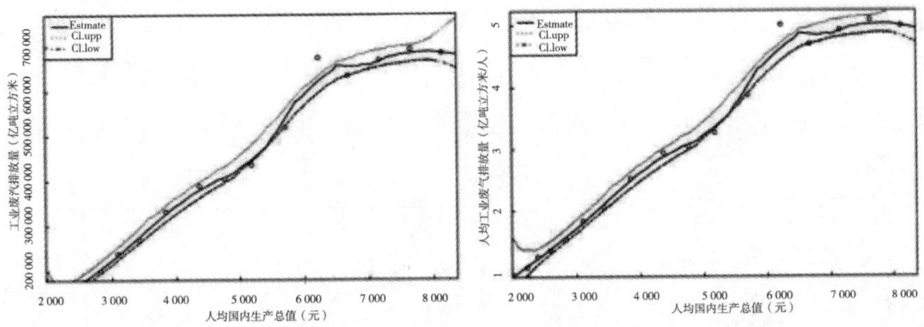


**（a）工业废气排放量与人均 GDP 的非参数估计（b）人均工业废气与人均 GDP 的非参数估计**

**图 5－4 工业废气与人均 GDP 的关系**

工业 $SO_2$ 排放总量及其人均量与实际人均国民收入的估计结果见图 5－5。工业 $SO_2$ 排放量与人均国民收入之间呈现出一定的倒 U 形曲线特征，当收入水平相对较低时，工业 $SO_2$ 排放量随着收入的提升不断增加，当收入水平处于相对较高时，工业 $SO_2$ 排放量随着收入的提升而下降，除了当实际人均收入在 5 000～6 000 元时，$SO_2$ 排放量随着经济增长而小幅度上升外，其余阶段均呈现出传统的 EKC 模式。人均工业 $SO_2$ 排放量与人均国民收入的关系与工业 $SO_2$ 排放总量结果相似。

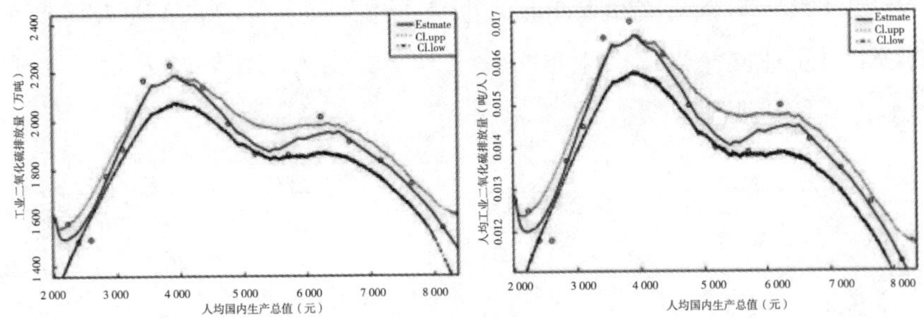


**（a）工业 $SO_2$ 排放总量与人均 GDP 的非参数估计（b）人均工业 $SO_2$ 与人均 GDP 的非参数估计**

**图 5－5 工业 $SO_2$ 与人均国内生产总值的关系**

工业烟粉尘排放总量及其人均量与人均国民收入的非参数估计结果见图 5－6。结果表明，不论是总量还是人均量，二者都呈现出 N 形曲线特征。实际人均收入小于 3 000 元时，二者呈现正相关关系，但随着经济的增长，当实际人均收入达到3 000 ~6 000元，二者又呈现负向关系，也就是说随着收入水平不断提升，工业烟粉尘排放量逐渐减少，当实际人均收入超过6 000元后，二者再次呈现正向关系。

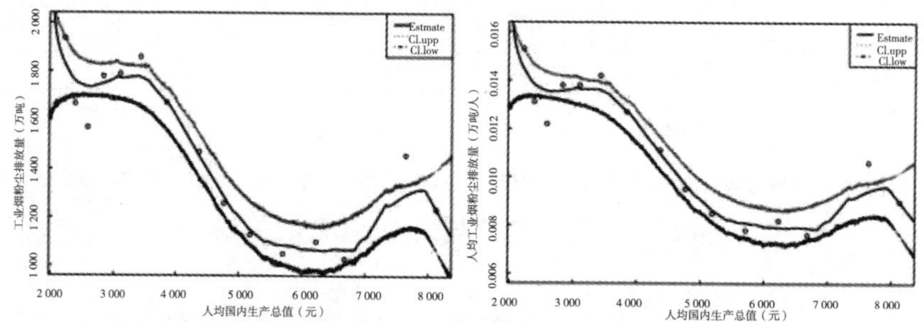


（a）工业烟粉尘量与人均 GDP 的非参数估计（b）人均工业烟粉尘量与人均 GDP 的非参数估计

**图5－6　工业烟粉尘与人均国内生产总值的关系**

（3）工业固体废物排放量与经济增长的关系。由于我国工业固体废物排放量数据严重缺失，本书采用各省份工业固体废物产生量进行分析。工业固体废物产生总量及其人均量与人均国内收入的非参数估计结果分别见图5－7（a）和5－7（b）。与工业废气排放量类似，工业固体废物产生量及其人均量与实际人均收入也呈正相关关系，随着实际人均收入的增加，工业固体废物产生量持续上升，但当人均实际收入超过6500元后，其增速明显放缓。

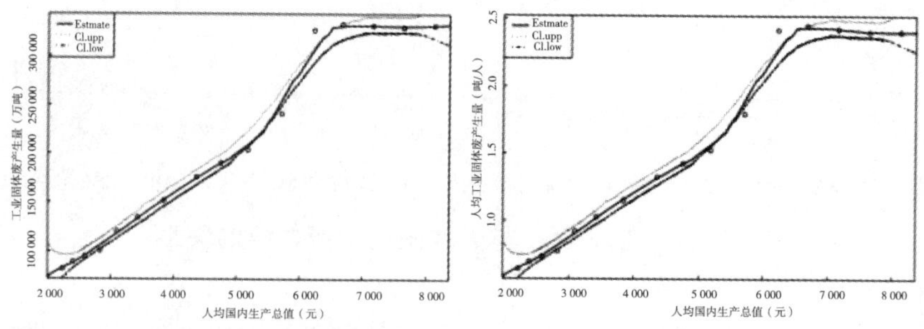


（a）工业固废产生量与人均 GDP 的非参数估计（b）人均工业固废产生量与人均 GDP 的非参数估计

**图5－7　工业固体废物产生量与人均国内生产总值的关系**

### 5.2.2 环境污染综合指数的测度

通过上述“三废”污染指标与经济增长关系的分析，得出仅采用某个具体污染物指标衡量我国环境污染状况并不全面。环境质量由众多的环境要素构成，任何单个指标都不能客观全面反映地区环境污染状况。因此，需要考虑各类环境污染指标，构建环境污染综合指数。

环境污染主要包括“三废”排放总量（废水、废气和固废），或其中某些具体的污染物排放指标。考虑到数据的可得性、连续性、可比性，本书借鉴王斌（2013）的研究，从废水、废气、固废三个方面考虑，在废水方面选取了工业废水排放总量和废水中化学需氧量，在废气方面，选取了工业废气排放量、工业 $SO_2$ 排放量、工业烟粉尘排放量，在固废方面，选取工业固体废物产生量，用这六类环境污染指标来构建污染综合指数。

对于环境污染程度的衡量，较为普遍的采用人均污染物排放量指标或单位 GDP 污染物排放指标，但由于我国省际自然禀赋、生态环境以及人口密度等因素差异很大，采用人均污染物排放量指标可能会低估人口密度较高地区的污染状况。然而，环境质量具有一定的阈值，一旦突破便很难恢复，因此必须重视区域环境污染的总量指标。鉴于此，已有相关学者采用总污染物排放量指标（许和连和邓玉萍，2012）。因此，本书基于相关污染物排放总量指标，采用熵值法构建污染综合指数。

本书选取 2000～2015 年我国 31 个行政区域的六类污染物排放总量指标数据，基于熵值法计算环境污染综合指数。相关数据来源于中国经济与社会发展数据库和 2001～2016 年《中国统计年鉴》《中国环境年鉴》《中国环境统计年鉴》等统计年鉴。根据第三章熵值法的计算模型（3－6），计算得出我国 31 个省（自治区、直辖市）的环境污染综合指数，具体见表 5－1。

表 5-1　　2000~2015 年我国各省份的环境污染综合指数

| 地区 | 2000 年 | 2001 年 | 2002 年 | 2003 年 | 2004 年 | 2005 年 | 2006 年 | 2007 年 |
|---|---|---|---|---|---|---|---|---|
| 北京 | 0.0080 | 0.0070 | 0.0062 | 0.0055 | 0.0058 | 0.0056 | 0.0058 | 0.0057 |
| 天津 | 0.0086 | 0.0078 | 0.0082 | 0.0088 | 0.0079 | 0.0107 | 0.0100 | 0.0092 |
| 河北 | 0.0617 | 0.0589 | 0.0573 | 0.0600 | 0.0739 | 0.0764 | 0.0789 | 0.0833 |
| 山西 | 0.0406 | 0.0403 | 0.0417 | 0.0477 | 0.0498 | 0.0534 | 0.0550 | 0.0555 |
| 内蒙古 | 0.0201 | 0.0185 | 0.0200 | 0.0297 | 0.0348 | 0.0418 | 0.0423 | 0.0433 |
| 辽宁 | 0.0489 | 0.0449 | 0.0412 | 0.0413 | 0.0402 | 0.0560 | 0.0601 | 0.0604 |
| 吉林 | 0.0201 | 0.0173 | 0.0154 | 0.0160 | 0.0174 | 0.0214 | 0.0222 | 0.0219 |
| 黑龙江 | 0.0225 | 0.0216 | 0.0208 | 0.0223 | 0.0220 | 0.0239 | 0.0251 | 0.0252 |
| 上海 | 0.0171 | 0.0154 | 0.0152 | 0.0148 | 0.0152 | 0.0148 | 0.0150 | 0.0149 |
| 江苏 | 0.0457 | 0.0589 | 0.0572 | 0.0586 | 0.0623 | 0.0699 | 0.0698 | 0.0656 |
| 浙江 | 0.0414 | 0.0379 | 0.0399 | 0.0413 | 0.0422 | 0.0457 | 0.0474 | 0.0476 |
| 安徽 | 0.0244 | 0.0234 | 0.0232 | 0.0260 | 0.0271 | 0.0292 | 0.0311 | 0.0332 |
| 福建 | 0.0176 | 0.0204 | 0.0191 | 0.0209 | 0.0236 | 0.0277 | 0.0277 | 0.0296 |
| 江西 | 0.0208 | 0.0184 | 0.0195 | 0.0236 | 0.0262 | 0.0280 | 0.0297 | 0.0302 |
| 山东 | 0.0637 | 0.0630 | 0.0596 | 0.0638 | 0.0614 | 0.0667 | 0.0675 | 0.0698 |
| 河南 | 0.0545 | 0.0518 | 0.0526 | 0.0536 | 0.0569 | 0.0639 | 0.0624 | 0.0616 |
| 湖北 | 0.0362 | 0.0328 | 0.0319 | 0.0316 | 0.0330 | 0.0333 | 0.0344 | 0.0326 |
| 湖南 | 0.0410 | 0.0401 | 0.0399 | 0.0415 | 0.0443 | 0.0460 | 0.0437 | 0.0430 |
| 广东 | 0.0411 | 0.0363 | 0.0390 | 0.0422 | 0.0463 | 0.0546 | 0.0545 | 0.0562 |
| 广西 | 0.0578 | 0.0480 | 0.0483 | 0.0555 | 0.0620 | 0.0630 | 0.0606 | 0.0628 |
| 海南 | 0.0024 | 0.0018 | 0.0018 | 0.0018 | 0.0017 | 0.0020 | 0.0020 | 0.0020 |
| 重庆 | 0.0222 | 0.0206 | 0.0200 | 0.0213 | 0.0227 | 0.0236 | 0.0251 | 0.0233 |
| 四川 | 0.0595 | 0.0572 | 0.0536 | 0.0561 | 0.0547 | 0.0507 | 0.0501 | 0.0532 |
| 贵州 | 0.0206 | 0.0169 | 0.0166 | 0.0171 | 0.0178 | 0.0178 | 0.0227 | 0.0228 |
| 云南 | 0.0202 | 0.0180 | 0.0168 | 0.0172 | 0.0189 | 0.0205 | 0.0225 | 0.0238 |
| 西藏 | 0.0004 | 0.0003 | 0.0002 | 0.0001 | 0.0002 | 0.0002 | 0.0001 | 0.0001 |
| 陕西 | 0.0245 | 0.0217 | 0.0217 | 0.0233 | 0.0256 | 0.0287 | 0.0292 | 0.0311 |
| 甘肃 | 0.0124 | 0.0112 | 0.0116 | 0.0135 | 0.0130 | 0.0147 | 0.0145 | 0.0141 |

续表

| 地区 | 2000 年 | 2001 年 | 2002 年 | 2003 年 | 2004 年 | 2005 年 | 2006 年 | 2007 年 |
|---|---|---|---|---|---|---|---|---|
| 青海 | 0.0022 | 0.0024 | 0.0022 | 0.0027 | 0.0035 | 0.0057 | 0.0062 | 0.0066 |
| 宁夏 | 0.0113 | 0.0111 | 0.0089 | 0.0095 | 0.0077 | 0.0121 | 0.0123 | 0.0129 |
| 新疆 | 0.0101 | 0.0103 | 0.0109 | 0.0130 | 0.0153 | 0.0167 | 0.0188 | 0.0205 |
| 地区 | 2008 年 | 2009 年 | 2010 年 | 2011 年 | 2012 年 | 2013 年 | 2014 年 | 2015 年 |
| 北京 | 0.0048 | 0.0050 | 0.0051 | 0.0051 | 0.0044 | 0.0044 | 0.0042 | 0.0036 |
| 天津 | 0.0092 | 0.0087 | 0.0101 | 0.0107 | 0.0107 | 0.0100 | 0.0110 | 0.0099 |
| 河北 | 0.0746 | 0.0787 | 0.0894 | 0.1206 | 0.1146 | 0.1168 | 0.1141 | 0.1025 |
| 山西 | 0.0543 | 0.0510 | 0.0607 | 0.0741 | 0.0733 | 0.0746 | 0.0741 | 0.0718 |
| 内蒙古 | 0.0432 | 0.0444 | 0.0519 | 0.0599 | 0.0598 | 0.0574 | 0.0642 | 0.0647 |
| 辽宁 | 0.0652 | 0.0566 | 0.0551 | 0.0686 | 0.0670 | 0.0632 | 0.0725 | 0.0736 |
| 吉林 | 0.0209 | 0.0217 | 0.0215 | 0.0232 | 0.0207 | 0.0202 | 0.0216 | 0.0216 |
| 黑龙江 | 0.0247 | 0.0245 | 0.0243 | 0.0258 | 0.0274 | 0.0267 | 0.0270 | 0.0250 |
| 上海 | 0.0145 | 0.0135 | 0.0143 | 0.0156 | 0.0153 | 0.0148 | 0.0149 | 0.0144 |
| 江苏 | 0.0635 | 0.0642 | 0.0666 | 0.0742 | 0.0716 | 0.0710 | 0.0767 | 0.0739 |
| 浙江 | 0.0462 | 0.0468 | 0.0460 | 0.0458 | 0.0436 | 0.0428 | 0.0432 | 0.0418 |
| 安徽 | 0.0349 | 0.0355 | 0.0361 | 0.0427 | 0.0417 | 0.0411 | 0.0438 | 0.0444 |
| 福建 | 0.0298 | 0.0311 | 0.0324 | 0.0343 | 0.0317 | 0.0327 | 0.0308 | 0.0288 |
| 江西 | 0.0298 | 0.0301 | 0.0317 | 0.0371 | 0.0348 | 0.0353 | 0.0348 | 0.0370 |
| 山东 | 0.0694 | 0.0705 | 0.0794 | 0.0817 | 0.0763 | 0.0760 | 0.0838 | 0.0845 |
| 河南 | 0.0593 | 0.0605 | 0.0606 | 0.0670 | 0.0628 | 0.0646 | 0.0658 | 0.0615 |
| 湖北 | 0.0321 | 0.0319 | 0.0340 | 0.0397 | 0.0361 | 0.0532 | 0.0558 | 0.0372 |
| 湖南 | 0.0395 | 0.0401 | 0.0388 | 0.0390 | 0.0365 | 0.0363 | 0.0350 | 0.0333 |
| 广东 | 0.0527 | 0.0498 | 0.0515 | 0.0535 | 0.0509 | 0.0501 | 0.0519 | 0.0489 |
| 广西 | 0.0618 | 0.0582 | 0.0571 | 0.0434 | 0.0434 | 0.0373 | 0.0358 | 0.0317 |
| 海南 | 0.0021 | 0.0022 | 0.0020 | 0.0025 | 0.0027 | 0.0040 | 0.0031 | 0.0028 |
| 重庆 | 0.0222 | 0.0240 | 0.0210 | 0.0181 | 0.0168 | 0.0177 | 0.0180 | 0.0174 |
| 四川 | 0.0443 | 0.0429 | 0.0487 | 0.0447 | 0.0596 | 0.0607 | 0.0426 | 0.0382 |
| 贵州 | 0.0189 | 0.0194 | 0.0215 | 0.0261 | 0.0276 | 0.0321 | 0.0320 | 0.0270 |

续表

| 地区 | 2008 年 | 2009 年 | 2010 年 | 2011 年 | 2012 年 | 2013 年 | 2014 年 | 2015 年 |
|---|---|---|---|---|---|---|---|---|
| 云南 | 0.0240 | 0.0244 | 0.0255 | 0.0444 | 0.0413 | 0.0415 | 0.0394 | 0.0372 |
| 西藏 | 0.0002 | 0.0002 | 0.0001 | 0.0005 | 0.0005 | 0.0005 | 0.0006 | 0.0007 |
| 陕西 | 0.0294 | 0.0280 | 0.0300 | 0.0320 | 0.0304 | 0.0316 | 0.0336 | 0.0338 |
| 甘肃 | 0.0138 | 0.0140 | 0.0149 | 0.0235 | 0.0233 | 0.0221 | 0.0230 | 0.0222 |
| 青海 | 0.0071 | 0.0073 | 0.0086 | 0.0190 | 0.0197 | 0.0199 | 0.0205 | 0.0225 |
| 宁夏 | 0.0126 | 0.0122 | 0.0193 | 0.0186 | 0.0173 | 0.0175 | 0.0183 | 0.0156 |
| 新疆 | 0.0211 | 0.0222 | 0.0248 | 0.0297 | 0.0363 | 0.0402 | 0.0402 | 0.0352 |

基于2000年、2015年我国31个省（自治区、直辖市）经济单元的环境污染综合指数计算结果，可以得出各省污染排名情况，具体见表5-2。

（1）从各省环境污染综合排名来看，2000年，排名前五位的省（自治区、直辖市）分别是西藏、青海、海南、北京和天津，排名后五位的省（自治区、直辖市）分别是河南、广西、四川、河北和山东。由表5-1可以看出，其余省（自治区、直辖市）的污染综合指数处于0.0101~0.0489。2015年，综合指数排名前五位的省（自治区、直辖市）分别是西藏、海南、北京、天津和上海，排名后五位的省（自治区、直辖市）分别是山西、辽宁、江苏、山东和河北。结合表5-1可以看出，其余省（自治区、直辖市）的污染综合指数处于0.0156~0.0647。西藏的环境质量一直位居全国第一，可能的原因在于，一方面，西藏的产业结构主要以绿色环保的农牧业、旅游业为主，三次产业中第二产业占比较小，2000~2015年，西藏工业增加值与国民生产总值的比值在0.19%~0.24%，因此污染物排放量也相对较少；另一方面，西藏是中国五大牧区之一，拥有中国最大的原始森林，2015年，西藏草原面积达到8205.2万公顷，占全国草原总面积的20.89%，生态禀赋优良，天然环境较好，对于吸收污染物、净化空气质量起到了积极的作用。2000年和2015年，河北、山东的环境质量排在最后两位，究其原因：一方面，河北、山东处于环渤海经济区，可能承接了邻近省（自治区、直辖市）的污染密集型转移产业，2000～2015年，河北省和山东省的工业增加值占国民生产总值的比值分别在28.73%～34.20%和38.26%～48.26%，可以说河北和山东是以发展第二产业为主，而第二产业大多是污染密集型产业，会产生大量的污染排放；另一方面，河北、山东的生态禀赋较差。2015年，山东省的森林覆盖率是16.73%，相比于全国平均水平21.63%相对偏低，河北、山东的草原覆盖率分别是1.20%和0.42%，与全国平均量相比处于相对较低水平。

（2）将各省（自治区、直辖市）2015年与2000年环境污染情况进行比较，即以2015年环境污染水平比2000年环境污染水平，如果比值小于1，意味着环境污染状况有所改善，如果比值大于1，意味着环境污染还在加重，比值越大说明环境污染相比于2000年越严重。可以看出，2000～2015年，我国仅有六个省（自治区、直辖市）的环境污染得到改善，分别是北京、上海、湖南、广西、重庆、四川，其余省（自治区、直辖市）环境污染进一步恶化。环境污染加剧的省（自治区、直辖市）主要集中在西北和北部地区，如新疆、青海、西藏、甘肃和内蒙古等地。

**表5-2　　2000年、2015年各省市环境污染综合指数排名**

| 地区 | 2000年排名 | 2015年排名 | 2015年/2000年 | 比值排名 | 地区 | 2000年排名 | 2015年排名 | 2015年/2000年 | 比值排名 |
|---|---|---|---|---|---|---|---|---|---|
| 北京 | 4 | 3 | 0.4512 | 31 | 湖北 | 20 | 19 | 1.0254 | 24 |
| 天津 | 5 | 4 | 1.1441 | 20 | 湖南 | 22 | 15 | 0.8130 | 27 |
| 河北 | 30 | 31 | 1.6595 | 10 | 广东 | 23 | 24 | 1.1894 | 18 |
| 山西 | 21 | 27 | 1.7659 | 9 | 广西 | 28 | 14 | 0.5485 | 30 |
| 内蒙古 | 12 | 26 | 3.2236 | 3 | 海南 | 3 | 2 | 1.1795 | 19 |
| 辽宁 | 26 | 28 | 1.5049 | 13 | 重庆 | 16 | 7 | 0.7833 | 28 |
| 吉林 | 11 | 8 | 1.0777 | 23 | 四川 | 29 | 21 | 0.6427 | 29 |
| 黑龙江 | 17 | 11 | 1.1126 | 22 | 贵州 | 14 | 12 | 1.3133 | 17 |

续表

| 地区 | 2000年排名 | 2015年排名 | 2015年/2000年 | 比值排名 | 地区 | 2000年排名 | 2015年排名 | 2015年/2000年 | 比值排名 |
|---|---|---|---|---|---|---|---|---|---|
| 上海 | 9 | 5 | 0.8419 | 26 | 云南 | 13 | 20 | 1.8431 | 5 |
| 江苏 | 25 | 29 | 1.6163 | 12 | 西藏 | 1 | 1 | 1.8597 | 4 |
| 浙江 | 24 | 22 | 1.0094 | 25 | 陕西 | 19 | 16 | 1.3765 | 14 |
| 安徽 | 18 | 23 | 1.8220 | 6 | 甘肃 | 8 | 9 | 1.7964 | 7 |
| 福建 | 10 | 13 | 1.6318 | 11 | 青海 | 2 | 10 | 10.3001 | 1 |
| 江西 | 15 | 18 | 1.7748 | 8 | 宁夏 | 7 | 6 | 1.3703 | 15 |
| 山东 | 31 | 30 | 1.3256 | 16 | 新疆 | 6 | 17 | 3.4751 | 2 |
| 河南 | 27 | 25 | 1.1295 | 21 | | | | | |

### 5.2.3 环境污染的空间演变

我国地域辽阔，各个地区的生态环境、经济发展和产业结构等存在较大差异，因而其环境污染必然存在不同特征。采用我国2000～2015年各省市环境污染相关数据，通过计算全局空间Moran's I指数和局部空间关联Lisa指数，分析我国各省市区环境污染在地理空间上的集聚程度、分布格局及其动态变化。

（1）环境污染的全局空间自相关检验。根据第3章全局Moran's I指数的计算模型（3-7），以地理距离为基础设定空间权重矩阵，计算出环境污染综合指数的Moran's I值，结果见表5-3。从表5-3中可以看出，环境污染综合指数的Moran's I值均为正，除2000年、2004年外，其他年份的Moran's I值均通过了10%的显著性水平检验，这表明我国地区间环境污染存在极为显著的正的空间相关性，污染物排放具有显著的空间溢出效应。此外，从整体上看，各年份的Moran's I值随时间推移呈不断增大趋势，这种空间相关性较为稳定且处在较高的相关水平上，2000年Moran's I指数为0.1137，到2015年已增大到0.2024，意味着我国环境污染的空间集聚呈现出不断上升趋势。

表 5-3　　环境污染的全局空间自相关检验

| 年份 | Moran's I 指数 | Z 值 | P 值 |
|---|---|---|---|
| 2000 | 0. 1137 | 1. 2209 | 0. 1107 |
| 2001 | 0. 1276 | 1. 3338 | 0. 0902 |
| 2002 | 0. 1279 | 1. 3474 | 0. 0903 |
| 2003 | 0. 1186 | 1. 2609 | 0. 1037 |
| 2004 | 0. 1075 | 1. 1692 | 0. 1205 |
| 2005 | 0. 1299 | 1. 3548 | 0. 0876 |
| 2006 | 0. 1390 | 1. 4374 | 0. 0759 |
| 2007 | 0. 1266 | 1. 3321 | 0. 0913 |
| 2008 | 0. 1638 | 1. 6311 | 0. 0507 |
| 2009 | 0. 1679 | 1. 7017 | 0. 0436 |
| 2010 | 0. 1641 | 1. 6684 | 0. 0486 |
| 2011 | 0. 1751 | 1. 7346 | 0. 0407 |
| 2012 | 0. 1667 | 1. 6744 | 0. 0485 |
| 2013 | 0. 1783 | 1. 7454 | 0. 0393 |
| 2014 | 0. 1607 | 1. 6506 | 0. 0488 |
| 2015 | 0. 2024 | 2. 0085 | 0. 0229 |

（2）环境污染的局域空间自相关检验。全局 Moran's I 指数从整体上反映了雾霾污染的空间相关性，但有可能会忽视局部地区的非典型特征。因此，需要计算局域 Moran's I 指数，进行局域空间自相关分析（Lisa）。局域 Moran's I 指数测度 $i$ 地区与相邻地区环境污染的空间相关性。根据第 3 章局域 Moran's I 指数的计算模型（3-8），计算反映局域空间关联的 Lisa 指数，检验我国环境污染在局部地区是否存在集聚现象。

从 2000 年的 Moran's I 散点图［见图 5-8（a）］及 Lisa 指数表（见表 5-4）可以看出，位于第一象限（高—高）的省（自治区、直辖市）有 9 个，分别是河北、山西、辽宁、江苏、山东、河南、湖北、湖南、广西，这些省（自治区、直辖市）环境污染较为严重，周围省（自治区、直辖市）环境污染同样较为严重，即高污染的省（自治区、直辖市）和高污染的省（自治区、直辖市）相邻接。其中，山东、河南在1%的水平下显著处于“高—高”集聚区，河北在10%的水平下也显著处于“高—高”集聚区。处于第二象限（低—高）的省（自治区、直辖市）有13个，分别是北京、天津、内蒙古、吉林、上海、安徽、福建、江西、海南、重庆、贵州、云南、陕西，这些省（自治区、直辖市）的环境污染较轻，但却被环境污染严重的省（自治区、直辖市）所包围，其中，海南在5%的显著性水平下处于“低—高”集聚区。位于第三象限（低—低）的省（自治区、直辖市）有6个，分别是黑龙江、西藏、甘肃、青海、宁夏、新疆，这些省（自治区、直辖市）的环境污染程度较轻，周围环境污染也较轻，即与环境污染相对较轻的省（自治区、直辖市）相邻接，其中，新疆在1%的显著性水平下处于“低—低”集聚区。位于第四象限（高—低）的省（自治区、直辖市）有2个，分别是浙江和四川，表明这两个省（自治区、直辖市）的环境污染较为严重，但与周边环境污染程度较低的省（自治区、直辖市）相邻接，其中，四川在1%的显著性水平下处于“高—低”集聚区。位于第一、第四象限交界处的省（自治区、直辖市）是广东省。

从2015年的Moran's I散点图［见图5-8（b）］及Lisa指数表（见表5-5）来看，位于第一象限（高—高）的省（自治区、直辖市）有8个，分别是河北、山西、内蒙古、辽宁、江苏、安徽、山东、河南。这些地区的环境污染较为严重，周围省（自治区、直辖市）环境污染也比较严重。其中，河北、山西、山东、河南和辽宁在1%的水平下显著处于“高—高”集聚区。位于第二象限（低—高）的省（自治区、直辖市）有11个，分别是北京、天津、吉林、黑龙江、上海、浙江、福建、江西、海南、陕西、新疆。这些环境污染程度较轻的省（自治区、直辖市）被环境污染严重的省（自治区、直辖市）所包围。位于第三象限（低—低）的省（自治区、直辖市）有8个，分别是湖南、广西、重庆、贵州、西藏、甘肃、青海、宁夏。这些省（自治区、直辖市）的环境污染程度较轻，同时被环境污染相对较轻的省（自治区、直辖市）包围。位于第四象限（高—低）的省（自治区、直辖市）有

1个是广东，表明广东省的环境污染状况较为严重，但周边邻近省（自治区、直辖市）的环境污染程度较低。此外，处于第二、第三象限交界处的省（自治区、直辖市）是湖北，处于第三、第四象限交界处的省（自治区、直辖市）是四川、云南。

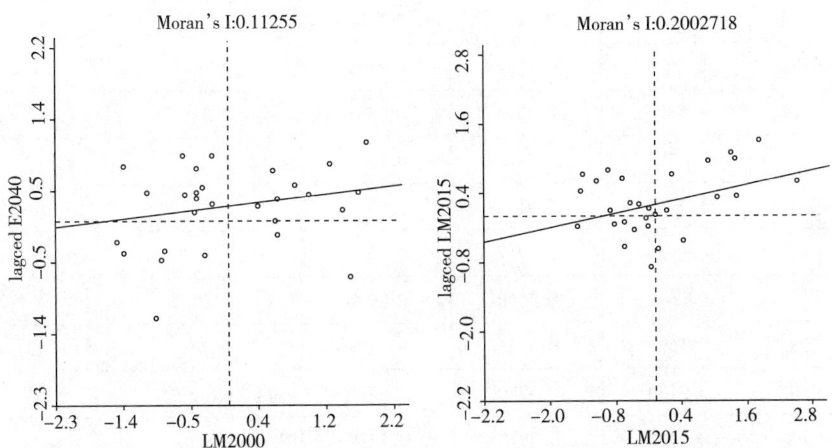


(a)2000年环境污染综合指数Moran's I散点图(b)2015年环境污染综合指数Moran's I散点图

**图5-8 2000年、2015年环境污染综合指数的Moran's I散点图①**

**表5-4 2000年环境污染聚类分析**

| 地区 | LM指数 | Z值 | P值 | 所处象限 | 集聚类型 |
|---|---|---|---|---|---|
| 北京 | -0.3861 | -0.5158 | 0.6060 | 2 | |
| 天津 | -0.3583 | -0.4751 | 0.6347 | 2 | |
| 河北 | 0.6131 | 1.9440 | 0.0519 | 1 | HH |
| 山西 | 0.4062 | 0.9421 | 0.3462 | 1 | |
| 内蒙古 | -0.0443 | -0.0361 | 0.9712 | 2 | |
| 辽宁 | 0.3239 | 0.6510 | 0.5150 | 1 | |
| 吉林 | -0.0500 | -0.0304 | 0.9757 | 2 | |

① 注：图5-1~图5-5，数据来源于《中国统计年鉴》2016年；图5-6为根据计算的环境污染综合指数绘制。

续表

| 地区 | LM 指数 | Z 值 | P 值 | 所处象限 | 集聚类型 |
| --- | --- | --- | --- | --- | --- |
| 黑龙江 | 0.1324 | 0.2423 | 0.8085 | 3 | |
| 上海 | -0.4746 | -0.6453 | 0.5188 | 2 | |
| 江苏 | 0.4032 | 0.9356 | 0.3495 | 1 | |
| 浙江 | -0.1159 | -0.2017 | 0.8402 | 4 | |
| 安徽 | -0.1673 | -0.3653 | 0.7149 | 2 | |
| 福建 | -0.1823 | -0.2714 | 0.7861 | 2 | |
| 江西 | -0.1107 | -0.2112 | 0.8327 | 2 | |
| 山东 | 1.7965 | 3.9216 | 0.0001 | 1 | HH |
| 河南 | 0.9856 | 2.7797 | 0.0054 | 1 | HH |
| 湖北 | 0.0642 | 0.2660 | 0.7902 | 1 | |
| 湖南 | 0.1691 | 0.5521 | 0.5809 | 1 | |
| 广东 | 0.2130 | 0.5280 | 0.5975 | 1-4 | |
| 广西 | 0.1961 | 0.4918 | 0.6229 | 1 | |
| 海南 | -2.1229 | -2.1241 | 0.0337 | 2 | LH |
| 重庆 | -0.1363 | -0.2514 | 0.8015 | 2 | |
| 四川 | -1.1854 | -3.4648 | 0.0005 | 4 | HL |
| 贵州 | -0.2567 | -0.5453 | 0.5855 | 2 | |
| 云南 | -0.1406 | -0.2299 | 0.8181 | 2 | |
| 西藏 | 0.4114 | 0.9532 | 0.3405 | 3 | |
| 陕西 | -0.0401 | -0.0223 | 0.9822 | 2 | |
| 甘肃 | 0.3104 | 0.9376 | 0.3484 | 3 | |
| 青海 | 0.5590 | 1.2694 | 0.2043 | 3 | |
| 宁夏 | 0.4397 | 0.8622 | 0.3886 | 3 | |
| 新疆 | 1.1789 | 2.2095 | 0.0271 | 3 | LL |

注：1-2、2-3、3-4、1-4 分别表示第一、第二象限坐标轴交线，第二、第三象限坐标轴交线，第三、第四象限坐标轴交线，第一、第四象限坐标轴交线。

表 5－5　　2015 年环境污染聚类分析

| 地区 | LM 指数 | Z 值 | P 值 | 所处象限 | 集聚类型 |
|---|---|---|---|---|---|
| 北京 | －1. 0137 | －1. 4581 | 0. 1448 | 2 | |
| 天津 | －0. 6863 | －0. 9711 | 0. 3315 | 2 | |
| 河北 | 1. 5899 | 4. 9452 | 0. 0000 | 1 | HH |
| 山西 | 1. 5424 | 3. 4299 | 0. 0006 | 1 | HH |
| 内蒙古 | 0. 3592 | 1. 3046 | 0. 1920 | 1 | |
| 辽宁 | 1. 4679 | 2. 7812 | 0. 0054 | 1 | HH |
| 吉林 | －0. 4306 | －0. 7359 | 0. 4618 | 2 | |
| 黑龙江 | －0. 1129 | －0. 1183 | 0. 9058 | 2 | |
| 上海 | －0. 7517 | －1. 0685 | 0. 2853 | 2 | |
| 江苏 | 0. 5105 | 1. 1839 | 0. 2364 | 1 | |
| 浙江 | －0. 0151 | －0. 1200 | 0. 9045 | 2 | |
| 安徽 | 0. 2038 | 0. 6560 | 0. 5118 | 1 | |
| 福建 | －0. 0700 | －0. 0679 | 0. 9458 | 2 | |
| 江西 | －0. 0012 | 0. 0888 | 0. 9293 | 2 | |
| 山东 | 2. 4855 | 5. 4830 | 0. 0000 | 1 | HH |
| 河南 | 0. 9541 | 2. 7313 | 0. 0063 | 1 | HH |
| 湖北 | －0. 0002 | 0. 0917 | 0. 9270 | 2－3 | |
| 湖南 | 0. 0290 | 0. 1725 | 0. 8630 | 3 | |
| 广东 | －0. 0868 | －0. 1163 | 0. 9074 | 4 | |
| 广西 | 0. 0086 | 0. 0913 | 0. 9272 | 3 | |
| 海南 | －0. 3221 | －0. 3677 | 0. 7131 | 2 | |
| 重庆 | 0. 1158 | 0. 3697 | 0. 7116 | 3 | |
| 四川 | －0. 0162 | 0. 0522 | 0. 9584 | 3－4 | |
| 贵州 | 0. 0998 | 0. 3300 | 0. 7414 | 3 | |
| 云南 | 0. 0064 | 0. 0864 | 0. 9312 | 3－4 | |
| 西藏 | 0. 2488 | 0. 6142 | 0. 5391 | 3 | |
| 陕西 | －0. 0212 | 0. 0405 | 0. 9677 | 2 | |
| 甘肃 | 0. 0613 | 0. 2616 | 0. 7936 | 3 | |

续表

| 地区 | LM 指数 | Z 值 | P 值 | 所处象限 | 集聚类型 |
|---|---|---|---|---|---|
| 青海 | 0.3222 | 0.7739 | 0.4390 | 3 | |
| 宁夏 | -0.0956 | -0.1154 | 0.9081 | 3 | |
| 新疆 | -0.0824 | -0.2144 | 0.8302 | 2 | |

注：1-2、2-3、3-4、1-4 分别表示第一、第二象限坐标轴交线，第二、第三象限坐标轴交线，第三、第四象限坐标轴交线，第一、第四象限坐标轴交线。

（3）环境污染的动态跃迁。动态跃迁的具体类型主要分为四类：第一类是邻近省（自治区、直辖市）环境水平发生变化，具体表现为 HH-HL、HL-HH、LH-LL 和 LL-LH 的跃迁；第二类是该省（自治区、直辖市）的环境水平发生变化，具体表现为 HH-LH、LH-HH、LL-HL 和 HL-LL 的跃迁；第三类是该省（自治区、直辖市）的环境水平和相邻省（自治区、直辖市）的环境水平都发生变化，具体表现为HH-LL、LL-HH、LH-HL 和 HL-LH 的跃迁；第四类则是保持原来的空间水平。

2000~2015 年，没有发生跃迁保持原来空间水平的省（自治区、直辖市）占 31 个省（自治区、直辖市）的 58.06%，因此，我国环境污染存在高度的空间稳定性。发生跃迁的省（自治区、直辖市）有 13 个，具体见表 5-6。可以看出，发生第一类跃迁的省（自治区、直辖市）有 4 个，分别是黑龙江和新疆（LL-LH）、重庆和贵州（LH-LL），表明黑龙江和新疆邻近省（自治区、直辖市）的环境污染相对加重，而重庆和贵州邻近省（自治区、直辖市）的环境污染相对改善。发生第二类跃迁的省（自治区、直辖市）有 2 个，分别是内蒙古和安徽（LH-HH），意味着相对邻近省（自治区、直辖市）而言，这两个省（自治区、直辖市）的环境污染都出现恶化。发生第三类跃迁的省（自治区、直辖市）有 3 个，分别是湖南和广西（HH-LL）、浙江（HL-LH），表明湖南和广西以及其邻近省（自治区、直辖市）的环境都得到改善，浙江的环境质量得到改善，但其邻近省（自治区、直辖市）环境状况恶化。其余发生跃迁的省（自治区、直辖市）都与坐标轴交线相关，由于处于坐标轴交线附近的散点高度不显著，故不再分析。

表 5－6　　　　我国环境污染的变迁路径

| 地区 | 变迁路径 | 地区 | 变迁路径 |
|---|---|---|---|
| 北京 | LH－LH | 湖北 | HH－23 |
| 天津 | LH－LH | 湖南 | HH－LL |
| 河北 | HH－HH | 广东 | 14－HL |
| 山西 | HH－HH | 广西 | HH－LL |
| 内蒙古 | LH－HH | 海南 | LH－LH |
| 辽宁 | HH－HH | 重庆 | LH－LL |
| 吉林 | LH－LH | 四川 | HL－34 |
| 黑龙江 | LL－LH | 贵州 | LH－LL |
| 上海 | LH－LH | 云南 | LH－34 |
| 江苏 | HH－HH | 西藏 | LL－LL |
| 浙江 | HL－LH | 陕西 | LH－LH |
| 安徽 | LH－HH | 甘肃 | LL－LL |
| 地区 | 变迁路径 | 地区 | 变迁路径 |
| 福建 | LH－LH | 青海 | LL－LL |
| 江西 | LH－LH | 宁夏 | LL－LL |
| 山东 | HH－HH | 新疆 | LL－LH |
| 河南 | HH－HH | | |

注：1－2、2－3、3－4、1－4 分别表示第一、第二象限坐标轴交线，第二、第三象限坐标轴交线，第三、第四象限坐标轴交线，第一、第四象限坐标轴交线。

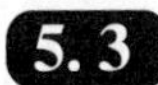

## 5.3 环境规制影响环境污染的直接效应和间接效应

### 5.3.1 模型构建

(1) 基本模型构建。本书的基本模型是基于内生经济增长模型中的"源头控制"思路来设置，由模型（5－11）和模型（5－14）可知：

$$g_P = g_E = \frac{1-\sigma}{1+\omega}g_C = \frac{1-\sigma}{\sigma(1+\omega)}\left[\alpha A\frac{\gamma}{1-\gamma}\left(\frac{\mu H}{K}\right)^{1-\alpha}Z-\rho\right] \tag{5-16}$$

模型（5－16）表明，污染物排放量的稳态增长率，既受环境规制强度的影响，还受到科技进步、人力资本和资本存量的影响。和上述表达式相对应，本书基于"源头控制"思路，构建了一个含有被解释变量滞后一期的动态回归模型，用来衡量环境规制对环境污染的直接影响效应，计量模型设定为：

$$\begin{aligned}\ln E_{it} &= \alpha_0\ln E_{it-1}+\alpha_1\ln ER_{it}+\alpha_2\ln Y_{it}+\alpha_3(\ln Y)^2\\&\quad+\alpha_4(\ln Y)^3+\gamma X_{it}+\xi_{it}\end{aligned} \tag{5-17}$$

模型（5－17）中，下标 $i$ 和 $j$ 分别表示第 $i$ 个省（自治区、直辖市）和第 $j$ 年；$E_{it}$ 为环境污染指标；$ER$、$Y$ 分别表示环境规制强度与经济增长。此外，考虑到一些政策和制度变量可能影响到环境规制对环境污染的影响，本书同时选取了多个变量作为控制变量。$X$ 表示其他影响环境污染的控制变量，包括资本存量、人均人力资本、技术进步、贸易开放度、产业结构和城镇化率。$\xi$ 为随机误差项。为了尽可能降低异方差的存在，所有解释变量在回归之前都进行对数处理。同时，基于图5－1至图5－5工业"三废"排放量与人均收入的分析结果，本书将人均收入的二次方和三次方引入模型，以考察人均收入与环境污染之间可能存在的非线性关系。

为了测算环境规制对环境污染的间接影响效应，本书构建了环境规制与技术进步、对外开放度和产业结构的交互项作为环境污染的影响因素，构建如下间接影响效应模型：

$$\begin{aligned}\ln E_{it} &= \beta_0\ln E_{it-1}+\beta_1\ln ER_{it}\times\ln TEC_{it}+\beta_2\ln ER_{it}\times\ln OPEN_{it}\\&\quad+\beta_3\ln ER_{it}\times\ln INDU_{it}+\beta_4\ln Y_{it}+\beta_5(\ln Y_{it})^2\\&\quad+\beta_6(\ln Y_{it})^3+\gamma X_{it}+\xi_{it}\end{aligned} \tag{5-18}$$

模型（5－18）中，$\ln ER_{it}\times\ln TEC_{it}$ 表示环境规制与技术进步交叉项；$\ln ER_{it}\times\ln OPEN_{it}$ 表示环境规制与对外开放度交叉项；$\ln ER_{it}\times$

$\ln INDU_{it}$ 表示环境规制与产业结构交叉项。$X$ 表示控制变量，是影响环境污染的其他控制变量。

（2）空间模型构建。空间计量经济学是计量经济学的一个分支，主要用来处理不同地理单元之间的空间互动效应。埃尔霍斯特（Elhorst，2014）认为空间计量模型中存在三种空间交互效应：即被解释变量之间的内生交互效应、解释变量之间的外生交互效应以及误差项之间的交互效应。空间滞后模型（SAR）和空间误差模型（SEM）都包含其中一种类型的交互效应，SAR 模型包含被解释变量的内生交互效应，SEM 模型包含误差项交互效应。

SAR 模型认为一个主体的被解释变量取决于相邻主体的被解释变量，反之亦然。该模型主要研究某一区域的经济行为对周边区域的影响（溢出效应）。模型可表示为：

$$y = \rho(I_T \otimes W_N)y + X\beta + \xi \tag{5-19}$$

模型（5－19）中，$y$ 是被解释变量；$X$ 是 $n \times k$ 阶解释变量矩阵；$\rho$ 为空间回归系数；$W_N$ 是 $n \times n$ 阶空间权重矩阵，主要有地理权重与经济权重；$(I_T \otimes W_N)y$ 是空间滞后被解释变量；$\xi$ 是随机误差项。

SEM 模型认为，模型中被遗漏的被解释变量的决定因素是空间相关的，或者不可观测的冲击服从空间交互的形式，误差项之间存在的交互也可以解释为一种校正机制。模型表达式如下：

$$y = X\beta + u \text{ , } u = \lambda(I_T \otimes W_N)u + \xi \tag{5-20}$$

模型（5－20）中，$y$ 是被解释变量；$X$ 是 $n \times k$ 阶解释变量矩阵；参数矩阵 $\beta$ 是 $k \times 1$ 阶固定且未知的需要估计的参数向量；$u$ 是随机误差向量；$\lambda$ 是 $n \times 1$ 阶空间自相关系数矩阵。

环境污染问题具有非常强的外部性特征，即一个地区的环境质量也受到相邻地区环境质量的影响，反之亦然。西马和威尔逊（Simar & Wilson（2007）研究发现环境污染的空间相关性使得相邻区域之间存在显著的空间溢出效应。可见，空间因素对于环境污染问题的研究具有重要的意义，本文将空间因素纳入分析之中，构建空间计量模型。同时，环境质量的改善是一个连续动态系统，意味着前期的铺垫和积累很可能会对本期或滞后若干期的环境质量产生影响。因此，本书采取动态空间面板模型进行实证分析，纳入了环境污染的空间效应和动态效应。本书在模型（5－17）和模型（5－18）的基础上构建如下动态空间模型：

$$
\begin{aligned}
\ln E_{it} &= \tau \ln E_{it-1} + \rho \sum_{j=1}^{N} W_{ij} \ln E_{it} + \alpha_1 \ln ER_{it} + \alpha_2 \ln Y_{it} \\
&\quad + \alpha_3 (\ln Y_{it})^2 + \alpha_3 (\ln Y_{it})^3 + \gamma X_{it} + \xi_{it}
\end{aligned} \tag{5-21}
$$

$$
\begin{aligned}
\ln E_{it} &= \tau \ln E_{it-1} + \rho \sum_{j=1}^{N} W_{ij} \ln E_{ij} + \beta_1 \ln ER_{it} \times \ln TEC_{it} \\
&\quad + \beta_2 \ln ER_{it} \times \ln INDU_{it} + \beta_3 \ln ER_{it} \times \ln OPEN_{it} \\
&\quad + \beta_4 \ln Y_{it} + \beta_5 (\ln Y_{it})^2 + \beta_6 (\ln Y_{it})^3 + \gamma X_{it} + \xi_{it}
\end{aligned} \tag{5-22}
$$

其中，$\xi = \lambda(I_T \otimes W_N)\xi + u$，E 是因变量环境污染；$\tau$ 表示环境污染的一阶滞后项回归系数；$\rho$ 为自相关系数；$\lambda$ 为空间误差系数；$W$ 表示空间权重矩阵；$Y$ 为经济增长变量；$ER$ 为环境规制变量；$X$ 为控制变量；$\xi$ 为 $nT \times 1$ 维误差项。

### 5.3.2 变量选取及数据来源

本书以我国31个省级经济单元为研究对象，样本研究期间为2000～2015年，共有476个观测值。模型相关数据来自中国经济与社会发展数据库、2001～2016年《中国环境年鉴》《中国环境统计年鉴》《中国统计年鉴》《中国固定资产投资年鉴》《中国人口和就业统计年鉴》和各省统计年鉴，个别缺失数据采用线性插值法进行补充。

变量的具体说明如下。

（1）环境质量（$\ln E$），采用本章表5－1中环境污染综合指数来衡量。综合指数的合成选用了六类环境污染指标，分别是工业废水排放总量、废水中化学需氧量、工业废气排放量、工业二氧化硫排放量、工业烟粉尘排放量和工业固体废物产生量。

（2）环境规制（$\ln ER$），采用第3章环境规制强度综合指数来衡量。具体指标说明及环境规制强度综合指数测算结果见表3－2。

（3）经济增长（$\ln Y$），以人均国内生产总值来衡量。以 2000 年为基期，以人均 GDP 不变价指数平减得到不变价人均国内生产总值。另外，基于第 4 章中工业“三废”与人均收入的分析结果，本书引入了人均收入的二次方和三次方，以考察环境污染与经济增长的非线性关系。

（4）资本存量（$\ln K$），采用各省市人均物质资本存量来衡量。各省物质资本存量的计算参考张军和吴桂英（2004）的永续盘存法，当年投资指标采用固定资产形成总额。按不变价格，通过估计一个基准年后运用永续盘存法计算各省市的资本存量，用公式表达为：$K_{it} = K_{it-1}(1 - \delta_{it}) + I_{it}$。其中 $K_{it}$，$K_{it-1}$ 分别是本期和上一期的资本存量，$I_{it}$ 是当年投资额，用固定资产形成额来衡量，并用固定资产价格投资指数平减。$\delta_{it}$ 是经济折旧率，同样采用 9.6%。根据数据的可得性，物质资本存量基期数据选用《中国固定资产投资年鉴》中 1990 年的累计完成投资额。然后，用各省物质资本存量除以其年末人口数得到人均物质资本存量。

（5）人均人力资本（$\ln H$），采用人均受教育年限方法计算人均人力资本。参考王小鲁（2000）的做法，将未上过学、小学、初中、高中、中等职业教育、高等职业教育、大学（专科）、大学（本科）、研究生的毕业年限分别设定为 1 年、6 年、9 年、12 年、12 年、12 年、15 年、16 年和 19 年。采用各省（自治区、直辖市）不同受教育程度人口占 6 岁及以上人口的比重数据，用各受教育程度的设定年限计算出加权平均值，得出各省人均人力资本。

（6）技术进步（$\ln TEC$），以万人专利授权量（项/人）来衡量。用各省专利授权量（项）比上年末人口数（万人）得到万人专利授权量。先进清洁技术的应用，可促进企业的节能减排，其他技术水平的提升则可提高生产效率，推动产业结构升级，进而间接改善环境质量。

（7）产业结构（$\ln INDU$），用工业总产值占地区生产总值比重来衡量。一般来说，随着经济增长，产业结构逐渐由以农业为主转变为以污染排放密集的工业为主，加重了环境污染。在经济发展后期，由工业为主的产业结构逐渐转变为以服务业为主的第三产业，由于第三产业主要是无烟产业，产生的污染排放量少，因而可以缓解环境污染压力。

（8）对外开放度（ $\ln OPEN$ ），以实际吸收外商直接投资与地区生产总值之比来衡量。实际吸收外商直接投资根据历年外汇比率从美元换算为人民币。在经济全球化的背景下，发达国家的企业面临着相对苛刻的环境规制，倾向于转移到环境规制相对宽松的发展中国家，这会对当地环境产生不良影响。随着东道国经济的发展，对外贸易结构发生转变，国家对环境问题更加重视，相应地也提高了外资进入的环境“门槛”。

（9）城镇化率（ $\ln URBA$ ），以非农业人口/总人口比重来衡量。李佐军和盛三化（2012）研究发现，城镇化所处阶段的不同会对环境产生不同的影响，在城镇化加速推进阶段，随着工业化的快速发展，人口大量拥入城市，会增加污染物排放量，环境保护压力加大。在城镇化发展后期，城镇化速度相对趋缓，对环境产生的破坏性影响将会降低。

变量的统计性描述见表5-7。可以看出，变量环境污染综合指数、资本存量、技术进步和对外开放度在不同省（自治区、直辖市）之间差别较大，而环境规制、经济增长、人力资本、产业结构和城镇化率指标的差距相对较小。具体到本文主要研究的环境污染指标，不同省（自治区、直辖市）之间的环境污染差距非常明显，其标准差相对其他指标来说是比较大的，这与我国环境污染有一定的集聚性不无关系。通常，最能影响环境污染的因素是环境规制、技术进步、对外开放度和产业结构这四个主要指标。除了环境规制和产业结构，其余两个指标在各省（自治区、直辖市）中的差别较大，标准差分别为1.3633和1.1118。

**表5-7　实证分析所需变量的统计性描述**

| 变量 | 符号 | 样本数 | 均值 | 标准差 | 最小值 | 最大值 |
|---|---|---|---|---|---|---|
| 环境污染 | $\ln E$ | 496 | 0.0344 | 0.0225 | 0.0001 | 0.1206 |
| 环境规制 | $\ln ER$ | 496 | 0.0338 | 0.0171 | 0.0100 | 0.1108 |

续表

| 变量 | 符号 | 样本数 | 均值 | 标准差 | 最小值 | 最大值 |
|---|---|---|---|---|---|---|
| 经济增长 | ln*Y* | 496 | 8.9589 | 0.5556 | 7.8867 | 10.5780 |
| 资本存量 | ln*K* | 496 | 7.9625 | 1.2150 | 4.1597 | 10.4720 |
| 人力资本 | ln*H* | 496 | 2.1492 | 0.1676 | 1.4134 | 2.5982 |
| 技术进步 | ln*TEC* | 496 | 0.3369 | 1.3633 | -3.6413 | 3.7684 |
| 对外开放度 | ln*OPEN* | 496 | 0.4605 | 1.1118 | -6.5645 | 2.6842 |
| 产业结构 | ln*INDU* | 496 | 3.8058 | 0.2143 | 2.9806 | 4.0966 |
| 城镇化率 | ln*URBA* | 496 | 3.4818 | 0.4294 | 2.6426 | 4.5460 |

### 5.3.3 模型检验与空间权重的设置

（1）面板单位根检验。如果用不存在协整关系的非平稳时间序列回归时，就会出现“伪回归”现象，即使解释变量与被解释变量之间不存在关系，仍然可以通过统计检验。因此，在用面板数据建模前，首先需要对变量进行单位根检验和协整检验。

面板单位根的检验大致分为两种，一种是假定面板数据的横截面序列具有相同的单位根，常用的是LLC检验法；另一种是假定面板数据的横截面序列具有不同的单位根，常用IPS检验和ADF检验。只采用一种检验方法很可能产生偏差，因此，本书分别采用以上三种方法对面板数据变量及其一阶差分变量进行单位根检验，结果见表5-8。

**表5-8　变量的单位根检验结果**

| 变量 | LLC | | IPS | | ADF | |
|---|---|---|---|---|---|---|
| | 统计量 | P值 | 统计量 | P值 | 统计量 | P值 |
| ln*E* | -5.3607 | 0.0000 | 1.6993 | 0.9554 | 48.7640 | 0.8896 |
| Dln*E* | -7.2322 | 0.0000 | -8.9360 | 0.0000 | 355.6600 | 0.0000 |
| ln*ER* | -4.1768 | 0.0000 | -0.1538 | 0.4389 | 67.8260 | 0.2853 |

续表

| 变量 | LLC | | IPS | | ADF | |
|---|---|---|---|---|---|---|
| | 统计量 | P 值 | 统计量 | P 值 | 统计量 | P 值 |
| Dln*ER* | -5.5077 | 0.0000 | -8.5473 | 0.0000 | 345.9300 | 0.0000 |
| ln*Y* | 10.6700 | 1.0000 | -11.2190 | 0.0000 | 490.3600 | 0.0000 |
| Dln*Y* | -5.1581 | 0.0000 | -12.4450 | 0.0000 | 770.5900 | 0.0000 |
| ln*K* | -3.8555 | 0.0001 | 6.5386 | 1.0000 | 30.8200 | 0.9997 |
| Dln*K* | -6.6483 | 0.0000 | -5.8026 | 0.0000 | 187.7000 | 0.0000 |
| ln*H* | -0.1491 | 0.4407 | 7.5245 | 1.0000 | 7.1536 | 1.0000 |
| Dln*H* | -10.6480 | 0.0000 | -10.2430 | 0.0000 | 508.6200 | 0.0000 |
| ln*TEC* | 5.4179 | 1.0000 | 15.1160 | 1.0000 | 4.2867 | 1.0000 |
| Dln*TEC* | -10.5340 | 0.0000 | -8.6858 | 0.0000 | 313.6300 | 0.0000 |
| ln*OPEN* | -5.1693 | 0.0000 | -0.9069 | 0.1822 | 131.6500 | 0.0000 |
| Dln*OPEN* | -12.1350 | 0.0000 | -8.0319 | 0.0000 | 403.2500 | 0.0000 |
| ln*INDU* | -2.5705 | 0.0051 | 3.6927 | 0.9999 | 40.877 | 0.9824 |
| Dln*INDU* | -1.3927 | 0.0819 | -3.6807 | 0.0001 | 166.2600 | 0.0000 |
| ln*URBA* | -6.3736 | 0.0000 | -0.9102 | 0.1814 | 71.5740 | 0.1899 |
| Dln*URBA* | -12.5850 | 0.0000 | -6.5358 | 0.0000 | 234.8100 | 0.0000 |

注：D 表示变量差分。

由表 5-8 可知，所有变量都是非平稳的。因此，对变量进行一阶差分之后再进行单位根检验，其中 *D* 表示对变量求一阶差分。结果显示，除 DINDU10% 显著外，其余变量均在 1% 的水平下拒绝原假设，即可认为差分后的变量均为一阶单整变量。

（2）面板协整检验。面板数据常用的协整检验方法有 Pedroni 检验、Kao 检验和 Johansen 检验，这三种检验的原假设均为变量间不存在协整关系，通过构建残差统计量对面板数据变量进行检验。本书分别采用这三种方法进行面板协整检验，以判断环境污染、经济增长和环境规制之间是否存在长期协整关系，具体结果见表 5-9。

**表 5－9　　协整检验结果**

| 检验方法 | 原假设 | 统计量名 | 统计量值 | P 值 |
|---|---|---|---|---|
| Pedroni 检验 | 不存在协整关系 | 面板 v | 1.1573 | 0.1236 |
| | | 面板 rho | －5.1668 | 0.0000 |
| | | 面板 PP | －11.9890 | 0.0000 |
| | | 面板 ADF | －5.7808 | 0.0000 |
| | | 群 rho | －2.7453 | 0.0030 |
| | | 群 PP | －15.0690 | 0.0000 |
| | | 群 ADF | －7.6230 | 0.0000 |
| Kao 检验 | 不存在协整关系 | ADF | －4.5566 | 0.0000 |
| Johansen 检验 | 0 个协整向量 | Fisher 迹检验 | 183.7000 | 0.0000 |
| | 至少 1 个协整向量 | Fisher 迹检验 | 94.1600 | 0.0053 |
| | 至少 2 个协整向量 | Fisher 迹检验 | 132.2000 | 0.0000 |

表 5－9 显示，Pedroni 检验中有 6 个统计量通过了 1% 的显著性水平检验，拒绝了原假设。Kao 检验结果显示在 1% 的显著性水平下同样拒绝原假设。Johansen 检验中在 1% 的显著性水平下拒绝了 0 个协整向量的原假设，同时不能拒绝至少 1 个或 2 个协整向量的原假设。综合考虑，认为环境污染、经济增长和环境规制存在协整关系，可以进行回归分析。

（3）Hausman 检验。本书对环境规制影响环境污染的直接效应模型和间接效应模型分别进行 Hausman 检验，结果见表 5－10。Hausman test（1）和 Hausman test（2）分别是直接效应模型和间接效应模型的检验结果，Chi－sq. Statistic 值分别为 115.79 和 123.23，P 值均为 0.0000，说明应该拒绝原假设，选择固定效应模型。

**表 5－10　　Hausman 检验统计**

| | 原假设 $H_0$ | 统计量 | P 值 |
|---|---|---|---|
| Hausman test(1) | 随机效应模型 | 115.79 | 0.0000 |
| Hausman test(2) | 随机效应模型 | 123.23 | 0.0000 |

（4）空间权重设置。空间权重矩阵 $W$ 常用的设定方法有地理权重和经济权重两类。其中，地理权重使用最多，本书选用地理权重，并遵循 Rook 邻近规则，该规则将“相邻”定义为地区间拥有共同边界或顶点。设定权重矩阵 $W$ 的主要方法是：地理权重矩阵中主对角线上的元素都是 0，因为自身与自身不存在相邻问题；其他情况下如果 $i$ 区域与 $j$ 区域相邻，则 $W_{ij} = 1$，如果不相邻则为 $W_{ij} = 0$。按照 Rook 邻近规则，因为海南岛远离陆地，与任何其他省份都没有边界相邻，为了避免出现“孤岛”现象，设定海南省与距离最近的广东省相邻。同时，为了保持空间权重矩阵的对称性，也为广东省增加一个新邻居——海南。

为了简化操作，需要对 $W$ 进行标准化，常见的标准化方法是用每个元素同时除以所在行元素之和，以使得其每一行的元素和为 1，由于 $W$ 是非负的，确保了所有权重都介于 0 到 1 之间。

（5）空间检验与模型选择。在对本章所设定的空间模型（5－21）和模型（5－22）进行回归分析前，要先检验变量是否存在空间相关性，然后检验模型具体存在哪种空间相关效应，判断模型的相对优劣性。为了保证结果的稳健性和有效性，本书进行 Moran's I 检验、LM－lag 检验、LM－error 检验及稳健 LM-lag 和稳健 LM-error 检验。具体结果见表 5－11。

**表 5－11　　空间相关检验**

| 变量 | 原假设 $H_0$ | 直接效应模型 | | 间接效应模型 | |
|---|---|---|---|---|---|
| | | 统计量 | P 值 | 统计量 | P 值 |
| Moran's I | 没有空间效应 | 0.1541 | 0.000 | 0.2631 | 0.000 |
| LM-lag | 不存在因变量空间自相关 | 27.5260 | 0.000 | 26.0650 | 0.000 |
| Robust LM-lag | 不存在因变量空间自相关 | 7.7896 | 0.005 | 11.8310 | 0.001 |
| LM-error | 不存在空间误差自相关 | 19.8280 | 0.000 | 15.6720 | 0.000 |
| Robust LM-error | 不存在空间误差自相关 | 0.0908 | 0.763 | 1.4380 | 0.230 |

从检验结果来看，Moran's I 指数在 1% 的显著性水平下拒绝了不存在空间效应的原假设，说明直接效应模型和间接效应模型都存在显著的

空间相关性，应该考虑空间因素，建立空间模型。但是，Moran's I 指数只能检验空间相关性是否存在，无法确定具体存在哪种形式的空间效应。安瑟琳（Anselin，1988）提出极大似然 LM-lag 检验，该检验的原假设是模型的因变量不存在空间自相关，即在模型（5－19）中 $\rho = 0$。伯里奇（Burridge，1980）提出了极大似然 LM-error 检验，该检验的原假设是不存在空间误差自相关，即在模型（5－20）中，$\lambda = 0$。在数据生成过程满足模型经典假设的情况下，基于渐近分布理论的极大似然 LMlag 检验和 LM-error 检验具有很强的功效。然而，当数据生成过程不满足模型经典假设条件时，极大似然 LM-lag 检验和 LM-error 检验的功效将减弱。为此，贝拉和伊妮（Bera and Yoon，1993）提出了稳健 LM-error 检验和稳健 LM-lag 检验统计量，在极大似然 LM 检验的基础上，加入了空间相关性的修正检验。安瑟琳（Anselin，1996）提出了检验结果的选择方法，如果 LM-error 和 LM-lag 两个检验均通过，则要根据 Robust LM-lag 和 Robust LM-error 统计量进行判别，如果两个统计量都显著，则需要检查模型是否存在其他的设定误差源。

为了确定 SAR 模型还是 SEM 模型更合适，本书用一个非空间面板数据模型（OLS），对其结果进行检验以确定选择空间滞后模型还是空间误差模型。由表 5－11 可以看出，对于直接效应模型和间接效应模型，无论是 LM-lag 还是 LM-error，在 1% 的显著水平上，均拒绝了没有空间滞后被解释变量和没有空间自相关误差项的原假设。但是，当使用了稳健的 LM 检验时，在 1% 的显著水平上同样拒绝了没有空间滞后被解释变量的原假设，但不能拒绝没有空间自相关误差项的原假设。因此，空间滞后模型对本书样本的解释力度更强。

### 5.3.4 环境规制对环境污染直接影响的实证研究

以我国 31 个省（自治区、直辖市）的面板数据为依据，加入了空间滞后的被解释变量 $(I_T \otimes W_N)y$，选用 SAR 模型估计空间效应。普通动态模型采用 GMM 方法进行估计，如果仍采用 GMM 方法估计动态空间面板模型，会导致估计结果有偏，实际研究中通常采用极大似然（ML）法来估计空间计量模型，本书采用 ML 方法进行估计。整个估计过程利用 Stata 软件中的 xsmle 命令实现，环境规制影响环境污染的直接效应模型估计结果见表 5－12。

**表 5－12　　环境规制影响环境污染的直接效应估计结果**

| | 模型 1<br>OLS | 模型 2<br>普通动态 | 模型 3<br>静态空间 | 模型 4<br>动态空间 |
|---|---|---|---|---|
| ln*ER* | －0.4538 *** | －0.4141 *** | －0.4525 *** | －0.1559 *** |
| ln*Y* | －84.3550 | 99.2990 | －89.5370 | 30.8970 |
| ln*Y*2 | 8.9257 | －11.4210 | 9.5600 | －3.1665 |
| ln*Y*3 | －0.3175 | 0.4380 | －0.3427 | 0.1111 |
| ln*K* | 0.1922 *** | 0.0257 | 0.1627 *** | －0.0253 |
| ln*H* | 1.0487 *** | 0.8214 *** | 0.8245 *** | 0.8834 *** |
| ln*TEC* | －0.1760 *** | －0.0566 *** | －0.1609 *** | －0.0491 ** |
| ln*OPEN* | －0.0413 ** | －0.0675 *** | －0.0461 *** | 0.0179 |
| ln*INDU* | 0.1521 | 0.0996 | 0.1280 | 0.0905 |
| ln*URBA* | －0.0270 | 0.0770 | －0.0912 | －0.1493 * |
| $\tau$ | | 0.7576 *** | | 0.3386 *** |
| $\rho$ | | | 0.2559 *** | 0.1475 *** |
| $\overline{R}^2$ | 0.5100 | — | 0.5151 | 0.7512 |
| Loglikols | 122.8900 | — | 315.7100 | 317.6600 |
| AR(1) | | －1.8594 ** | | |
| AR(2) | | －0.9224 | | |
| Sargan | | 24.0980 | | |

注：***、**、* 分别表示系数检验 10%、5%、1% 显著。

模型 1 是普通最小二乘法（OLS）估计模型，模型 2 是系统 GMM 估计的普通动态模型，从模型的诊断性检验可以看出，AR（1）、AR（2）检验结果中模型一次差分残差序列只存在 1 阶自相关而不存在 2 阶自相关，表明只选取被解释变量一阶滞后项进行估计是合理的，Sargan检验结果表明工具变量的选取是合理的。模型3是静态空间SAR面板模型的估计结果，模型4是动态空间面板模型的估计结果。

通过比较模型2和模型4可以看出，两个模型的回归结果差异较大，主要是因为普通动态模型忽略了环境污染的空间效应，从而造成模型估计和回归结果的偏差。当将空间因素纳入模型分析框架后，其空间回归系数（$\rho$）在1%的显著性水平下高度显著为正，表明环境污染存在显著的空间溢出效应。同时，模型4中因变量一阶滞后系数小于模型2中的系数，这意味着纳入空间效应后，动态空间SAR模型由于分离出了空间溢出效应的影响，在一定程度上矫正了普通动态模型的模型估计偏差。

通过比较模型3和模型4发现，两个模型的估计结果差异显著，这主要是因为静态空间模型没有考虑环境污染滞后项的影响，忽视了上一期环境污染对本期环境污染的影响。当加入环境污染一阶滞后项后，动态因素$\tau$通过了1%的显著性检验，表明环境污染是一个动态的、连续的环境压力系统，也充分说明了环境污染作为连续的动态系统，前一期的积累必然会对本期或滞后若干期的环境质量产生影响。同时，还可以发现模型4中的空间因素回归系数明显小于模型3中的空间效应系数，这表明当考虑了被解释变量的滞后因素后，模型4由于分离出了前期相关因素对本期的影响，使得模型3中的偏差得以纠正。

从模型整体拟合效果来看，除了拟合优度指标外，空间计量模型一般使用对数似然函数值判断模型的拟合效果，该值越大模型拟合效果越好。由表5-12可以看出，动态空间模型的拟合优度和对数似然函数值最大，分别为0.7512和317.66。因此，综合考虑模型1～模型4后，本书选择动态空间模型作为最终的解释模型，其他三个模型作为补充解释。

（1）环境规制（$\ln ER$）。环境规制是主要的解释变量，从回归结果看，四个模型中环境规制变量均在1%的水平上显著为负，说明从直接效应看，现阶段我国政府实行的环境规制政策能够有效地遏制环境污染，对于改善环境质量起到了积极的作用，达到了预期的“倒逼减排”效果，“绿色悖论”现象并没有出现。另外，将动态空间模型 4 与 OLS 模型 1 回归结果对比可知，环境规制估计系数绝对值明显降低。可见，在考虑了空间因素（$\rho$）和动态因素（$\tau$）之后，环境规制的减排效果有所下降。一般意义上，合理设计的环境规制不仅能将环境污染的社会成本转移到企业内部，使其生产成本增加，在相当大的程度上约束企业的排污行为，而且还能够激励企业主动加大对污染治理的投入，或者主动进行治污减排技术创新，采取清洁生产技术，以削弱或降低污染成本上升对生产的影响，从而促使污染型企业主动降低污染排放。本书的回归结果也说明，目前我国政府实施的环境规制政策措施是合理有效的。

（2）经济增长（$\ln Y$）。以人均国内生产总值表示的经济增长变量回归系数在 OLS 模型 1 与静态空间模型 3 中的回归系数符号一致，其中，经济增长一次项、三次项系数为负，二次项系数为正；普通动态模型 2 与动态空间模型 4 中经济增长回归系数符号一致，其中，经济增长一次项、三次项系数为正，二次项系数为负，但是所有模型中的回归系数均不显著。环境库兹涅茨曲线（EKC）理论认为，在经济发展的早期阶段，随着人均收入的增加，污染水平会随之上升；当经济发展到较高水平，或者说越过某一“阀值”之后，收入增长将带来环境污染水平的下降，即大多数污染物与人均收入之间呈倒 U 形关系。本书的回归结果表明，环境污染与经济增长之间不存在 EKC 关系。在动态空间模型 4 中，环境污染随经济增长呈现出不显著的 N 形曲线变化，虽然 N 形曲线不具有统计上的显著性，但在一定程度上仍然可以表明，未来一段时期内我国环境污染与经济增长将仍然处于正相关阶段，经典的 EKC 假说所提出的经济增长与环境污染的“脱钩”阶段何时到来尚不明确，从而再次证明了污染治理的紧迫性和治理工作的艰巨性。

（3）资本存量（$\ln Y$）。空间动态模型（模型 2 和模型 4）的回归结果显示，资本存量的回归系数并不显著；OLS 模型 1 和普通动态模型 2 中，资本存量回归系数 1% 显著为正。回归结果表明，资本投入会加重我国的环境污染，这和我国投资驱动的粗放型经济发展方式具有密切关系。长期以来，我国经济的粗放型增长模式可以概括为“高投入、高消耗、高排放、不协调、难循环、低效率”。从资源消耗的角度看，1980年，中国能源消耗量57114万吨标准煤，到2016年已增至436 000万吨标准煤，16年间增长了7.63倍，约占世界能源总消费量的23.0%，已超过美国成为全球最大的能源消费大国。在能源消费总量中，煤炭一直占重要地位，这使得中国每1 000美元GDP排放的$SO_2$高达18.5千克，而美国为2.3千克，日本仅为0.3千克。这种以投资驱动的粗放型增长模式在带来经济总量增长的同时，也带来了严重的环境污染。

（4）人均人力资本（ $\ln H$ ）。在四个模型中，人均人力资本回归结果均1%显著为正，说明目前发展阶段，人力资本并没有带来环境污染的明显减少，这与高宏建（2014）的研究结论一致。“人力资本之父”舒尔茨曾经指出，人力资本是指体现在劳动者身上的知识、能力和健康的存量，具有创新性、创造性，对人类社会进步具有决定性的作用。人力资本是促进经济增长方式由粗放向集约转变、促进产业结构变化和产业发展的重要因素，因而对改善环境质量具有决定性的作用。但长期以来，我国的人力资本水平较低，根据《中国人力资本报告2016》提供的数据，1985~2014年，全国劳动力平均受教育年限从6.38年上升到了10.05年，高中及以上受教育程度人口占比从14%上升到了36%，大专及以上受教育程度人口占比从2%上升到了16%。虽然平均受教育年限逐步上升，但远远低于发达国家（如加拿大为14.6年、澳大利亚为14.4年、英国为14年、芬兰为13.5年、美国为13.4年、法国为13.1年、日本为11.1年），限制了人力资本作用的发挥；再者，人力资本质量的高低决定了本国对外来技术的吸收与扩散能力，高质量的人力资本易于吸收新技术，有利于减少环境污染；而低质量的人力资本则相反。因此提高我国人力资本要素积累，促进地区经济增长由物质资本驱动型向人力资本和知识资本驱动型转变，则能够达到降低能源消耗、实现污染物减排的目的。

（5）技术进步（ln*TEC*）回归系数在模型1～模型3中1%显著为负，在模型4中5%显著为负，表明加大研发投入特别是加大能源环境领域的研发投入能显著减少污染物排放，改善环境质量。理论上，加大科技创新投入尤其是用于消除环境污染、改善环境质量的技术研究与开发投入，促进与环境污染治理有关的清洁生产技术的研发与使用，能够有效解决我国的环境问题。技术进步是生产中重要的投入要素之一，技术进步对环境的影响即体现在生产技术进步上，又体现在污染减排技术上。首先，技术进步能提高自然资源的利用效率，在降低单位产出资源消耗的同时，也降低了污染排放。其次，技术进步使生产者使用先进的节能环保技术、清洁生产技术和绿色生产技术以及污染减排新技术、新设备，从而降低了污染排放。如彭水军和包群（2006）经过研究发现，环境科研经费投入与环境污染之间存在显著的负相关关系，增加环境科研投入能够显著降低污染排放。阿里·莱文森（Arik Levinson，2009）分析了美国制造业中技术进步、国际贸易对环境的影响，发现美国制造业环境质量的改善，主要依靠技术进步，而不是工业经济结构的优化。李斌和赵新华（2010）分析了不同技术进步对单位工业废气排放量所产生的GDP的影响，发现规模效率、技术进步和中性技术进步对其产生了显著的促进作用，表明这两种类型的技术进步降低了工业废气污染强度。本书的回归结果和多数学者的回归结果基本一致。

（6）以外商直接投资表示的对外开放度（ln*OPEN*）回归系数在模型1、模型2和模型3中均显著为负，在模型4中不显著，表明总体上外资进入具有降低我国环境污染的作用。多数文献在研究外商直接投资的结构效应时，总是更多地关注“污染天堂”假说，该假说认为发展中国家由于环境管理较为宽松、环境“门槛”较低，容易成为发达国家污染密集型产业的落脚点。落后国家为了吸引外资发展本国经济，会竞相降低环境“门槛”，使自己成为“污染天堂”，此时可能会出现“环境倾销”。为了对此进行检验，学者们从国别、行业企业等多角度进行了大量的实证研究，但没有得出能证明“污染天堂”假说的一致性结论。如惠勒和莫迪（Wheeler & Mody，1992）的研究发现，跨国公司的投资决策主要受劳动力成本和市场便利性、税率等因素的影响，环境成本几乎起不到什么作用。对污染密集型行业的事后分析也表明，环境管理不会对企业选址起到决定性的影响。本书的回归结果表明：第一，选择进入我国的外商投资企业可能并不都是污染密集型企业；第二，与本地企业相比，外资企业更易于接触国外先进的生产技术和环境友好技术，在环境保护方面可能会起到示范和引领作用，能够更好地解决资源浪费和环境污染问题；第三，外资企业的管理者更专业，员工的技术水平更高，有助于提高资源利用效率，减少污染排放；第四，近年来，随着我国环境标准趋严及外资进入环境“门槛”的提高，流入我国的外商资本质量越来越高，外商投资正在通过收入效应、技术外溢效应、产业之间的关联效应和“污染晕轮效应”四种机制实现对环境质量的改善。本书的回归结果也从另一个侧面说明，“污染避难所”假说在我国可能并不存在。

（7）以工业产值占地区生产总值比重表示的产业结构（$\ln INDU$）回归系数在四个模型中均为正，但在统计上并不显著，说明我国的产业结构调整并没有起到显著降低污染排放的作用，粗放的工业发展模式和以工业（特别是重化工业）为主的产业结构是污染排放加剧的重要因素。目前，我国大部分地区已进入工业化加速推进的中期阶段，第二产业尤其是工业成为推动经济增长的主要动力，但与第一、第三产业相比，也会消耗大量的资源环境，排放到环境中的废弃物也会大大增加，造成的环境损害也更为严重。根据国家环保局的估计，我国工业污染最高曾占污染总量的70%，其中包括70%的有机水体污染，72%的$SO_2$和75%的烟尘。因此，产业结构越偏向于以工业制造业为主的第二产业，环境规制越乏力，污染排放越严重，也意味着我国产业结构的“绿色化”调整任重道远。许多学者的研究也得出了类似的结论，如李鹏（2015）基于2004～2012年省际经济单元面板数据的实证检验表明，我国的环境污染状况是随着我国产业结构的调整不断恶化的；杨冬梅等（2014）基于山东省的实证研究认为，产业结构对改善环境污染的作用不明显；也有学者得出了与此相反的结论。产业结构变动与环境污染的关系如何，还需要进一步的实证检验。

（8）城镇化率（ln*URBA*）。城镇化率回归系数在模型1、模型3和模型4中为负，但只有模型4系数检验10%显著；模型2回归系数为正向不显著。整体上看，城镇化进程的进一步推进有助于减少环境污染。在中国人均GDP超过1 000美元后，城市化进程的步伐骤然加快，与此同时，城市化的生态环境问题也开始引起广泛关注。城市化是农村人口大量进入城市以及城市数量增加和规模扩张的过程，城市化一方面会带动城市经济、文化、科技、教育和社会的发展；另一方面城市人口增加、城市基础设施建设、交通运输、住房建设等排放大量的温室气体及其他污染物，也造成严重的环境污染。世界银行的资料显示，发达国家城市的大气状况要远远好于发展中国家，单纯追求发展速度的城市化将加重对生态环境的压力。宋言奇和傅崇兰（2005）分析了城市化过程中所出现的环境污染问题，他们认为，城市化本身并不是生态环境恶化的主要原因，城市化如何进行才是关键问题；如果处理得当，城市化对生态环境会起到良好的促进作用，这种促进作用体现在资源集约效应、人口集散效应、环境教育效应以及污染集中治理效应等方面。戴亦欣（2009）系统分析了中国城市化进程中低碳经济发展问题，认为发展低碳城市是实现城市跨越式发展的良好契机，从而能够同时解决城市化与环境两大问题。

1978年，我国城镇人口所占比例为17.92%，到2015年，城镇人口所占比例已达到56.1%，2016年为57.36%。但本书的实证结果表明，我国的城镇化进程并没有对环境造成严重影响。其可能的原因在于，一是我国政府高度重视城市科学规划和合理布局。近年来，在新建城市和老城市改造中，强调城市建设必须科学规划，合理布局。按照环境功能要求对城市各个区域进行规划，制定相应的环境质量标准，并要求在规定的时间内“达标”。对新建的工业企业，要求排放的污染物尽可能做到集中处理；对于老企业，则要求限期搬迁，远离商业区和居民区，减少污染危害。同时，在城市上风向、水源地、旅游风景区和环境脆弱地带，严禁开工兴建工业项目，从源头上把住污染。在制定城市规划的同时，也制定了区域和流域的开发规划，按照环境容量和资源承载力的要求，优化城市产业结构，合理布局城市工业企业。二是优化城市能源结构，使用天然气、液化气、电力等清洁能源代替燃煤，减少大气污染。三是对城市机动车排放污染进行严格控制，新修订的《大气污染防治法》已对防治机动车污染作出了严格的规定。四是加快城市基础设施建设，提高城市综合防控污染能力，如加快城市垃圾处理和污水处理，完善其收集处理系统等。这些都对降低城市环境污染起到了积极的作用。

(9) 空间因素（$\rho$）。不论是静态空间模型3还是动态空间模型4，空间因素系数$\rho$均为正，且均通过了1%的显著性检验，说明被解释变量环境污染存在显著的内生交互影响效应，即本地区的环境污染依赖于其他地区的环境污染；反之亦然，这证实了我国省际环境污染存在极为显著的空间“溢出效应”，并且地理距离越近，环境污染的空间扩散效应越强，由此产生雾霾污染的“俱乐部趋同”或称“涓滴效应”。在风向、大气流动、大气化学作用等自然地理因素以及区域间产业转移、产品贸易、要素流动、污染泄漏等社会经济因素的双重驱动下，本地区的环境污染程度与邻接地区的环境污染水平紧密相关，表现出“一荣俱荣，一损俱损”的共生性特征。以动态空间模型4为例，空间因素（$\rho$）估计系数为0.1475，且显著为正，说明邻近相关地区的环境污染每提高1个百分点，则本地区的环境污染水平将会提高0.1475个百分点。隐含着环境污染治理必须采取属地管理与区域联防联控的治理策略，否则，地区间环境污染可能出现“泄漏效应”，任何单一地区的“单边”治污努力将是徒劳无功的。

(10) 动态因素（$\tau$）。是环境污染的时间滞后项系数，反映前一期环境污染对本期或下一期的影响，即反映时间滞后效应的大小。在普通动态和动态空间模型估计结果中，被解释变量的动态因素系数$\tau$均为正，且均通过了1%的显著性检验，表明环境污染变化具有明显的路径依赖特征，前一期环境污染处于较高水平，那么本期或下一期的环境污染水平可能继续走高；前一期环境污染下降，则本期或下一期的污染水平可能走低，环境污染在时间维度上表现出“滚雪球效应”，表明环境污染是一个连续的动态系统调整过程，具有明显的路径依赖性。这意味着环境污染治理在时间上具有相当的紧迫性，一方面，环境污染治理迫在眉睫，治理工作刻不容缓，否则治理难度将越来越大；另一方面，治污减排工作必须常抓不懈，以防止污染“反弹”现象的出现。同理，由于空间因素的作用，上一期地理邻接地区较高的环境污染水平不仅对本地区当期环境污染产生影响，还会对其邻接地区当期环境污染产生影响，可认为是邻接地区环境污染对本地区环境污染的“警示效应”，即是说，面对邻近地区严重的环境污染，本地区政府出于环境监督、公众舆论压力及绿色 GDP 考核，可能会引以为戒，随后会施行更加严格的环境规制政策及治理措施，以避免成为“反面案例”。

### 5.3.5 环境规制对环境污染间接影响的实证研究

加入了环境规制与技术进步、产业结构和外商直接投资交互项的回归结果见表 5 - 13。表中模型 1 是最小二乘法（OLS）估计结果，模型 2 是系统 GMM 估计的普通动态模型，从模型的诊断性检验可以看出，AR（1）、AR（2）检验结果中模型一次差分残差序列只存在 1 阶自相关而不存在 2 阶自相关，表明只选取被解释变量一阶滞后项进行估计是合理的，Sargan 检验结果表明工具变量的选取是合理的。模型 3 是静态空间 SAR 面板模型的估计结果，模型 4 是动态空间面板模型的估计结果。

从模型整体拟合效果来看，动态空间模型的拟合优度和对数似然函数值最大，分别为 0. 7901 和 319. 67。因此，综合考虑模型 1 ~4 后，本书以动态空间模型 4 作为主要解释模型，以模型 1 ~ 模型 3 作为补充解释。

表 5-13　　环境规制影响环境污染的间接效应估计结果①

| 自变量 | 模型 1<br>OLS | 模型 2<br>普通动态 | 模型 3<br>静态空间 | 模型 4<br>动态空间 |
|---|---|---|---|---|
| ln*ER* × ln*TEC* | -0.1128*** | -0.0983*** | -0.1109*** | -0.0399*** |
| ln*ER* × ln*OPEN* | 0.0192*** | 0.0199*** | 0.0194*** | -0.0023 |
| ln*ER* × ln*INDU* | 0.0372*** | 0.0094** | 0.0319*** | 0.0097 |
| ln*Y* | -98.6960 | 29.5420 | -104.8400 | 18.6060 |
| ln*Y*2 | 10.4750 | -3.6435 | 11.2140 | -1.9170 |
| ln*Y*3 | -0.3729 | 0.1492 | -0.4020 | 0.0693 |
| ln*K* | 0.1591*** | -0.0057 | 0.1241*** | -0.0374 |
| ln*H* | 0.9255*** | 0.7369*** | 0.7260*** | 0.8310*** |
| ln*URBA* | -0.0985 | 0.0998 | -0.1556 | -0.1751** |
| $\tau$ | | 0.7670*** | | 0.3424*** |
| $\rho$ | | | 0.2450*** | 0.1506*** |
| $\overline{R}^2$ | 0.5013 | — | 0.5100 | 0.7901 |
| loglikols | 118.3300 | — | 313.9300 | 319.6700 |
| AR(1) | | -2.6310*** | | |
| AR(2) | | -0.9081 | | |
| Sargan | | 26.2360 | | |

注：***、**、*分别表示系数检验10%、5%、1%显著。

（1）由表5-13可知，环境规制与技术进步交叉项（lnER × lnTEC）回归系数在1%水平下显著为负，说明现阶段环境规制通过倒逼技术创新对环境质量改善具有积极作用，即环境规制的技术创新“补偿效应”显著。理论上，环境规制通过技术创新对环境污染既有负面的“遵循成本”效应，又有正面的技术创新“补偿效应”，即“波特假说”效应。“遵循成本”效应来源于以新古典经济理论为基础的传统学派，该学派支持环境规制“制约论”的观点，认为环境保护会导致企业污

① 注：表5-1~表5-6为环境污染综合指数的计算及分析结果；表5-7~表5-13为变量的描述性统计指标及回归结果。

染的外部性内部化，加重企业的成本负担，从而制约企业的技术创新能力亚当·杰夫等（Adam Jaffe et al.，1995）。为了追求利润最大化，在竞争中取胜并弥补环境遵循成本，企业往往会主动扩大生产规模和产品生产能力并带来生产活动的“负产品”，即污染排放的增加，因此，“遵循成本说”认为，严格的环境标准可能会使污染排放增加，对污染治理也会产生不利影响。与此不同的是，以波特（Porter）为代表的修正学派从动态角度提出了捍卫环境保护的主张波特和琳达（Porter & Van der Linde，1995），该学派认为，合理设计的环境规制能够刺激企业优化资源配置效率，提高技术创新水平，由此产生的技术创新“补偿效应”不但能够弥补甚至超过环境规制的“遵循成本”，提高企业生产效率和产业竞争力，产生额外的利润，还能够实现污染减排目的，因此被称为是“绿色”与效率“双赢”的政府管制。国内外许多文献都对此进行了检验，如拉诺伊等（Lanoie et al.，2008）通过对加拿大魁北克省制造业的实证研究发现，滞后一期的环境规制对生产率增长具有正向促进作用；国内学者张成等（2011）基于中国区域层面的研究表明，环境规制与技术创新呈U形，较强的环境规制有利于技术进步。本书的回归结果和大多数学者的回归结果基本一致。

（2）环境规制与外商直接投资交叉项（lnER × lnOPEN）回归系数在模型1～模型3中显著为正，在模型4中不显著为负，说明环境规制通过提高外资质量、优化外资结构对改善环境质量并没有起到显著的影响。在开放条件下，利用外资发展经济已成为包括中国在内的发展中国家的重要选择，外资进入不仅弥补了流入地资本、资金、技术不足的问题，也为流入地带来了先进的管理理念和技术（江小娟，2004）。同时，外资进入还可以通过技术外溢效应（如示范效应、竞争效应、模仿效应、人员培训和流动等）以及产业间的前后向关联效应影响东道国的技术创新能力。即是说，外资进入对环境污染的影响不仅与一国的环境“门槛”密切相关，还与东道国企业是否具备较强的学习和吸收能力有关。但在我国以GDP为核心的政绩考核与晋升制度下，患上“发展饥渴症”的地方政府聚集于“政治锦标赛”，为了吸引外来资本而导致的环境规制无序化"逐底竞争"和"非完全执行"（如象征性执行、选择性执行和消极执行）等现象不断加剧，并且这种"逐底竞争"行为容易招致低质量污染密集型企业的进入，使得流入地容易陷入环境规制的"低水平"均衡并成为发达国家污染密集型企业的"避难所"。此外，在环境规制约束下，企业可能不得不分散原本稀缺的人力、物力和财力资源，减少了企业在技术引进和知识学习上的投入，导致吸收能力下降，从而弱化了外资的技术溢出效应。

（3）环境规制与产业结构交叉项（lnER × lnINDU）回归系数在四个模型中均为正，除模型 4 系数检验不显著外，模型 1 ~ 模型 3 系数检验至少 5% 显著，说明环境规制通过倒逼产业结构调整的减排效果并不理想。理论上，污染的大规模频繁爆发一定程度上是经济发展过程中产业结构比例失衡的结果，一个地区高能耗、高排放产业规模越大，引致的各种排放量就越多，这是形成环境污染的重要原因。环境规制主要是通过提升产业进入壁垒，促进技术创新以及改变国际贸易结构等促进产业结构调整，特别是政府行政命令型的环境规制工具对产业结构的影响更为直接，既可以使一些产业直接退出市场，也可以促使另一些产业的产生、发展与壮大，还可以使一些产业分化与调整，整合上下游产业链条。但却存在"门槛"效应，只有当规制强度达到某一特定的阈值后，才有可能引起环境规制效果经济参数的变化（沈能，2012；李玲，2012；原毅军，2014；李斌，2013），即环境规制强度并不是越高越好，而是存在"门槛"效应，需要有一个适度的规制强度。但由于规制对象的异质性，相同的规制标准往往会带来不同的规制效果，因此，盲目增大环境规制强度或者环境规制强度过低，或者统一环境政策并非能达到环境规制的初衷。被规制对象的地区差异、行业与产业差异均存在异质型，会使环境规制工具产生不同的效果。因此，需要设计差异化的规制政策，对不同地区、不同行业企业（如重度污染企业、轻度污染企业、资本密集型企业、技术密集型企业、国有企业、非国有企业等）设计差异化的环境规制强度，制定差异化的规制目标，使环境规制倒逼产业结构调整的作用得以充分发挥。

（4）空间因素（$\rho$）回归系数在模型 3 和模型 4 中均 1% 显著为正，说明环境污染确实存在显著的空间溢出效应。模型 4 中空间因素 $\rho$ 估计值为 0.1506，小于模型 3 中的空间系数 0.2450，说明当考虑动态因素后，模型 4 分离出了前期相关因素对本期的影响，对模型 3 的估计结果进行了部分矫正。

（5）动态因素（$\tau$）回归系数在模型 2 和模型 4 中均 1% 的显著为正，说明前期的环境污染和当期的环境污染显著正相关，环境污染存在时间上的叠加效应，再次证实了环境污染是一个系统的连续动态的调整过程。

（6）人均收入、资本存量、人均人力资本和城镇化率的回归系数符号与表 5-12 中直接效应回归结果基本一致，只是系数大小有微弱的差别而已。

## 5.4 降低环境污染的对策建议

进入 21 世纪后，随着中国工业化及城市化进程的加速推进，环境污染问题愈演愈烈；21 世纪是低碳世纪，也是环境世纪。日趋严重的环境问题影响广大公众的衣、食、住、用、行的同时，也在倒逼着中国经济发展方式的转变。与此同时，中国的污染控制政策在长期的实践检验中，其存在的诸多问题也日益暴露。降低环境污染，改善环境质量，需要立足环境规制现状，结合我国目前所处的特定发展阶段，制定切实可行的规制措施。

（1）充分发挥环境规制工具的减排效应。由前文可知，现阶段环境规制的直接效应能显著减少环境污染，同时，间接效应中环境规制与技术进步的交叉项也显著为负，说明环境规制的加强能显著改善环境质量，达到环境规制预期的“倒逼减排”效果。因此，应该适度增加环境规制强度，继续发挥环境规制的“倒逼减排”效应。但是，环境规制强度的增加应该建立在企业的承载力范围内，通过合理地提高环境规制强度，促使企业加大治污减排相关技术研究与开发投入，从而实现环境保护与经济增长的“波特效应”。此外，在加强环保投入的同时，要逐步提高环境标准和执行力度，鼓励控制生产链条上游的污染治理方案。各地在制定和实施环境规制时，必须因地制宜，制定和实施符合本地区的环境规制措施。

环境规制对环境污染的影响不但取决于环境规制的严厉程度，还取决于具体的环境规制实施效率，而环境规制效率很大程度上取决于不同的环境规制工具。因此，应注重不同环境规制工具的配合运用，比如在提高命令—控制型环境规制强度的同时，可以推动排污权交易制度、排污税、第三方环境治理制度等市场型环境规制工具的实施。此外，应根据区域实际情况有所侧重地制定和实施有针对性的环境规制政策。比如，在环境污染相对严重的省份，可以考虑采用以政府行政命令为主的环境规制工具；在环境污染相对较轻的省份，可以灵活运用排污税费、排污权交易等市场型规制工具，以提高全社会的污染治理效率。

（2）加大对环境污染的管控力度，推动联合治理。本书实证结果表明，我国省际环境污染存在显著为正的空间溢出效应，当加入空间因素后，环境规制的减排效果有所下降。因此，地区间污染治理必须形成联防联控、协同治理机制，努力形成区域联合治污的新格局。

由于地区间污染跨界造成空间外溢效应，地方政府根据本地区的污染排放量、人口密度、产业结构及环境需求等因素制定的环境标准，很可能会与实际环境需求存在差距，需要根据地区间污染的负外部性大小和环境规制的正外部性大小来确定各地区的环保投入。但由于实际中，外部性大小难以准确度量，无法准确估计实际的环境污染程度以及实际环保投入需求，容易造成污染治理中的“搭便车”行为。该问题可以采取以下措施得到缓解：一方面，中央政府可以设立地区环境治理共同基金，减轻在环保投入上地方政府的“搭便车”行为，尽快确定各地区间的污染源结构，建立地区间污染排放责任分担核算体系；另一方面，中央政府可以出台相关法律，规定地区环保投入占 GDP 的比重，约束地方政府兼顾经济增长与环境保护，缓解地区间环境污染的外溢效应。中央政府需要加强对区域生态环境方面的协调和监督，引导各省份加强在污染治理及环保投入领域的合作，以加强省际环境保护的相互促进效应，形成区域污染联防联治、合作共赢的局面。

我国污染事件频发的一个重要原因在于执法力度不足，环境法律法规中缺乏跨部门和跨区域的政策联动等，如2013年至今多个地区频发的严重雾霾污染事件。由于雾霾等大气污染具有显著的外溢性和扩散性特点，因而跨区域、跨部门的联动治理尤为重要。在宏观层面上，国家相关职能部门如环保部、发展改革委、能源局、交通部等部门应形成治污减排的合力，在环境立法支持下，制定严格的环境污染治理标准，推动跨区域、跨部门合作治理。地方各级环保部门及相关职能部门，如地方环保部、发展改革委、能源局、交通部等部门，应在国家制定的环保标准的基础上，结合本地区实际，制定本地区的具体治理措施，以确保环境污染治理目标的实现。加快形成政府统领、市场驱动、企业和公众共同参与的环境污染防治新机制，遵循“谁污染、谁负责，多排放、多负担”的原则，实施分阶段、分区域治理，形成合作共赢的污染治理新机制。

（3）建立长效污染治理考核机制。我国省际环境污染存在显著为正的动态效应，前期的环境污染与当期的环境污染显著正相关，本省份前一期环境污染综合水平的上升会导致本地区当期环境污染综合水平的上升，反之亦然。这就要求必须建立长效的污染防治考核机制，杜绝“应付式闯关”的污染治理面子工程和政绩工程，坚持污染治理的一致性和连贯性。

为了根治环境治理中的“应付式”形式主义现象，应依靠系统科学的考核机制，防止地方环境污染反弹，保证地方政府对环境保护和污染治理的长效行政性动力。一方面，应该将环境保护与政绩考核挂钩，并贯彻执行生态环境污染终身问责制，逐步建立和完善环境保护和污染治理的政绩考核框架。通过引入多目标的绩效考核机制，适当降低政绩考核中的经济指标权重，增加环保指标权重，使各地方政府不再专注于发展经济而忽略环境。另一方面，应该继续完善省级以下环境政策执法的垂直管理体系，压缩地方政府执法的自由裁量空间，并扩大中央政府在环境保护事务中的支出范围，进而形成环境管理财权和事权更加匹配的格局。另外，政府可以建立相应的补偿机制，“以奖促治”引导环境规制的良性竞争，以降低环境规制的非完全执行现象。比如，可推行环境区域补偿，按照“谁达标、谁受益、谁超标、谁补偿”的原则，探索建立中央财政争取一块、省财政安排一块、整合各方面资金一块、设区市与县（市、区）财政一块、社会与市场募集一块的“五个一块”流域生态补偿资金筹措方式，进一步调动各省市区保护生态环境的积极性。

（4）重视清洁技术的开发与应用。环境规制影响环境污染的间接效应结果表明，我国技术进步能有效减少污染物排放，改善环境质量。天然气、风能、核能都是清洁能源，因此，政府应在资金、技术、政策等方面给予大力支持，大幅度提高清洁能源所占比重，进一步优化能源结构。

技术创新是改善环境质量的重要途径之一，特别是在降污方面的技术创新。目前，我国已经提出了建设创新型国家的战略目标，技术创新在全社会已经有了良好的外部氛围，从改善环境的角度出发，需要强化的是引导科技力量更多地转向针对降低污染的清洁型生产技术的创新，加大对清洁技术研发的投入力度，增强企业清洁技术开发能力。第一，可以加大环境规制的约束力度，促使我国各类企业加大在环境保护技术方面的研发投入。需要注意的是，要提高科技资金的投入效率，采取措施加大科研院所环保技术创新的研发力度；第二，对环保技术和设备研发给予财政补贴，使用经济杠杆引导企业和研究机构将资源和精力用于清洁型生产技术的创新等；第三，由于技术创新更容易先在发达国家发生，因此，从发达国家引进和购买环保技术，并在国内推广和普及，以对现有的污染型产业进行环境升级改造。第四，增加人力资本投资，提升人力资本水平。人力资本是知识、技术的载体，在知识经济时代，技术创新是一个国家（地区）或企业的核心竞争力，而技术创新依赖于人力资本投资及水平的高低。已有研究证明和物质资本的短期效应相比较，人力资本更能够促进经济的长期稳定及高质量增长。改革以来，虽然我国的人力资本投资增长幅度较大，但和发达国家及我国庞大的人口基数相比较，人均人力资本投资仍然较低且区域不均衡。提高人力资本对治污减排技术创新的贡献，首先，要增加人力资本投入，提高人力资本水平。大幅度提高教育投资占 GDP 的比重，鼓励非政府组织、民间资本等各方面的教育投资。其次，促进协调、平衡区域之间的人力资本投资，在政府总体增加教育投资的基础上，调整投资比例，适度增大中西部落后省份和农村地区教育投资，促进区域人力资本的平衡发展。

（5）优化外资结构，提高外资进入的环境“门槛”。根据本书实证结果，国际贸易对我国环境污染的影响并不显著。虽然对外开放对我国环境质量尚未产生不良影响，但对于 FDI 的引入仍然不可放松管制。在对外开放中，注重 FDI 的引资和用资策略，增强对外开放的“污染光环”效应。

外资进入可以为东道国带来资金、技术、知识和先进的管理经验，促进经济增长，提高就业率，这对于发展中国家尤为重要。但也有学者认为，大量污染产业的进入不但消耗了流入国的资源和环境，也影响了环境绩效的提高，从而产生“污染避难所”效应，因此，地方政府在引进外资过程中，首先，应紧密结合经济转型和产业结构调整大局，设置必要的资源环境“门槛”，加快引导外商投资企业转向高新技术产业、知识密集型产业和绿色环保及循环产业，在促进本地区经济增长的同时，达到降低环境污染，改善环境质量的目的。其次，严控污染密集型外资企业的流入，形成产业发展的良性循环格局。一方面，即使较高的环境规制强度有可能阻碍部分外商企业的进入，但避免为单纯吸引更多的外资企业而降低环境规制标准的现象发生，应严控引进外资质量，杜绝为吸引外资而放松环境规制标准。另一方面，中央政府应该发挥统筹领导作用，协调不同区域间的引资政策，增强我国对外开放的“污染光环”效应。地方政府应在提高吸引外资质量的基础上，鼓励外商企业投资于资本密集型、技术密集型产业以及以现代服务业为主的第三产业，同时提高内资企业对外资企业清洁生产技术和先进污染处理技术的吸收、转化、应用与再研发能力。

（6）充分发挥结构调整的减排作用。在样本考察期间，产业结构对环境污染的影响为正，但在统计上并不显著。说明产业结构仍未成为减少环境污染的主要动力。因此，未来发展中，要以循环经济为核心，优化产业结构，推进产业结构向节能型、高级化方向发展。随着经济发展，环境保护与经济增长的矛盾冲突也愈演愈烈。政府在决策主导产业时，应当考虑环境因素，逐步将环境标准放在更加重要的位置，建立环境污染少、能源消耗低的选择基准，把能源与环境提升到更为重要的地位。一方面，中央政府在部署中西部发展战略的同时，必须要求地方政府坚守环境底线，通过绿色政府采购引导产业有序转移，避免重走沿海地区“先污染，后治理”的老路。东部沿海城市应继续强化资源环境约束，积极淘汰落后产能，主动给予中西部地区相应的技术支持。另一方面，各级地方政府在调整优化产业结构的同时，还应充分考虑经济增长、产业结构与环境污染的空间相关性，建立区域合作机制，积极推进跨区域的环保合作，以实现地区间环境与经济的协调可持续发展。同时，政府应当加大对绿色环保产业的投资力度，积极发展战略性新兴产业，对绿色产业实施诸如财政拨款、投资补贴、加速折旧、减免税款等财政优惠政策，运用这些措施扶持新兴产业，补贴亏损产业，合理布局产业结构。

## 5.5 本章小结

首先，本章从理论层面分析了环境规制影响环境污染的直接效应和间接效应；其次，选取能够代表环境污染状况的 6 个污染物排放指标，运用熵值法将其合并为环境污染综合指数；然后，基于空间统计分析方法探究了区域之间环境污染的空间相关与集聚特征。结果发现，我国省际环境污染存在极为显著的正的空间外溢效应，高污染的地区和污染较高的地区相邻接，低污染的地区和污染较低的地区相邻接，一个地区的环境污染显著地受到邻近省份的影响。地理邻接、经济发展、产业转移等社会经济因素和大气流动、风向等自然因素是主要原因；最后，通过建立计量模型，探究了 OLS 模型、普通动态、静态空间、动态空间四种情形下环境规制影响环境污染的时空效应、直接效应和间接效应。结果表明：

（1）省际环境污染存在显著为正的空间效应，一个省份的环境污染显著地受到邻近省份环境污染的影响。在直接效应模型和间接效应模型中，空间因素系数 $\rho$ 显著为正，证实了环境污染确实存在空间溢出效应。

（2）我国省际环境污染存在显著为正的动态效应，前期的环境污染和当期的环境污染显著正相关。在直接效应模型和间接效应模型中，动态因素系数 $\tau$ 均为正，证实了我国省际环境污染在时间上具有连续叠加效应。

（3）直接效应模型中，环境规制回归系数显著为负，说明现阶段环境规制直接减少环境污染，达到预期的“倒逼减排”效果。但是，当加入了空间因素和动态因素后，环境规制的减排效果有所下降。间接效应模型中，环境规制倒逼技术进步的减排效应显著，但是环境规制通过引进外资的减排效应和倒逼产业结构调整的减排效应并不显著。推进城镇化进程对降低环境污染具有一定的积极作用，但人均人力资本并没有带来环境污染的明显减少，经济增长和资本存量的增加对环境污染并没有起到显著的影响作用。

（4）降低环境污染，提高环境质量，需要适度提高环境规制强度，优化产业结构，大力发展低能耗和低排放的高新技术产业、清洁产业及以现代服务业为主的第三产业；优化能源结构，大力开发清洁能源；优化外资结构，积极提高外资进入的环境“门槛”，引进技术和知识密集型的高质量外资；建立污染治理的长效考核机制，推动地区之间污染治理领域的技术交流与协作，达到从整体上改善环境质量的目的。

# 第6章

# 环境规制影响大气污染治理效率的实证研究

随着我国工业化与城市化进程的加速推进，近年来，频繁爆发的大气污染事件不仅影响了居民正常的生产、生活和健康，也对我国经济社会发展产生了诸多不可估量的负面影响。根据绿色和平组织公布的《2016 年中国 366 个城市 PM2. 5 浓度排名》，2016 年我国 366 个城市 PM2. 5 年均浓度为 46. 7μg/m$^3$，远远超过世界卫生组织建议的健康水平（PM2. 510 μg/m$^3$即认为空气质量合格），也超过我国《空气质量准则》中的过渡期目标（PM2. 5 浓度年均值小于 35μg/m$^3$ 是安全的）；366 个城市中有 89 个城市 PM2. 5 年均浓度相比 2015 年不降反升。中国社科院发布的《气候变化绿皮书》也指出，我国饱受大气污染的影响。大气污染已经成为吸引国外优秀人才、国际资本投资以及外国游客来华旅游的重要障碍。为了实现人与自然和谐共生，践行“绿水青山就是金山银山”的科学论断，建设美丽中国。2013 年 9 月，我国政府颁布了《大气污染防治行动计划》，计划要求到 2017 年地级及以上城市可吸入颗粒物（PM10）浓度比 2012 年下降 10% 以上，京津冀、长三角、珠三角等区域细微颗粒物（PM2. 5）浓度分别下降 25%、20% 和 15% 左右，并制定了到 2030 年 PM2. 5 年均浓度控制在 35μg/m$^3$ 的目标，即世界卫生组织（WHO）规定的“过渡期”标准。随后，各地区政府相继出台了地方性的大气污染防治细则，彰显了我国政府防治大气污染的决心，大气污染及其防治问题也引起了学者们的研究兴趣。由于大气环境具有典型的公共产品属性，单纯依靠市场的作用很难达到治理目的，因此政府的作用就显得尤为重要。事实上，随着近年来污染天气的频繁爆发，我国政府已出台了一系列的大气污染防治政策及措施，目前已基本形成了以政府行政命令和市场激励为主等多种规制工具相结合的治理体系，这些规制工具是否以及如何影响大气环境？如何正确认识我国大气污染防治的现状及困境，借鉴西方国家工业化进程中大气污染治理的经验？对此问题进行深入研究，对于我国大气污染防治政策的合理制定及有效实施都具有重要的理论与现实意义。

## 6.1 相关理论

### 6.1.1 环境效率及其评价方法

（1）环境效率。效率是经济学研究中常用的概念，可以用来描述各种生产资源的使用情况，也就是资源合理配置的程度，从此角度可以将效率定义为：在产出水平一定的情况下，成本投入最小化的程度；或者是在成本一定的条件下，产出水平能够达到最大化的程度。

对环境效率的概念最早可以追溯到20世纪70年代的弗里曼等（Freeman et al.，1973），“环境效率”也可称其为“生态效率”，是衡量资源利用等经济活动对环境产生影响的综合测量标准。沙尔戈特和斯图姆（Schaltegger & Sturm，1990）将生态效率视为商业活动和可持续发展联系的纽带；1992年，世界可持续发展工商业委员会（WBCSD）首次将生态效率作为一种商业概念加以阐述，指出企业应该将环境和经济发展相结合，以应对可持续发展的挑战；1996年，BASE集团从产品生产的角度界定了生态效率的概念；1998年，世界经济合作与发展组织（OECD）将此概念扩展到政府、工业企业以及其他组织。一些学者和环保组织也从不同角度给出了不同的衡量环境效率的指标（Tyteca，1996）。此外，欧洲环境署、联合国贸易与发展大会、国际金融组织环境投资部等都给出了不同的环境效率的定义。

世界可持续发展工商业委员会（WBCSD）定义，环境效率是指满足人类需求的产品和服务的经济价值与环境负荷的比值，即单位环境负荷的经济价值（WBCSD，1992）。世界经济合作与发展组织（OECD）定义，生态效率是用来衡量生态资源用以满足人类需求的一种效率，该效率值可以用产品或服务的经济价值与生产活动产生的环境污染或环境破坏的总和的比值来表示（OECD，1998）。莱因哈特等（Reinhard et al.，2000）定义，环境效率是指多个有害投入的最小可能值与实际使用量之间的比值。科尔泰莱宁（Kortelainen，2008）定义，环境绩效是价值增加值与由此带来的环境破坏损失的比值。

尽管不同的组织和学者对环境效率的定义各不相同，在提法上也有“环境效率”和“生态效率”之分，但都是从经济和环境两个方面入手，效率值也大都以经济价值增加值和环境影响的比值来表示，是对资源利用以及经济活动对环境影响的一个综合测量（罗艳，2012）。

目前广泛认同和接受的是世界可持续发展工商委员会（WBCSD）提出概念，即环境效率是指“通过提供具有价格优势的商品和服务，在满足人类高品质生活需求的同时，将整个生命周期中对环境的影响降到至少与地球的估计承载力一致的水平上”。该定义不仅关注评价对象生产过程对环境造成的影响，而且评价其生产活动的经济价值，即兼顾经济效益和环境效益，这与环境影响评价是有显著区别的，体现了可持续发展的理念。

从测度值来看，环境效率可以通过某一企业、行业或地区（统称生产单位）创造单位价值所产生环境影响的大小来衡量，强调以尽可能少的环境代价创造尽可能多的经济价值。目前，环境效率指标已成为度量地区、行业或企业可持续发展水平的一个重要指标（金玲和杨金田，2014）。

在环境效率的实际应用方面，最初是研究企业层面上的环境效率，后来，逐步向更微观层面和宏观层面两个方向发展，更微观方面主要关注某一产品的环境效率，宏观方面主要关注某个行业或某个区域的环境效率。基于相关数据的可得性及所得数据的质量，大部分研究集中在区域层面，包括城市、省域或全国层面，而针对产品、企业或某一行业的相关研究则较少，并且主要集中在重污染企业或行业方面。从宏观层面来看，环境效率是环境与经济发展相结合的概念，是体现环境和经济协调发展程度的关键指标。理想的状态是希望在不增加环境压力的情况下，实现经济产出的增加或经济规模保持不变，即希望环境效率越高越好。

（2）环境效率评价方法。对环境效率的综合评价始于学者们对能源的有限性及其使用过程中所引致的 $CO_2$ 排放的担忧。早期的研究者通过对 $CO_2$ 排放的场景模拟，给出了一些未来能源政策的建议。随后，学者们开始关注减少温室气体排放等问题，并给出了多目标决策分析模型和气候保护策略综合评价（Integrated Assessment of Climate Protection Strategies，ICLIPS）的核心方法（宋马林，2011）。在长期的研究中，学者们逐渐认识到能源节约和环境保护的可持续性很大程度上与生产过程中效率的提高是互动的（Jebaraj and Iniyan，2006），即需要研究考虑环境因素的经济效率。

目前，针对环境效率的评价方法较多，主要有生命周期法、多准则决策方法、随机前沿分析法、数据包络分析（DEA）法。其中，数据包络分析法又可分为污染物作为投入法、曲线测度评价法、数据转换函数法和方向性距离函数法四种（宋雅晴，2011）。

1）生命周期法。生命周期法（Life Cycle Analysis，LCA）最早被应用于环境研究领域是在20世纪60年代，1990年后逐步引起学者们的广泛关注。1997年，生命周期法（LCA）被列入ISO14040，并逐渐发展成为环境管理决策支持的重要工具。该方法主要是针对某一个具体产品而非企业的效率研究，要求将产品从最开始的资源开采、原材料供应到产品生产、运输、销售和使用以及产品维护与回收处理的整个生命周期内对环境产生的影响进行量化评价的方法。该方法能够评价特定产品在其生命周期的整个过程对环境造成的影响，提供了产品整个生命周期的资源、能源消耗和环境排放物的广泛信息，并根据评价结果提出环境负荷改善的对策和建议，也被称为从“摇篮”到“坟墓”的分析方法。该方法易于理解，对某一具体产品非常有效，但却无法将多个产品的环境影响整合为一个指标，这样就无法进行企业级别的环境评价。

目前，使用该方法评价环境效率的文献相对较少，一方面是因为较少有学者会针对某一产品的效率进行研究；另一方面是因为该方法无法将多个产品的环境影响整合为一个指标，不利于进一步的深层次分析。

2）多准则决策方法。多准则决策（Multiple-Criteria decision making, MCDM）法是决策理论的主要构成部分，也是现代决策科学的一个重要分支。在环境效率评价中引入多准则决策方法，除了需要考虑成本因素和收益因素外，还要将大气、水、噪声等多种因素考虑在内，以便于能够较为全面地评价出研究对象的环境效率（罗艳，2012）。多准则决策法首先需要研究者科学和合理地选择彼此矛盾的目标，然后作出决策，在进行环境效率评价时，加入大气环境、水环境等多种环境指标，虽然能够较为全面地评价各个对象的环境效率，但该方法主观性较强，不利于做出客观评价。

3）随机前沿分析。随机前沿分析（Stochastic frontier analysis, SFA）法是参数分析方法的典型代表，目前已被广泛应用于效率问题的评价之中。与非参数方法相比较，该方法需要给出生产函数的具体形式，选取对环境和人类健康有害的因素作为自变量。其优点是考虑了随机因素对产出的影响。

4）数据包络分析法。数据包络分析（Data-Envelopment Analysis, DEA）是著名运筹学家查纳斯和库伯（A. Charnes & W. W. Cooper）等学者在“相对效率评价”概念基础上发展起来的一种新的分析方法（Charnes et al.，1978）。属于非参数方法的一种，是运筹学、管理科学和数理经济学交叉研究的一个新领域。主要用来评价多输入、多输出的决策单元的相对效率。自 1978 年第一个 DEA 模型 DEA－CCR 模型建立以来，相关的理论研究不断深入，应用领域日益广泛，目前已成为管理科学与系统工程领域一种重要而有效的分析工具。

该方法无须确定生产函数的具体形式，也不需要对环境指标进行主观赋权，而且能够较为客观地对各类效率进行评价，基于这些优点，目前，DEA 方法已经成为环境效率评价的主要方法之一。

根据对污染物指标的处理方法不同，DEA 方法又可分为四种：

第一种，污染物作为投入处理法。该方法是将污染物排放作为未支付的投入和资本、劳动力、资源等投入指标同时纳入评价模型中，采用径向方式评价污染物与资源投入的效率。其优势在于，在达到环境技术有效时，期望产出达到最大，且非期望产出最少。非期望产出最少意味着污染排放物越少，同时也意味着环境技术越有效。但在实际的生产过程中，往往出现的是投入指标增加和污染物排放也增加的现象，因此使用该方法不能反映出实际的生产过程。

第二种，曲线测度评价法。该方法采用非对称的形式，不按照固定比例变化，将期望产出和非期望产出明显区分开，在此基础上追求期望产出最大化和非期望产出最小化的目标。曲线测度评价法是一种非线性的环境效率评价方法，由于求解过程比较麻烦，实际应用中受到一定限制。

第三种，数据转换函数法。数据转换函数法是采用传统 DEA 模型分析决策单元（DMU）的环境效率，实质是将非期望产出转化为期望产出，最后转化为产出即普通的期望产出。总结相关的文献研究，数据转换函数共包括三种形式：负产出法、线性数据转换法和非线性数据转化法（胡俊，2013）。但这种处理投入的方法违背了实际的生产过程，因此评价结果可能会出现偏误。

第四种，距离函数法。距离函数（Distance function）法是通过被评价对象到生产前沿面上的距离来作为衡量标准，通过二者之间的距离衡量效率大小。由于该方法较好地解决了非期望产出的效率评价问题，所以在实证研究中已得到广泛应用。

### 6.1.2 大气污染治理效率

大气污染治理是指在一个特定区域内，把大气环境与经济社会分别看作一个相互关联、相互影响的系统，对能源结构、产业布局、城市建设等进行针对性规划，综合运用各种防控手段和治污措施，以实现经济发展与大气环境改善的双赢。

依据大气污染治理的定义与效率的经济学内涵，本书定义大气污染治理效率为：大气污染治理过程中投入与产出的效率，是反映大气污染治理中要素投入对大气污染去除作用的指标，主要衡量大气污染治理过程中要素的投入产出绩效。从本质上看，大气污染治理效率是环境效率的一个延伸。

## 6.2 我国大气污染现状及成因

大气污染是指由于人为原因（如人类活动）或自然因素引起的某些有害物质进入大气中，使得污染物在空气中的含量积累到有害程度，达到破坏生态系统和人类正常生存和发展的阈值，并对人或物产生危害的现象。大气中污染物浓度的升高会对人类、生物等产生直接或者间接危害。从广义上看，大气污染是指自然界和人类生产生活排放的有毒有害物质超出了大气环境的承受能力。狭义的大气污染指人类在生产生活等各类社会活动过程中向大气中排放的污染物质超出了承载阈值（汪林安，2013）。大气污染一般指狭义的大气污染。就污染源而言，可划分为人为污染源和天然污染源。人为污染源通常按照空间分布方式分为区域性、面式、点式污染源；按社会活动分为工业、交通、生活污染源等。天然污染源通常包括瓦斯、灰尘、二氧化硫等气体以及火灾、地震等自然灾害发生的地方（雷蕾，2016）。

目前，大气污染已成为世界各国面临的、亟待解决的严峻的环境问题。近年来，虽然我国政府出台了一系列相关的大气污染防治政策措施，但大气污染物排放量居高不下，大气污染治理仍面临诸多挑战。

### 6.2.1 大气污染现状

（1）主要大气污染物排放总量多，减排难度大。大气污染是由排放到空气中的多种污染物综合作用的结果。我国对大气污染排放总量只统计二氧化硫排放量、氮氧化物排放量和烟（粉）尘排放量三种主要的大气污染指标。

从二氧化硫排放量看，2011 年全国二氧化硫排放量2 217.9万吨。其中，工业 $SO_2$ 排放量 2 017.2 万吨，城市生活 $SO_2$ 排放量 200.4 万吨。到 2015 年全国二氧化硫排放量下降至 1 859.1 万吨。其中，工业 $SO_2$ 排放量下降至 1 556.7 万吨，城市生活二氧化硫排放量则增加至 296.9 万吨。总体来看，工业二氧化硫排放总量逐年下降，城市生活二氧化硫排放量虽然逐年增加，但不是主要排放源，在全国二氧化硫排放量中所占比重小，对全国二氧化硫排放量影响不大；工业二氧化硫排放量虽然逐年下降，但占全部排放量的比重最大，对全国排放总量的影响也较大，是二氧化硫减排的主体。

氮氧化物排放量中，2011 年全国氮氧化物排放总量2 404.3万吨，其中工业排放量 1 729.7 万吨，城市生活排放量 36.6 万吨；到 2015 年，全国氮氧化物排放总量下降至 1 851.0 万吨，其中工业排放量下降至 1 180.9万吨，城市生活排放量则增加至 65.1 万吨。在氮氧化物的三种排放（工业源、城市生活源、机动车）来源中，工业排放对全国氮氧化物排放量影响最大，城市生活排放影响最小。

从烟（粉）尘排放看，2011 ~ 2015 年，烟（粉）尘排放总量在波动中呈现上升趋势。2011 年为 1 278.8 万吨，2015 年则增至 1 538.0 万吨；工业排放量、城市生活排放量均呈逐年增加趋势，但在三种排放

（工业源、城市生活源、机动车）来源中，工业排放影响最大，城市生活和机动车排放影响较小，机动车排放量影响最小。

由以上分析可知，近年来，我国大气污染排放中，二氧化硫排放量和氮氧化物排放量逐年下降，烟（粉）尘排放总量逐年增加，大气污染物排放总量仍然较大。各类大气污染指标中，虽然生活污染排放逐年上升，但所占比重较小，且不是主要的污染源；而工业污染所占比重较大，是大气污染减排的重点和难点。

（2）空气质量达标率较低，达标难度大。自《大气十条》实施以来，全国城市空气质量总体得到改善，PM2.5、PM10、$NO_2$、$SO_2$和 CO 均逐年下降，大多数城市重污染天气天数减少，但空气质量形势依然严峻。东部城市和区域 PM2.5 和 PM10 污染负荷高，北方冬季重污染问题十分突出，重点区域大气臭氧污染问题凸显。根据 2015 年《中国环境状况公报》，京津冀、长三角、珠三角等重点区域及直辖市、省会城市和计划单列市共 74 个城市空气质量平均达标天数比重为 71.2%。其中，轻度污染天数比例为 19.5%，中度污染为 5.2%，重度污染为 3.2%，严重污染为 0.9%。从分项指标看，$SO_2$达标城市比例为 95.9%，$NO_2$达标城市比例为 51.4%，PM10 达标城市比重为 28.4%，PM2.5 达标城市比重为 16.2%，比 2014 年下降 4.0 个百分点。PM2.5 达标比例极低，84%以上的城市 PM2.5 超标，污染形势严峻。

（3）雾霾污染严重。2012 年 12 月，中国遭遇史上最严重的雾霾天气，污染波及 25 个省市，范围之广，程度之严重，前所未有；根据中国气象局基于能见度的观测结果，中东部地区雾和霾天气多发，华北中南部至江南北部的大部分地区雾和霾日数范围为 50 ~ 100 天，部分地区超过 100 天。

2016 年 12 月，严重雾霾天气再次席卷大半个中国，71 个城市空气质量为重度及以上污染，污染不仅造成巨大的经济损失，也对人类健康造成严重威胁。有学者的研究表明，$SO_2$排放量每增加一个百分点，每万人中死于呼吸系统疾病和肺癌的人数将分别增加0.055个百分点（陈硕等，2014）；空气中悬浮颗粒物的浓度每上升一个百分点，心血管疾病患者的死亡率将上升13.6个百分点（Guojun He，2013）；环境污染每年给中国造成的经济损失已占GDP的5%以上（Matus et al.，2012）。杨海兵（2010）经过研究发现，苏州居民恶性肿瘤日死亡率与7天前大气中二氧化硫及当日PM10平均浓度存在显著正相关。谢元博（2014）经过研究发现，2013年1月雾霾高发期间北京市急性人群健康风险显著增大，早逝与急性支气管炎、哮喘是健康损失的主要来源。陈玉宇等（Chen et al.，2013）采用1981～2000年的面板数据以秦岭—淮河一线做供暖政策的断点回归，发现北方城市的总悬浮颗粒物（TSP）高于南方的55%，并且北方的空气污染使得北方居民的期望寿命减少5.5年。久治不愈的雾霾污染已经对公众正常的生产和生活造成严重威胁。

（4）酸雨频发，污染形势严峻。大气污染也是形成酸雨的直接原因。我国酸雨的主要类型是硫酸型，是由于大气中人为排放二氧化硫的结果，一般来讲，酸雨是指PH值小于5.6的降水，这种降水对暴露在大气环境中的物体会产生不同程度的腐蚀性。近年来，我国酸雨发生的频率虽有一定好转，重酸雨区和较重酸雨区的数量减少，但降水酸度呈现一定的上升趋势，个别区域的降水酸度依然很高，污染程度很重。从降水中离子的情况来看，硫酸根离子占25%以上，主要致酸物质为硫酸盐，表明酸雨的主要来源仍然是煤炭的燃烧（吕连红等，2015）。

2015年，在监测的480个降水城市（区、县）中，酸雨频率平均值为14.0%。出现酸雨的城市比例为40.4%，酸雨频率在25%以上的城市比例为20.8%，酸雨频率在50%以上的城市比例为12.7%，酸雨频率在75%以上的城市比例为5.0%。2015年，全国降水PH年均值范围在4.2（浙江台州）～8.2（新疆库尔勒）。其中，酸雨（降水PH年均值低于

5.6）、较重酸雨（降水PH年均值低于5.0）和重酸雨（降水PH年均值低于4.5）的城市比例分别为22.5%、8.5%和1.0%；酸雨区面积约72.9万平方千米，占国土面积的7.6%。酸雨污染主要分布在长江以南——云贵高原以东地区，主要包括浙江、上海、江西、福建的大部分地区，湖南中东部、重庆南部、江苏南部和广东中部。

（5）复合型大气污染呈现区域特征。随着重工业的快速发展、居民收入水平的提高以及机动车保有量的快速增长，以PM2.5、$O_3$和酸雨为特征的二次污染日趋加剧，并且城市间由于地理邻接、经济关联、区域产业转移等的交互影响，大气污染的扩散与传输影响极为突出。部分城市外来因素对$SO_2$浓度的贡献率达30%～40%，$NO_X$的贡献率达12%～20%，PM10的贡献率达16%～26%；区域之间或区域内城市之间大气污染变化呈现明显的同步性，重污染天气在一天内先后出现，北京至上海之间的工业密集区为中国对流层$NO_2$污染最严重的区域。

### 6.2.2 大气污染成因

大气污染的成因较为复杂。一般认为，工业生产、燃料排放、汽车尾气等是造成大气污染的主要原因（杜燃利，2014）。

（1）工业生产污染。发达国家工业化发展的历史表明，工业化是一个国家实现经济增长和现代化的必经阶段，与第一、第二产业相比，工业化是大量消耗能源资源的过程，同时也是大量排放二氧化硫、氮氧化物、烟（粉）尘和化学需氧量等各种污染物的过程。其中，空气污染和水污染是工业化过程中最为突出的环境问题。目前，我国已进入重化工业阶段，制造业、冶金、机械、器材、化工等重工业所占比重已超过50%；煤炭、冶金、炼化、化学工业等更是我国重要的支柱产业，这些企业的共同特点是能源消耗量大，排放多，降低难度大，而且在生产过程中总是会产生大量的有毒有害气体，严重污染了我国的大气环境。如重工业较为集中的东北地区和京津冀，工业污染物以硫氧化物为主，且年排放量比重占全国一半以上（李伟，2016）。从废气中主要污染物排放看，2015 年，二氧化硫排放量、氮氧化物排放量、烟（粉）尘排放量中，工业排放量所占比重分别为84%、64%、80%。因此，工业污染排放是影响大气污染的直接原因。

（2）燃煤污染。世界能源消费格局一直随着经济发展而不断变化，进入工业经济时代，煤炭、石油成为主要的能源资源，我国煤炭资源丰富，每年的燃煤消费量基本占全球煤炭使用量的一半以上。2016 年，在一次能源消费量中，原煤、原油、天然气、电力及其他能源分别占62%、18.3%、6.5%和13.3%。虽然我国燃煤消费量所占比重近年来呈下降趋势，但仍然远远高于其他能源消费。而工业企业又是煤炭的主要使用者，由于我国一些企业生产设备陈旧、技术落后，煤炭利用率低下，单位煤炭消费排放多，使得燃煤燃烧过程中产生大量的烟（粉）尘排放，是造成严重大气污染的主要根源，也是雾霾天气频发的重要原因，给大气环境带来巨大隐患。

（3）机动车尾气污染。随着我国国民经济的快速发展及居民收入水平的提高，越来越多的家庭步入了小康水平，私家车拥有量呈迅速增长趋势；与此同时，随着我国工业经济的发展，汽车销售量和使用量急剧上升。据相关部门统计，2017 年，我国机动车保有量已接近 2 亿辆，私家车需求量越来越大，汽车数量与日俱增，不仅加重了交通负担，也使得废弃物排放量集聚增长，空气中悬浮颗粒数量及浓度急剧增加，城市区域能见度大幅度下降。机动车尾气排放已成为城市大气污染的另一大污染源。据统计，90%～95%的铅、碳化合物和60%～70%的氮氢化合物都来源于城市公路交通，13%的粒子排放和3%的二氧化硫排放来自运输。尤其是大货车，使用的多是柴油燃料，尾气中含有较多颗粒物质，对大气环境造成严重影响。

根据 2013 年北京市环境保护监测中心的报告，北京市 2013 年 PM2.5 的组成成分及占比分别为：机动车尾气为 26.7%、燃煤污染为 18.2%、沙尘为 3.1%、餐饮业油烟为 7.4%，包括工业和建筑业在内的其他排放源为21.2%、其他地区扩散23.4%。其中，机动车尾气排放在北京市2013年PM2.5中的占比最大，为26.7%。数据表明，机动车尾气排放不仅会产生大量的氮氧化物、重金属离子等污染物，这些污染物与空气中的有机化合物发生复杂的化学反应，形成大量飘浮在空气中的悬浮颗粒，从而造成严重的大气污染。

（4）城市建设污染。随着我国城市化水平的不断提高，加快推进的城市建设也成为影响大气环境质量的又一重要因素。如城市施工产生的大量扬尘污染，城市工业生产活动、燃料燃烧、交通运输、市政建设等产生的污染，由于排放高度集中，造成污染物浓度增高，使局部的空气污染较为严重。研究表明，空气中扬尘浓度每增加10μg，医院的患者将增加7.5%，其中46.6%为呼吸系统的病人，40%为心脑血管病人，13.4%为其他病人（马静，2010）。近年来，我国城市基础设施建设也随城市化进程的加快推进进入高峰时期，城市施工过程产生的扬尘不断增多，施工产生的扬尘已成为污染城市空气的主要污染源之一，特别是粒径在2.5μm~10μm的可吸入颗粒物，是空气中主要的污染物质。因此，加强城市建设污染治理已成为大气环境治理的一项重要内容。

（5）生活污染。大气环境污染源的另一个成因即是生活污染。除了日常生活中的化石燃料燃烧排放的烟尘和有毒有害气体外，大量化学产品的广泛使用也带来严重的大气环境负担。如汽车、电冰箱和空调的大量使用加剧臭氧层破坏，杀虫剂、消毒剂等化学药品的使用，易引发温室效应。居民生活油烟排放等也会产生不可估量的大气环境压力。相关研究发现，在各种空气污染源里，厨房产生的油烟是雾霾天气的罪魁祸首之一，厨房中除餐饮产生的有害气体外，还包括食物烹调过程中挥发的油脂等污染物。油烟污染不仅对人体健康造成较大危害，也严重影响了城市的大气环境（彭健，2015；马焕焕和王安，2015）。

## 6.3 大气污染治理效率测算

### 6.3.1 指标选取及数据说明

由以上分析可知，社会生产生活等各个方面都会成为不同的大气污染源，大气污染排放在不同地区之间也呈现不同特点，这与地区之间产业结构、资源禀赋的异质性特点有很大关系。在评价大气污染治理效率时，不同的投入、产出指标可能导致测算结果存在较大差异。根据大气污染治理效率的含义，即大气污染治理效率旨在衡量大气污染治理的投入与产出绩效。合理选取投入产出指标，对科学地评价大气污染防治效率具有重要意义。

投入、产出指标的确定需遵循以下几个基本原则。

一是全面性原则。即指标的选取要尽可能充分地反映整个生产过程，投入产出之间要有一定的经济联系。

二是代表性原则。每一个生产过程都有很多的投入和产出，这些投入与产出之间可能存在一定的相关性，如果两个投入指标或两个产出指标之间存在较强的相关关系，那么可以认为指标反映的信息有很大的重复性，二者取其一，不能重复选取。

三是合适的投入产出指标数量。投入产出指标过多，会导致 DEA 有效单元数目增加，不利于比较分析，如果指标选取过少，不能全面反映整个生产过程，测算的效率结果也不一定完全正确，也不利于比较和分析。

四是指标数据的可得性。一些指标理论上可以设置，但实际中数据很难收集到，也就是说，理论上可以考虑的指标不一定能获得统计数据的支持，从而无法进行定量分析，因而，实际选取评价指标时，需要考虑所选取的投入产出指标是否利于统计数据的收集。

根据大气污染的产生过程及指标确定应该遵循的基本原则，评价大气污染治理效率，所选取投入和产出指标如下。

（1）投入指标。投入指标包括资本投入、劳动力投入、能源投入、废气治理设施套数、废气治理运行费用。

1）资本投入。对于资本投入指标，部分学者采用固定资产投资衡量资本投入，这种方法的好处是《中国统计年鉴》及其他相关年鉴有直接公布的固定资产投资统计数据；一些学者采用资本存量来表示资本投入，但由于缺乏资本存量的统计数据，故需要对资本存量进行估算。常用的估算方法是“永续盘存法”，学者张军等（2004）、单豪杰（2008）等都对此进行过专门研究，借鉴张军和吴桂英（2004）的研究方法，将数据扩展到2015年，具体方法见第四章资本投入指标说明。

2）劳动力投入。劳动力投入可以用人均受教育年限加权计算得到劳动力投入指标，也可以用从业人员数表示，两种方法各有利弊，可以灵活选择。本文用历年末按三次产业划分的从业人员数加总代表劳动投入。

3）能源投入。借鉴学者们的研究，用能源消费总量衡量能源投入。

4）废气治理设施套数与运行费用。这两个指标反映废气治理中的人力与物力投入，选取废气治理设施套数作为衡量大气污染治理的固定资产投入指标，该指标可以间接反映历年大气污染治理投资在当年发挥作用的固定资产存量。选取废气治理运行费用作为大气污染治理流动要素投入的表征指标，该指标综合反映当年用于大气污染治理的人力、能源等各种生产要素投入。

（2）产出指标。对大气污染进行防控与治理，较为理想的状况是单位大气污染物排放量的经济产出尽可能的大，而投入要素尽可能的少。参照已有文献，选取大气污染排放强度——即单位大气污染物排放量的经济产出作为产出指标。其中，经济产出指标用地区生产总值（GDP）衡量，大气污染排放指标包括二氧化硫排放量、烟（粉）尘排放量和氮氧化物排放量。

分别计算单位二氧化硫排放量的经济产出、单位烟（粉）尘排放量的经济产出、单位氮氧化物排放量的经济产出，然后将其和合并为大气污染排放强度综合指数。

以上指标所用原始数据来源于 2007 ~ 2016 年《中国统计年鉴》《中国环境统计年鉴》《中国能源统计年鉴》以及各省份相应年份的统计年鉴。对所有以货币表示的指标均以 2005 年为基期用相应的价格指数进行平减。

### 6.3.2 大气污染排放强度综合评价

（1）评价方法。为了减少效率测算过程中的投入产出指标数量，本书采取综合评价方法，将三种大气污染单位排放量的经济产出指标合成为大气污染排放强度综合指数。

有关综合评价的方法较多，如因子综合法、熵值法、模糊综合评价法、Topsis 综合评价法等，综合各种方法的优缺点及适用性，选取 Topsis综合评价法。

Topsis 综合评价法的步骤：

第一步，构建评价矩阵。假设有 $n$ 个评价对象，每个评价对象都有 $m$ 个评价指标，则原始数据矩阵可表示为 $X = (f_{ij})_{n\times m}$ 。

第二步，构建规范化的决策矩阵。构建规范化的决策矩阵，需要对评价指标进行无量纲化处理，本书采用最大值最小值法对原始评价指标进行规范化处理。见公式（6－1）。

$$Z_{ij}{}' = 0.1 + \frac{f_{ij} - \min(f_{ij})}{\max(f_{ij}) - \max(f_{ij})} \times 0.9, i = 1,2,\cdots n, j = 1,2,\cdots,m \tag{6-1}$$

第三步，构造规范化的加权决策矩阵 $Z$。矩阵 $Z$ 中的元素 $Z_{ij} = W_j Z_{ij}{}'(i = 1,2,\cdots,n;j = 1,2,\cdots,m)$ ，$W_j$ 为第 $j$ 个指标的权重。

第四步，确定理想解与负理想解。如果构建决策矩阵的指标是正向指标，则理想解为矩阵元素中的最大值，负理想解则为矩阵元素中的最小值，理想解和负理想解分别通过公式（6－2）与公式（6－3）计算得到。

$$z^{+} = [z_1^{+}, z_2^{+}, \cdots, z_m^{+}] = \{\max_i z_{ij} \mid j = 1,2,\cdots,m\} \tag{6-2}$$

$$z^{-} = [z_1^{-}, z_1^{-}, \cdots, z_m^{-}] = \{\max_i z_{ij} \mid j = 1,2,\cdots,m\} \tag{6-3}$$

第五步，计算每个决策单元到理想点的距离和到负理想点的距离。可行解 $Z_i$到 $Z^{+}$ 与 $Z^{-}$ 的距离可分别通过公式（6－4）与公式（6－5）计算得到。

$$S_i^{+} = \sqrt{\sum_{j=1}^{m} (z_{ij} - z_j^{+})^2}, i = 1,2,\cdots,n \tag{6-4}$$

$$S_i^{-} = \sqrt{\sum_{j=1}^{m} (z_{ij} - z_j^{-})^2}, i = 1,2,\cdots,n \tag{6-5}$$

第六步，计算综合评价值 $C_i$。综合评价值 $C_i$根据公式(6－6)计算，$C_i$的值越大，表明该评价单元越接近最优水平。

$$C_i = \frac{S_i^{-}}{S_i^{-} + S_i^{+}}, i = 1,2,\cdots,n \tag{6-6}$$

（2）评价结果及分析。通过 Topsis 综合评价法计算得到 2006～2015 年我国 30 个省级经济单元单位大气污染排放的综合评价值 $C_i$（西藏数据缺失较多，不包括在分析样本内），即大气污染排放强度综合指数，大气污染排放强度综合指数值越大，表明单位排放量的经济产出越大，结果见表 6－1。

1）从省际差异看（见表 6－1），大气污染排放强度综合指数排名前 5 位的省份由高到低依次为北京、上海、广东、海南、浙江。其中，北京排名第一，即北京市单位大气污染物排放的经济产出最大，这与北京市大力调整产业结构，贯彻绿色环保的可持续发展理念、强化大气污染治理密不可分；2016 年北京市以现代服务业为主导的第三产业增加值占 GDP 比重已达 80.2%，对于降低大气污染排放，改善空气质量起到了有效的推动作用。上海、广东、浙江经济发展水平较高，在发展中能够充分利用自然资源并兼顾环境质量，其雄厚的经济实力也为大气环境保护和治理提供了充足的资金支持；海南绿色环保的旅游服务业是其支柱产业，第三产业所占比重较大，结构因素有利于降低大气污染。排

表 6－1　　2006～2015 年大气污染物排放强度综合指数

| 地区 | 省份 | 2006 年 | 2007 年 | 2008 年 | 2009 年 | 2010 年 | 2011 年 | 2012 年 | 2013 年 | 2014 年 | 2015 年 | 综合排名 |
|---|---|---|---|---|---|---|---|---|---|---|---|---|
| 东部地区 | 北京 | 0. 4157 | 0. 4696 | 0. 5937 | 0. 5957 | 0. 5740 | 0. 6854 | 0. 7218 | 0. 8116 | 0. 8792 | 1. 0000 | 1 |
| | 天津 | 0. 2377 | 0. 2190 | 0. 2557 | 0. 2302 | 0. 2372 | 0. 2186 | 0. 2108 | 0. 2112 | 0. 1808 | 0. 2135 | 6 |
| | 河北 | 0. 0617 | 0. 0656 | 0. 0893 | 0. 0895 | 0. 0889 | 0. 0584 | 0. 0606 | 0. 0630 | 0. 0647 | 0. 0690 | 23 |
| | 上海 | 0. 2765 | 0. 2983 | 0. 3099 | 0. 3326 | 0. 3369 | 0. 4262 | 0. 4374 | 0. 4675 | 0. 4096 | 0. 4619 | 2 |
| | 江苏 | 0. 1620 | 0. 1685 | 0. 1954 | 0. 2001 | 0. 2103 | 0. 2000 | 0. 2234 | 0. 2249 | 0. 2086 | 0. 2379 | 7 |
| | 浙江 | 0. 1800 | 0. 1885 | 0. 2141 | 0. 1960 | 0. 2199 | 0. 2440 | 0. 2797 | 0. 2669 | 0. 2639 | 0. 2944 | 5 |
| | 福建 | 0. 1867 | 0. 2053 | 0. 2129 | 0. 2025 | 0. 1771 | 0. 1884 | 0. 1913 | 0. 1986 | 0. 1947 | 0. 2088 | 8 |
| | 山东 | 0. 1342 | 0. 1409 | 0. 1604 | 0. 1550 | 0. 1653 | 0. 1303 | 0. 1412 | 0. 1477 | 0. 1280 | 0. 1403 | 11 |
| | 广东 | 0. 2127 | 0. 2072 | 0. 2161 | 0. 2556 | 0. 2627 | 0. 3212 | 0. 3262 | 0. 3292 | 0. 3126 | 0. 3663 | 3 |
| | 海南 | 0. 2397 | 0. 2222 | 0. 3387 | 0. 3163 | 0. 3125 | 0. 2859 | 0. 2813 | 0. 2788 | 0. 2536 | 0. 2672 | 4 |
| 中部地区 | 山西 | 0. 0377 | 0. 0397 | 0. 0269 | 0. 0237 | 0. 0357 | 0. 0249 | 0. 0260 | 0. 0269 | 0. 0270 | 0. 0318 | 28 |
| | 安徽 | 0. 0692 | 0. 0805 | 0. 0909 | 0. 0945 | 0. 0913 | 0. 0820 | 0. 0841 | 0. 0921 | 0. 0871 | 0. 0936 | 17 |
| | 江西 | 0. 1158 | 0. 1185 | 0. 1183 | 0. 1226 | 0. 1189 | 0. 0787 | 0. 0848 | 0. 0871 | 0. 0865 | 0. 0905 | 15 |
| | 河南 | 0. 0772 | 0. 0803 | 0. 0898 | 0. 0849 | 0. 0917 | 0. 0824 | 0. 0893 | 0. 0882 | 0. 0843 | 0. 0914 | 18 |
| | 湖北 | 0. 0955 | 0. 1257 | 0. 1366 | 0. 1347 | 0. 1404 | 0. 1336 | 0. 1418 | 0. 1479 | 0. 1454 | 0. 1625 | 12 |
| | 湖南 | 0. 1286 | 0. 1773 | 0. 1889 | 0. 1648 | 0. 1605 | 0. 1294 | 0. 1463 | 0. 1491 | 0. 1476 | 0. 1613 | 9 |

续表

| 地区 | 省份 | 2006 年 | 2007 年 | 2008 年 | 2009 年 | 2010 年 | 2011 年 | 2012 年 | 2013 年 | 2014 年 | 2015 年 | 综合排名 |
|---|---|---|---|---|---|---|---|---|---|---|---|---|
| 西部地区 | 内蒙古 | 0. 0248 | 0. 0327 | 0. 0302 | 0. 0321 | 0. 0245 | 0. 0267 | 0. 0249 | 0. 0249 | 0. 0246 | 0. 0260 | 29 |
| | 广西 | 0. 1331 | 0. 1221 | 0. 1173 | 0. 1145 | 0. 1078 | 0. 1010 | 0. 0998 | 0. 1021 | 0. 1056 | 0. 1251 | 13 |
| | 重庆 | 0. 1144 | 0. 1104 | 0. 1320 | 0. 1233 | 0. 1010 | 0. 1009 | 0. 1048 | 0. 1069 | 0. 1040 | 0. 1151 | 14 |
| | 四川 | 0. 1618 | 0. 1894 | 0. 1936 | 0. 1244 | 0. 1131 | 0. 1325 | 0. 1502 | 0. 1571 | 0. 1475 | 0. 1596 | 10 |
| | 贵州 | 0. 0793 | 0. 0081 | 0. 0922 | 0. 0795 | 0. 0786 | 0. 0313 | 0. 0344 | 0. 0372 | 0. 0413 | 0. 0554 | 25 |
| | 云南 | 0. 0964 | 0. 0996 | 0. 0908 | 0. 0813 | 0. 0841 | 0. 0624 | 0. 0649 | 0. 0697 | 0. 0744 | 0. 0834 | 20 |
| | 陕西 | 0. 0936 | 0. 1068 | 0. 0738 | 0. 0742 | 0. 0796 | 0. 0527 | 0. 0568 | 0. 0586 | 0. 0597 | 0. 0643 | 22 |
| | 甘肃 | 0. 0595 | 0. 0691 | 0. 0869 | 0. 0604 | 0. 0574 | 0. 0399 | 0. 0440 | 0. 0450 | 0. 0404 | 0. 0403 | 24 |
| | 青海 | 0. 0489 | 0. 0434 | 0. 0507 | 0. 0482 | 0. 0421 | 0. 0412 | 0. 0407 | 0. 0386 | 0. 0371 | 0. 0419 | 26 |
| | 宁夏 | 0. 0152 | 0. 0164 | 0. 0326 | 0. 0256 | 0. 0091 | 0. 0085 | 0. 0096 | 0. 0082 | 0. 0082 | 0. 0093 | 30 |
| | 新疆 | 0. 0389 | 0. 0411 | 0. 0388 | 0. 0338 | 0. 0346 | 0. 0284 | 0. 0242 | 0. 0218 | 0. 0218 | 0. 0255 | 27 |
| 东北地区 | 辽宁 | 0. 0736 | 0. 0777 | 0. 0927 | 0. 0877 | 0. 0964 | 0. 0841 | 0. 0882 | 0. 0973 | 0. 0951 | 0. 1009 | 16 |
| | 吉林 | 0. 0802 | 0. 0838 | 0. 0777 | 0. 0789 | 0. 0756 | 0. 0710 | 0. 0851 | 0. 0840 | 0. 0793 | 0. 0816 | 21 |
| | 黑龙江 | 0. 0953 | 0. 0946 | 0. 1052 | 0. 0944 | 0. 0989 | 0. 0729 | 0. 0720 | 0. 0733 | 0. 0741 | 0. 0783 | 19 |
| 东部均值 | | 0. 2107 | 0. 2185 | 0. 2586 | 0. 2573 | 0. 2585 | 0. 2759 | 0. 2874 | 0. 2999 | 0. 2896 | 0. 3259 | — |
| 中部均值 | | 0. 0873 | 0. 1037 | 0. 1085 | 0. 1042 | 0. 1064 | 0. 0885 | 0. 0954 | 0. 0985 | 0. 0963 | 0. 1052 | — |
| 西部均值 | | 0. 0787 | 0. 0763 | 0. 0854 | 0. 0725 | 0. 0665 | 0. 0569 | 0. 0595 | 0. 0609 | 0. 0604 | 0. 0678 | — |
| 东北均值 | | 0. 0830 | 0. 0854 | 0. 0919 | 0. 0870 | 0. 0903 | 0. 0760 | 0. 0818 | 0. 0849 | 0. 0828 | 0. 0869 | — |
| 全国均值 | | 0. 1249 | 0. 1301 | 0. 1484 | 0. 1419 | 0. 1409 | 0. 1381 | 0. 1449 | 0. 1505 | 0. 1462 | 0. 1632 | — |

名后 5 位的省份由低到高依次为宁夏、内蒙古、山西、新疆、青海，除山西位于中部地区外，其余 4 个省份均位于经济落后的西部地区。宁夏排名最低，宁夏发展方式粗放且生态脆弱，经济与环境的耦合度低，并且这种情况在近年来并未得到足够的重视与改变（刘丙泉等，2011）。总体来看，东部地区除河北（河北排名第 23）落后外，其他省份均位于前 10 名；西部各省份排名靠后，经济发展付出了巨大的环境代价。东北三省排名落后，这和其经济结构中重工业比重过大有关。

2）从地区差异看（见图 6－1），我国大气污染排放强度地区差异显著，东部地区单位大气污染物排放的经济产出最大，依次为中部、东北和西部地区，西部最低。中西部地区和东北地区不但低于全国平均水平，也显著低于东部地区，消耗单位大气环境的经济产出较小。可能的解释在于，一是东部地区经济发展起点高，较早就意识到了环境保护的重要性，在生产中能够充分发挥资源优化配置的作用，提高单位大气环境投入的经济产出。二是东部地区在产业升级过程中，将过多耗能大、排放多的重化工业产业转移到了中西部地区，加大了中西部地区环境保护的难度。三是中西部地区发展水平不高，发展方式粗放，地方政府迫于经济增长压力，使环境保护与治理往往处于被忽视地位。

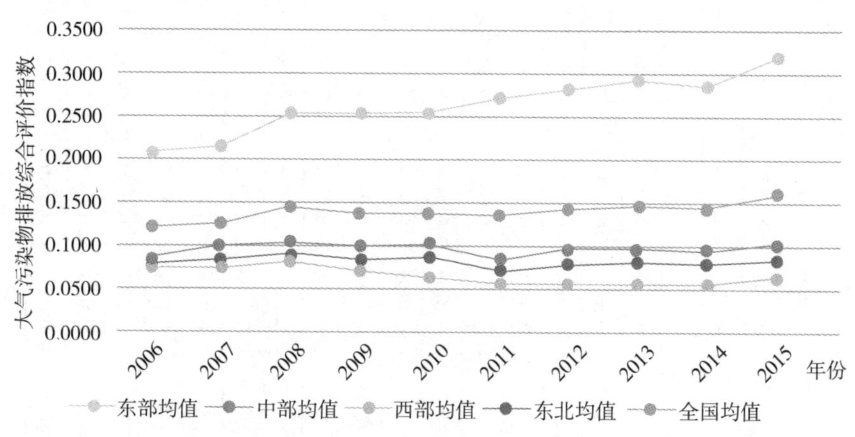


**图 6－1　2006～2015 年我国大气污染物排放综合评价指数变化趋势图**

3）从变动趋势来看，全国层面上大气污染排放强度综合指数呈平稳上升趋势，2006 年综合评价指数为 0.1249，到 2016 年上升至 0.1632，说明随着时间推移，单位大气污染排放带来的经济产出呈增加趋势。一是由于废气污染治理投资及技术水平的提高，废气治理处理能力、废气治理设施数逐年增加；二是由于优化能源消费结构，以清洁能源对非清洁能源进行替代，使煤炭的使用比例随之减少，进而减少了大气污染物的排放；三是产业结构整体的调整优化，加速淘汰落后产能，对降低大气污染排放起到了重要的推动作用；四是对大气污染排放的控制标准提高，执法监督力度加强；五是居民环保意识整体提高，非环境规制起到越来越重要作用。分地区看，东部上升较快，中部缓慢上升，西部下降，东北变动平稳，并无明显的上升趋势。总体来看，中西部地区和东北地区提高单位大气污染排放的经济产出还有很大的空间，大气污染治理任重而道远。

### 6.3.3 大气污染治理效率测算

#### 6.3.3.1 模型设定

评价生产率的方法很多，从技术上大致可分为参数方法和非参数方法两种。参数法需要根据不同的假设设定生产函数的具体形式并对参数进行估计，常用的有随机前沿面分析（Stochastic Frontier Analysis，SFA）法，收入份额分析法和计量经济学方法等。非参数法无须事先设定具体的函数形式及估计具体的参数值，主要包括指数法和数据包络分析（Data Envelopment Analysis，DEA）法。

数据包络分析（DEA）是由查尔内斯·库珀和罗兹（Charnes Coopor & Rhodes）于 1978 年首先提出的评价生产效率的重要的非参数方法。其原理主要是通过保持决策单元（Decision Making Units，DMU）的输入或者输出不变，借助于数学规划方法确定相对有效的生产前沿面，将各个决策单元投影到 DEA 生产前沿面上，并通过比较决策单元偏离 DEA 前沿面的程度来评价它们的相对有效性。

DEA方法以相对效率概念为基础，以凸分析和线性规划为工具，应用数学规划模型计算比较决策单元之间的相对效率，对决策单元做出评价。该方法能充分考虑对于决策单元本身最优的投入产出方案，因而能够更理想地反映评价对象自身的信息和特点，在处理多输入—多输出的有效性评价方面具有绝对优势。DEA方法并不直接对数据进行综合，因此决策单元的最优效率指标与投入指标值及产出指标值的量纲选取无关，应用DEA方法建立模型前也无须对数据进行无量纲化处理。由于非参数法摒弃了参数法中生产函数形式需要事先假设，参数估计的有效性和合理性需要检验等方面的问题，使得该方法的应用更为普遍。综合分析，最终选取非参数的数据包络分析（DEA）法对区域大气污染治理效率进行评价。

数据包络分析（DEA）法从是否满足规模报酬假设，可分为不变规模报酬（CRS）和可变规模报酬（VRS）两种。从计算方法看，CRS假设的优势在于，无论以产出为导向还是以投入为导向，所得到的效率值均具有一致性；但VRS假设下，基于投入角度和产出角度计算的效率值是不等的。从模型形式看，有投入导向的DEA模型和产出导向的DEA模型。投入导向的DEA模型是既定产出水平下使投入最少；产出导向的DEA模型是给定投入要素条件下，使产出最大。从是否为径向的角度来看可分为径向与非径向。

CCR模型是DEA模型中最基本、最重要的技术，该模型由查尔内斯·库珀和罗兹（Charnes Cooper & Rhodes）于1978年提出，继CCR模型之后，学者们对DEA方法进行了扩展。1984年，贝克尔·查尔内斯和库珀（Banker Charnes & Cooper）提出了基于可变规模收益（VRS）模式下的数据包络分析技术，即BCC模型。CCR模型采用固定规模报酬假设（CRS），但并不是每一个决策单元的生产过程都处于固定规模报酬；BCC模型去除了CCR模型中规模报酬不变的假设，采用可变规模报酬假设，能将纯技术效率和规模效率分开，可以衡量受评估单元在既定生产技术情况下，是否处于最适生产规模状态。

基础的DEA模型只能基于径向和角度来测度效率，其测算的效率值

介于 [0, 1]。但在实际中，有时会出现多个决策单元的技术效率值都等于1的情况，从而不能按效率值高低对各个决策单元进行排序，对于这种情况，DEA 提供了一种超效率的评价模型，按此模型计算出来的效率值可大于1，基本上能实现对所有决策单元的排序。效率值大于1的经济意义在实践中十分有用，它可以测算出各项投入指标在同时按多大比例增加的情况下，决策单元仍能保持 DEA 有效。而且非径向、非角度的超效率 SBM 模型不仅能够避免因为指标量纲不同和评价角度选择差异产生的偏差和影响，同时测算的效率值也可以大于1，可以进一步对有效决策单元进行排序，因而更能体现生产率评价的本质。故本书选择基于规模报酬可变下非径向、非角度的超效率 DEA - SBM 模型对我国大气污染治理效率进行测算。

超效率的含义见图6-2。在图6-2中，A、B、C、D、E 是5个决策单元，每个决策单元有两项投入、一个产出，应用5个决策单元数据得到标准的 DEA 模型，B、C、D 这3个决策单元形成了前沿面，因而这3个决策单元的效率得分都是1。如果应用超效率的 DEA 模型求解，这3个决策单元的超效率得分有可能大于1，如对于决策单元 C 即是这样。对 C 来说，测定其超效率值，它不再是处于前沿面上。前沿面仅包含 B 和 D 两个决策单元，而 C 的投影点在 $C'$ 处。决策单元 C 的超效率

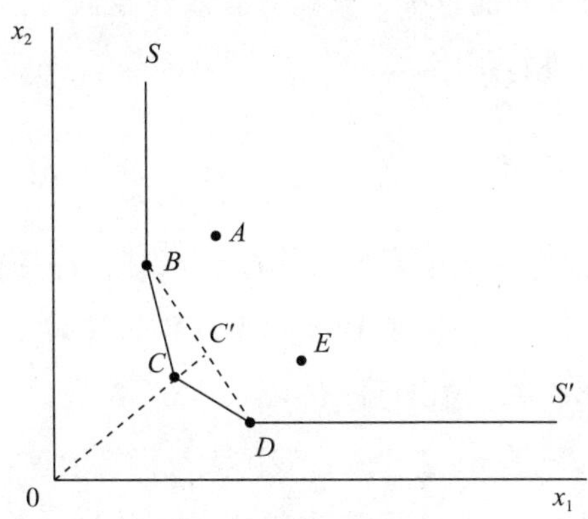


**图6-2 超效率模型图解**

得分值等于 $0C'/0C$，大致等于 1.2。这表明该单位的各项投入指标同步增加 20%，决策单元仍能保持 DEA 有效。

在超效率模型分析中，原来没有处于前沿面上的决策单元的效率得分值（这里如 A 和 E）不会发生变化，因为他们不是构成前沿面的单位。

假设 $\theta$ 表示被评价的决策单元的效率值，$n$ 为决策单元数（本书指 30 个省份），$x_i$ 表示决策单元投入要素的组合，$y_i$ 表示决策单元产出要素的组合，则超效率 DEA 模型可设定如下：

$$\min\theta$$

$$s.t.\ \sum_{\substack{j=1 \\ j\neq i}}^{n}\varphi_i x_i + s^- = \theta x_0$$

$$\sum_{\substack{j=1 \\ j\neq i}}^{n}\varphi_i y_i - s^+ = y_0 \qquad (6-7)$$

$$\varphi_i \geqslant 0, s^- \geqslant 0, s^+ \geqslant 0, i = 1,2,\cdots,n$$

模型（6－7）中，$\varphi_i$ 为决策单元组合中第 $i$ 个决策单元的组合比例，$s^-$、$s^+$ 分别表示投入和产出的松弛变量。$\sum\varphi > 1$，$\sum\varphi = 1$ 和 $\sum\varphi < 1$ 分别表示规模报酬递减、不变和递增。若 $\theta < 1$，且 $s^- \neq 0$ 或 $s^+ \neq 0$，表明决策单元为非 DEA 有效；若 $\theta \geqslant 1$，且 $s^- = 0$ 或 $s^+ = 0$，表明决策单元为 DEA 有效；$\theta$ 的值越小，其相对有效性越低，据此就可以对各个决策单元的效率值进行排序。

#### 6.3.3.2 测算结果及分析

以全国 30 个省份经济单元的投入/产出数据为依据，基于超效率的 DEA－SBM 模型（6－7），运用 DEA-SOLVER 软件对 2006～2015 年大气污染防治效率进行测算，结果见表 6－2、表 6－3。

（1）由表 6－2、表 6－3 可知，我国大气污染治理效率普遍偏低，且省际差异显著。综合排名前五位的省份依次为海南、北京、青海、上海、天津。其中海南的效率值最大，样本考察期内，有 6 个年份排名第 1，有

表 6 - 2　　2006 ~ 2015 年大气污染防治效率测算结果

| | 地区 | 2006 年 | 2007 年 | 2008 年 | 2009 年 | 2010 年 | 2011 年 | 2012 年 | 2013 年 | 2014 年 | 2015 年 |
|---|---|---|---|---|---|---|---|---|---|---|---|
| 东部地区 | 北京 | 1. 6736 | 1. 7575 | 1. 7530 | 1. 8513 | 1. 8022 | 2. 2635 | 2. 4408 | 2. 6864 | 3. 2629 | 4. 4643 |
| | 天津 | 0. 2905 | 0. 2937 | 0. 2091 | 0. 1963 | 0. 1998 | 0. 1887 | 0. 2047 | 0. 2057 | 0. 1845 | 0. 1930 |
| | 河北 | 0. 0173 | 0. 0210 | 0. 0181 | 0. 0191 | 0. 0191 | 0. 0136 | 0. 0154 | 0. 0165 | 0. 0196 | 0. 0174 |
| | 上海 | 0. 2830 | 0. 3523 | 0. 1566 | 0. 2029 | 0. 2186 | 0. 3468 | 0. 3665 | 0. 3716 | 0. 3183 | 0. 2962 |
| | 江苏 | 0. 0351 | 0. 0421 | 0. 0314 | 0. 0341 | 0. 0368 | 0. 0388 | 0. 0441 | 0. 0493 | 0. 0510 | 0. 0480 |
| | 浙江 | 0. 0505 | 0. 0643 | 0. 0470 | 0. 0427 | 0. 0500 | 0. 0652 | 0. 0813 | 0. 0803 | 0. 0908 | 0. 0843 |
| | 福建 | 0. 1122 | 0. 1337 | 0. 0888 | 0. 0885 | 0. 0775 | 0. 0917 | 0. 1029 | 0. 1014 | 0. 1117 | 0. 0978 |
| | 山东 | 0. 0246 | 0. 0298 | 0. 0219 | 0. 0224 | 0. 0243 | 0. 0215 | 0. 0261 | 0. 0282 | 0. 0277 | 0. 0244 |
| | 广东 | 0. 0461 | 0. 0506 | 0. 0335 | 0. 0415 | 0. 0434 | 0. 0687 | 0. 0756 | 0. 0728 | 0. 0747 | 0. 0718 |
| | 海南 | 3. 8257 | 3. 1806 | 3. 2700 | 3. 0621 | 2. 9850 | 2. 4681 | 2. 2756 | 2. 2075 | 1. 8467 | 1. 6815 |
| 中部地区 | 山西 | 0. 0226 | 0. 0258 | 0. 0111 | 0. 0104 | 0. 0155 | 0. 0115 | 0. 0131 | 0. 0135 | 0. 0150 | 0. 0155 |
| | 安徽 | 0. 0394 | 0. 0541 | 0. 0365 | 0. 0395 | 0. 0389 | 0. 0377 | 0. 0408 | 0. 0446 | 0. 0492 | 0. 0426 |
| | 江西 | 0. 0905 | 0. 1053 | 0. 0643 | 0. 0695 | 0. 0664 | 0. 0489 | 0. 0578 | 0. 0590 | 0. 0707 | 0. 0605 |
| | 河南 | 0. 0221 | 0. 0263 | 0. 0162 | 0. 0176 | 0. 0193 | 0. 0200 | 0. 0244 | 0. 0241 | 0. 0261 | 0. 0226 |
| | 湖北 | 0. 0425 | 0. 0631 | 0. 0433 | 0. 0459 | 0. 0481 | 0. 0440 | 0. 0631 | 0. 0642 | 0. 0741 | 0. 0661 |
| | 湖南 | 0. 0603 | 0. 0921 | 0. 0655 | 0. 0610 | 0. 0589 | 0. 0521 | 0. 0683 | 0. 0693 | 0. 0807 | 0. 0680 |

续表

| | 地区 | 2006 年 | 2007 年 | 2008 年 | 2009 年 | 2010 年 | 2011 年 | 2012 年 | 2013 年 | 2014 年 | 2015 年 |
|---|---|---|---|---|---|---|---|---|---|---|---|
| 西部地区 | 内蒙古 | 0. 0191 | 0. 0260 | 0. 0146 | 0. 0159 | 0. 0121 | 0. 0141 | 0. 0137 | 0. 0138 | 0. 0138 | 0. 0122 |
| | 广西 | 0. 0968 | 0. 0952 | 0. 0569 | 0. 0565 | 0. 0520 | 0. 0536 | 0. 0589 | 0. 0594 | 0. 0721 | 0. 0689 |
| | 重庆 | 0. 0902 | 0. 1002 | 0. 0709 | 0. 0778 | 0. 0655 | 0. 0758 | 0. 0855 | 0. 0874 | 0. 0984 | 0. 0930 |
| | 四川 | 0. 0535 | 0. 0768 | 0. 0508 | 0. 0317 | 0. 0294 | 0. 0393 | 0. 0546 | 0. 0564 | 0. 0644 | 0. 0579 |
| | 贵州 | 0. 0786 | 0. 0088 | 0. 0648 | 0. 0589 | 0. 0595 | 0. 0259 | 0. 0298 | 0. 0330 | 0. 0430 | 0. 0504 |
| | 云南 | 0. 0625 | 0. 0728 | 0. 0418 | 0. 0401 | 0. 0409 | 0. 0340 | 0. 0371 | 0. 0393 | 0. 0490 | 0. 0455 |
| | 陕西 | 0. 0664 | 0. 0931 | 0. 0368 | 0. 0399 | 0. 0423 | 0. 0314 | 0. 0397 | 0. 0426 | 0. 0478 | 0. 0412 |
| | 甘肃 | 0. 0702 | 0. 0847 | 0. 0641 | 0. 0534 | 0. 0526 | 0. 0396 | 0. 0484 | 0. 0491 | 0. 0526 | 0. 0500 |
| | 青海 | 1. 1666 | 1. 1277 | 0. 9999 | 0. 9999 | 0. 9998 | 0. 9999 | 0. 9999 | 0. 9999 | 1. 1315 | 1. 285 |
| | 宁夏 | 0. 1407 | 0. 1902 | 0. 4059 | 0. 1626 | 0. 0792 | 0. 0617 | 0. 0774 | 0. 0731 | 0. 0833 | 0. 0808 |
| | 新疆 | 0. 0407 | 0. 0496 | 0. 0348 | 0. 0301 | 0. 0301 | 0. 0272 | 0. 0232 | 0. 0190 | 0. 0199 | 0. 0204 |
| 东北地区 | 辽宁 | 0. 0290 | 0. 0346 | 0. 0269 | 0. 0262 | 0. 0295 | 0. 0284 | 0. 0328 | 0. 0372 | 0. 0381 | 0. 0345 |
| | 吉林 | 0. 0729 | 0. 0936 | 0. 0517 | 0. 0584 | 0. 0547 | 0. 0560 | 0. 0754 | 0. 0703 | 0. 0734 | 0. 0621 |
| | 黑龙江 | 0. 0720 | 0. 0889 | 0. 0514 | 0. 0568 | 0. 0491 | 0. 0366 | 0. 0584 | 0. 0545 | 0. 0630 | 0. 0539 |
| 东部均值 | | 0. 6359 | 0. 5926 | 0. 5629 | 0. 5561 | 0. 5457 | 0. 5567 | 0. 5633 | 0. 5820 | 0. 5988 | 0. 6979 |
| 中部均值 | | 0. 0462 | 0. 0611 | 0. 0395 | 0. 0406 | 0. 0412 | 0. 0357 | 0. 0446 | 0. 0458 | 0. 0527 | 0. 0459 |
| 西部均值 | | 0. 1714 | 0. 1750 | 0. 1674 | 0. 1424 | 0. 1330 | 0. 1275 | 0. 1335 | 0. 1339 | 0. 1523 | 0. 1642 |
| 东北均值 | | 0. 0579 | 0. 0724 | 0. 0433 | 0. 0471 | 0. 0444 | 0. 0403 | 0. 0555 | 0. 0540 | 0. 0582 | 0. 0502 |
| 全国均值 | | 0. 2898 | 0. 2812 | 0. 2612 | 0. 2504 | 0. 2434 | 0. 2435 | 0. 2512 | 0. 2576 | 0. 2718 | 0. 3070 |

表 6-3　大气污染防治效率测算结果排序

| 地区 | 省份 | 2006 年 | 2007 年 | 2008 年 | 2009 年 | 2010 年 | 2011 年 | 2012 年 | 2013 年 | 2014 年 | 2015 年 | 综合排名 |
|---|---|---|---|---|---|---|---|---|---|---|---|---|
| 东部地区 | 北京 | 2 | 2 | 2 | 2 | 2 | 2 | 1 | 1 | 1 | 1 | 2 |
| | 天津 | 4 | 5 | 5 | 5 | 5 | 5 | 5 | 5 | 5 | 5 | 5 |
| | 河北 | 30 | 29 | 27 | 27 | 28 | 29 | 28 | 28 | 28 | 28 | 28 |
| | 上海 | 5 | 4 | 6 | 4 | 4 | 4 | 4 | 4 | 4 | 4 | 4 |
| | 江苏 | 24 | 23 | 24 | 22 | 22 | 18 | 19 | 18 | 19 | 20 | 23 |
| | 浙江 | 19 | 18 | 17 | 17 | 15 | 9 | 8 | 8 | 8 | 8 | 13 |
| | 福建 | 7 | 7 | 7 | 7 | 7 | 6 | 6 | 6 | 6 | 6 | 6 |
| | 山东 | 26 | 25 | 26 | 26 | 26 | 26 | 25 | 25 | 25 | 25 | 26 |
| | 广东 | 20 | 21 | 23 | 18 | 18 | 8 | 10 | 10 | 11 | 10 | 14 |
| | 海南 | 1 | 1 | 1 | 1 | 1 | 1 | 2 | 2 | 2 | 2 | 1 |
| 中部地区 | 山西 | 27 | 28 | 30 | 30 | 29 | 30 | 30 | 30 | 29 | 29 | 30 |
| | 安徽 | 23 | 20 | 21 | 21 | 21 | 19 | 20 | 20 | 20 | 22 | 22 |
| | 江西 | 9 | 8 | 11 | 9 | 8 | 14 | 16 | 15 | 15 | 15 | 10 |
| | 河南 | 28 | 26 | 28 | 28 | 27 | 27 | 26 | 26 | 26 | 26 | 27 |
| | 湖北 | 21 | 19 | 18 | 16 | 17 | 15 | 13 | 13 | 12 | 13 | 15 |
| | 湖南 | 17 | 13 | 9 | 10 | 11 | 13 | 12 | 12 | 10 | 12 | 9 |

续表

| 地区 | 省份 | 2006 年 | 2007 年 | 2008 年 | 2009 年 | 2010 年 | 2011 年 | 2012 年 | 2013 年 | 2014 年 | 2015 年 | 综合排名 |
|---|---|---|---|---|---|---|---|---|---|---|---|---|
| 西部地区 | 内蒙古 | 29 | 27 | 29 | 29 | 30 | 28 | 29 | 29 | 30 | 30 | 29 |
| | 广西 | 8 | 10 | 13 | 14 | 14 | 12 | 14 | 14 | 14 | 11 | 12 |
| | 重庆 | 10 | 9 | 8 | 8 | 9 | 7 | 7 | 7 | 7 | 7 | 8 |
| | 四川 | 18 | 16 | 16 | 23 | 25 | 17 | 17 | 16 | 16 | 16 | 18 |
| | 贵州 | 11 | 30 | 10 | 11 | 10 | 25 | 24 | 24 | 23 | 18 | 19 |
| | 云南 | 16 | 17 | 19 | 19 | 20 | 21 | 22 | 22 | 21 | 21 | 21 |
| | 陕西 | 15 | 12 | 20 | 20 | 19 | 22 | 21 | 21 | 22 | 23 | 20 |
| | 甘肃 | 14 | 15 | 12 | 15 | 13 | 16 | 18 | 19 | 18 | 19 | 17 |
| | 青海 | 3 | 3 | 3 | 3 | 3 | 3 | 3 | 3 | 3 | 3 | 3 |
| | 宁夏 | 6 | 6 | 4 | 6 | 6 | 10 | 9 | 9 | 9 | 9 | 7 |
| | 新疆 | 22 | 22 | 22 | 24 | 23 | 24 | 27 | 27 | 27 | 27 | 25 |
| 东北地区 | 辽宁 | 25 | 24 | 25 | 25 | 24 | 23 | 23 | 23 | 24 | 24 | 24 |
| | 吉林 | 12 | 11 | 14 | 12 | 12 | 11 | 11 | 11 | 13 | 14 | 11 |
| | 黑龙江 | 13 | 14 | 15 | 13 | 16 | 20 | 15 | 17 | 17 | 17 | 16 |

4 个年份排名第 2，综合排名第 1；北京有 6 个年份排名第 2，有 4 个年份排名第 1，综合排名第 2；青海每一年排名都在第 3，较为稳定；上海除 2006 年、2008 年外，每一年都排名第 4；天津除 2006 年外，每一年排名都为第 5。北京经济发展水平较高，对大气污染治理的投入多，并且其节能减排技术、清洁生产等方面均具有较高的水平，在大气污染防治措施实施过程中执法力度强，有效整治了各类违法违规排污及生产经营行为；同时加大新能源小客车的推广力度，实施燃煤锅炉改造，基本实现了北京的“无煤化”，大气污染治理效果明显；另外，“十二五”期间，将钢铁、化工等高能耗高排放产业向周边区域进行转移，这大大减少了大气污染排放，有助于大气污染防治效率的提高。海南具有天然的地理优势，房地产业及旅游业是其主要支柱产业，成为海南经济发展的主要增长点，第三产业比重已经超过 50%，第二产业仅占 20% 左右，结构因素有利于降低大气污染物排放。青海的产业结构以农牧业和旅游业为主，工业制造业所占比重较小，因此大气污染物排放也比较少，同时，紧紧围绕大气污染防治要求，对重点区域新建火电、水泥等行业和燃煤锅炉项目执行严格的大气污染排放标准，以源头治理为重点，强化面源污染管控，不断推进城市大气污染防治，对提高大气污染防治效率产生了积极有效的推动作用。上海经济发展水平较高，金融服务业是其主要产业，并且高度重视清洁能源的推广及利用，大力引进先进大气污染防治技术，严格控制高耗能、重污染产业的发展。天津为改善提高大气环境质量，强化污染源管控，进行精准治理施策，不断加强环境监察执法力度；另外，与北京市的协同治理取得了一定的成效，空气质量达标天数不断增加。

排名后 5 位的省份从低到高依次为山西、内蒙古、河北、河南、山东。其中，山西、内蒙古、河北每一年的排名几乎都在 27 名以后，河南、山东每一年的排名都在 25 名以后。山西省大气污染治理效率最低，排名倒数第一，一是因为山西省是我国重要的煤炭资源生产地，在资源开采中对生态环境造成严重破坏；二是因为落后的技术水平和较差的生产工艺，导致煤炭开采过程及生产中带来大量的污染排放，排污标准远远超过国家标准。内蒙古地域辽阔，局部地区污染严重，大气污染防治效率较低主要是因为其作为我国一个非常重要的能源、有色金属以及新型化工等生产加工基地，大气污染防治历史欠账较多，导致其排放强度较高，提高大气污染防治效率难度较大。河北一直以来大气污染比较严重，大气污染防治效率较低，一是因为北京地区的重工业向河北地区转移，导致大气污染物排放居高不下，治理难度增大；二是因为工业比重较大，在其经济结构中占有重要地位。河南省是我国的农业大省，人口基数较大，其大气污染防治效率较低，一是其煤炭消费占能源消费总量的比例过高，超过了全国平均水平；二是因为工业比重较大，原材料工业和高污染、高耗能、高排放行业相对比较集中，在加快经济发展的过程中又面临着加强生态环境保护的巨大压力；三是因为省内公路运输占铁路、公路、水路货运周转量的65%，重型载货汽车排放氮氧化物过多以及运输中产生的道路扬尘污染也是影响大气环境质量改善的重要因素。山东省大气污染防治效率较低，一是因为非清洁能源的大量消耗，其煤炭消费量占到了全国的十分之一，2013 年以来，山东省的煤炭消费总量仍呈现出增长趋势；二是因为产业结构中，重化工业占比较大，约为 70%，以高污染、高耗能为特征的产能过剩问题非常突出，严重影响了城市空气质量；三是因为汽车保有量大且增长速度较快，机动车污染日趋突出。

（2）从地区差异看（见图 6－3），东部地区大气污染治理效率最高，即高于全国平均水平，也显著高于中西部和东北地区；依次为西部和东北地区，中部最低。其中，东部地区各年效率值几乎都在 0.6 左右浮动，高于全国平均水平；其次是西部地区，各年效率值几乎均在 0.25 左右变动；东北地区与中部地区大气污染治理效率较低，各年效率值在 0.05 左右变动。近年来，为避免走“先污染，后治理”的老路，西部地区加大了对高污染、高排放产业的管制，限制高污染、高排放类产业的进入，逐步改造落后生产工艺，在吸取东部发达地区经济发展经验的基础上选择适宜的发展路径，有利于大气污染治理效率的提高，其大气污染治理效率虽低于东部，但高于中部和东北。中部地区大气污染治理效率最低，这可能和中部地区经济发展长期依赖资源投入有关。

2004年提出并施行的“中部崛起”战略使得中部经济发展水平显著提高，但在推进工业化和城镇化的过程中，大型煤炭基地的建设，钢铁、水泥、化工、有色、建材等重污染产业以及装备制造业的发展，加上高耗能、高排放的经济发展模式造成严重大气污染的同时，也使大气污染治理难见成效，治理效率一直在低位徘徊。东北大气污染治理效率较低的主要原因是产业结构的不合理，自振兴东北老工业基地战略实施以来，东北地区的经济结构虽然有所调整，但其重工业主导产业依然是钢铁、化工、石油加工和基础装备行业，经济增长主要依靠基础能源原材料以及基础装备行业进行拉动的发展模式也没有发生根本性改变，而长期落后的发展模式对提高大气污染治理效率产生了诸多不利影响。

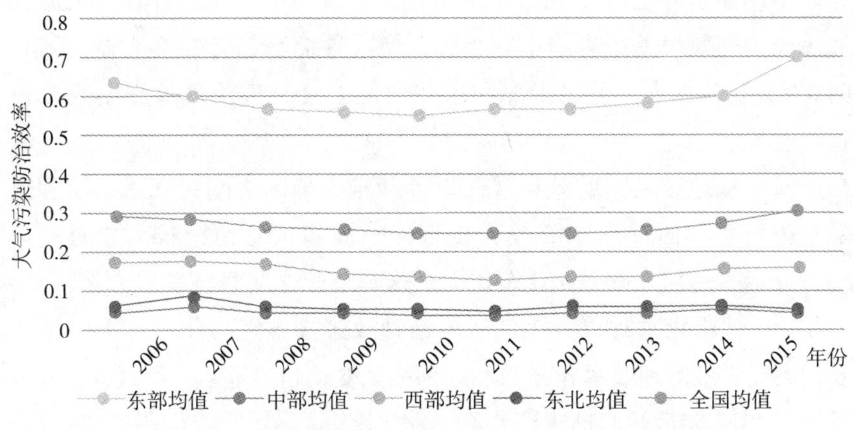


**图6-3 2006~2015年区域大气污染防治效率变化**

#### 6.3.3.3 大气污染治理效率收敛性分析

有关收敛分析的指标有变异系数、$\sigma$ 系数、泰尔指数等多个系数。本书采用较常用的变异系数（$\sigma$ 系数）来检验大气污染治理效率的收敛情况。$\sigma$ 系数计算公式为：

$$\sigma_t = \frac{\left\{\frac{1}{N}\sum_{m=1}^{N}\left[\theta_m(t) - \frac{1}{N}\sum_{m=1}^{N}\theta_m(t)\right]^2\right\}^{\frac{1}{2}}}{\frac{1}{N}\sum_{m=1}^{N}\theta_m(t)} \tag{6-8}$$

公式（6-8）中，$\theta_m(t)$ 表示第 $m$ 个省份在第 $t$ 年份的大气污染治理效率，$N$ 为省级经济单元数。

表6-4为根据公式（6-8）计算的我国四大地区及全国的大气污染治理的 $\sigma$ 系数。

（1）从地区内部差异看（见表6-4，图6-4），西部地区 $\sigma$ 系数最大，说明西部地区内部各省份之间大气污染治理效率差异较大，并且这种差异随时间推移上升的趋势比较明显；依次为东部地区、中部地区以及东北地区。东部地区 $\sigma$ 系数呈微弱的U形变化，2006~2012年 $\sigma$ 系数下降，2012年是拐点，2012年之后，$\sigma$ 系数上升趋势较为明显，表明近年来东部地区内部各省市之间大气污染治理效率差异扩大。中部和东北地区 $\sigma$ 系数呈下降趋势，表明地区内部各省份之间大气污染治理效率差距有缩小的趋势，但这种缩小趋势并不明显。结合图6-3可以看出，虽然中部和东北地区大气污染治理效率不高，但省际差异较小。

（2）从地区之间的差异看，2010年前，地区之间大气污染治理效率差距较小，西部和东部较为接近，中部和东北地区较为接近；但2010年后，地区之间差距逐渐扩大，这和地区之间经济发展方式转变、工业化、城市化进程以及大气污染治理政策措施密切相关。全国层面上，大气污染治理效率 $\sigma$ 系数和东部地区变动趋势基本一致，各省际 $\sigma$ 系数自2012年后开始迅速扩大。

**表6-4　　2006~2015年省际大气污染防治效率 $\sigma$ 系数**

| | 2006年 | 2007年 | 2008年 | 2009年 | 2010年 | 2011年 | 2012年 | 2013年 | 2014年 | 2015年 |
|---|---|---|---|---|---|---|---|---|---|---|
| 东部地区 | 1.8324 | 1.6817 | 1.8358 | 1.7806 | 1.7654 | 1.6357 | 1.6041 | 1.6218 | 1.7224 | 1.9244 |
| 中部地区 | 0.5121 | 0.4921 | 0.5334 | 0.5246 | 0.4585 | 0.4199 | 0.4570 | 0.4528 | 0.4717 | 0.4524 |
| 西部地区 | 1.8445 | 1.7403 | 1.6896 | 1.9220 | 2.0652 | 2.1677 | 2.0582 | 2.0510 | 2.0391 | 2.1639 |
| 东北地区 | 0.3538 | 0.3698 | 0.2684 | 0.3146 | 0.2433 | 0.2872 | 0.3155 | 0.2503 | 0.2545 | 0.2305 |
| 全国 | 2.5630 | 2.2932 | 2.5208 | 2.5344 | 2.5465 | 2.4464 | 2.3547 | 2.3884 | 2.4546 | 2.7759 |

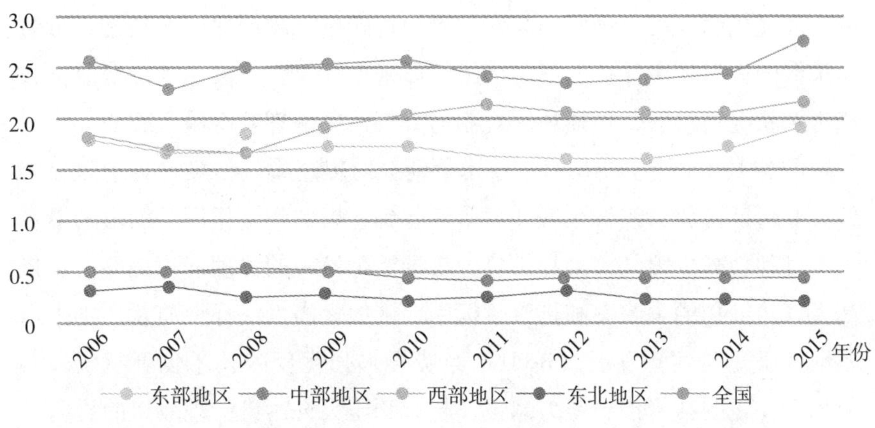


**图 6-4 2006~2015 年地区大气污染治理效率 $\sigma$ 系数变动趋势**

## 6.4 环境规制影响大气污染防治效率的实证检验

### 6.4.1 影响因素的选择

影响大气污染治理效率的因素很多，如政府环境规制、产业结构、能源结构、技术进步、外商直接投资等。本书重点关注环境规制对大气污染治理效率的影响，参考相关文献兼顾数据的可得性，选取主要影响因素如下。

(1) 环境规制 (ER)。环境规制是关键的解释变量，作为大气污染治理效率的重要影响因素，一方面，政府环境规制力度越大，企业面临的减排压力就越大，在减排压力的驱使下，企业会加大生产技术创新和大气污染治理方面的研发投入力度，推动清洁生产技术进步，从而对大气污染治理效率产生正面的技术创新“补偿效应”，生产也以更加环境友好的方式进行。另一方面，环境规制也可能会给企业带来额外的成本负担，从而产生负面的“遵循成本”效应，两种方式都可以对大气污染治理效率产生影响。本书用环境规制强度综合指数衡量环境规制变量，具体见第三章表 3-2 中环境规制强度综合指数测算结果及变量说明。环境规制也可以理解为我国政府为扭转越来越严峻的大气污染形势而采取的针对环境保护的规制措施，即采取约束性手段达到尽快改善大气污染状况的目的，预期环境规制与大气污染治理效率呈正相关。

（2）技术创新（R&D）。技术创新会对提高大气污染治理效率、降低大气污染排放，改善大气环境质量起到积极的促进作用。前端的清洁生产过程会减少大气污染物排放，末端治理设施的治理能力提高，会提高大气污染物的去除率和排放达标率，进而提高大气环境质量。本书以各地区研究与试验发展（R&D）经费投入强度反映技术创新状况，其值越大，表明技术创新能力越强，越有利于大气污染治理效率的提高。

（3）产业结构（INDU）。产业结构可以通过产业部门之间的比例关系来反映。不同产业所占比重不同对大气污染治理效率的影响各异，如果一个地区工业占比较大，则经济增长主要依靠工业部门的生产获得增加值，因此由于工业部门的生产特点导致单位经济产出所带来的大气污染排放量也较大。当前中国大气污染主要来源于工业生产中化石能源的使用，因此地区工业产值比重越大，带来的大气污染防治压力也越大。故选取各省（自治区、直辖市）工业增加值占地区生产总值（GDP）的比重来反映产业结构变动对大气污染治理效率的影响。

（4）能源消费结构（ENS）。目前中国能源消费主要为常规能源，并且由于能源本身特性差异，不同品种的能源效用不同，导致不同部门使用的主要能源不同，在能源使用过程中带来的污染物排放量也存在很大差别。我国常规能源中，煤炭消费所占比例及产生的污染强度最大，因此，相关研究文献中多采用煤炭消费量占能源消费总量的比例表示能源结构。但近几年，为减少大气污染排放量，各地区开始推广新能源，很多地方开始推广新能源汽车，希望达到公交纯电动化。从未来的能源发展趋势来看，电力消费的比例将逐渐增大，煤炭消耗比例将逐渐缩小。本书用电力消费占能源消费总量比重表示能源消费结构，电力消费所占比重越大，能源结构的清洁化程度越高，排放的污染物就会越少。

（5）对外开放水平（OPEN）。对外开放有助于在引进外资的同时促进不同区域之间先进的管理理念以及先进节能减排技术的交流与外溢，也有助于推动地区产业结构调整。对外开放是否以及如何影响我国环境质量，学术界一直颇有争论。部分学者认为对外开放加剧了我国的环境污染，也有一些学者认为对外开放加重环境污染的现象不存在。一方面，国际资本的进入会影响地区的经济结构和规模，进而对地区大气污染治理效率产生影响；另一方面国际资本也是包括中国在内的发展中国家引进、模仿、学习和吸收国外先进技术的重要渠道，国际资本进入形成的技术扩散效应和外溢效应对地区全要素生产率和大气污染减排技术都会产生巨大的影响，进而影响到大气污染治理效率。目前，学者们在对外开放指标的选取上有所不同，一种使用进出口总额来衡量对外开放水平，另一种是用外商直接投资衡量对外开放水平。基于数据的可得性和统计口径的一致性，本文用人民币表示的外商直接投资占 GDP 的比重来衡量对外开放水平。

上述各个变量对大气污染治理效率会产生一定的影响，但影响的程度与影响的方式却并不相同。根据前文的分析可知，能源消费结构的调整和产业结构的调整优化是降低污染物排放最直接、最有效和最根本的途径，技术创新是突破当前防治“瓶颈”的重要手段，本书将上述5个变量引入到模型中，实证考察各影响因素对大气污染治理效率的影响方向及程度。以上指标所用相关数据来源于2007~2016年《中国统计年鉴》《中国环境统计年鉴》《中国能源统计年鉴》《中国科技统计年鉴》及各省份相应年份的统计年鉴。各影响因素描述性统计结果见表6-5。

**表6-5　我国大气污染防治效率影响因素的描述性统计**

| 解释变量 | 符号 | 最大值 | 最小值 | 平均值 | 标准差 |
|---|---|---|---|---|---|
| 环境规制 | ER | 0.09 | 0.01 | 0.03 | 0.02 |
| 技术创新 | R&D | 6.01 | 0.20 | 1.40 | 1.04 |
| 产业结构 | INDU | 53.58 | 13.12 | 40.62 | 7.97 |
| 能源消费结构 | ENS | 22.89 | 7.24 | 13.93 | 3.55 |
| 对外开放水平 | OPEN | 5.71 | 0.05 | 0.38 | 0.54 |

### 6.4.2 模型构建

以上述各影响因素为解释变量，以大气污染治理效率为被解释变量。现实中，包括大气污染在内的许多宏观经济变量可能存在一定的路径依赖，如技术进步、产业结构、能源结构等影响大气污染排放效率的重要因素本身就具有明显的滞后性（邵帅等，2016）。此外，被解释变量大气污染排放效率有可能与解释变量（各影响因素）存在双向交互效应，如较高的经济发展水平有利于提升大气污染治理效率；反过来，大气污染治理效率的改善也会对促进经济发展产生积极影响，这表明两者之间存在双向因果关系的内生性问题，另外，考虑到大气污染治理效率可能与遗漏变量会产生关联性，所以将滞后一期的大气污染治理效率（$EFFIC_{it-1}$）作为解释变量引入模型之中，构建动态面板数据计量模型。考虑到变量的内生性问题，本书回归估计采用广义矩估计方法（GMM）来处理模型的内生性问题。动态面板计量模型如模型（6－9）所示。

$$\begin{aligned}\ln EFFIC_{it} = c + \alpha_1 \ln EFFIC_{it-1} + \alpha_2 \ln ER_{it} + \alpha_3 \ln \mathrm{R\&D}_{it} \\ + \alpha_4 \ln INDU_{it} + \alpha_5 \ln ENS_{it} + \alpha_6 \ln OPEN + \mu_{it}\end{aligned} \tag{6-9}$$

$$\mu_{it} = \nu_{it} + \eta_i \tag{6-10}$$

模型（6－9）中，$\alpha_1$ 为大气污染治理效率（$EFFIC_{it-1}$）滞后项的回归系数，$\alpha_2$ 为环境规制强度回归系数，$\alpha_3 \sim \alpha_6$ 分别为技术创新、产业结构、能源消费结构和对外开放的回归系数，$\mu_{it}$ 为扰动项，可将其分解为随机扰动项 $\nu_i$ 和个体差异 $\eta_i$。为了消除异方差的影响，对各变量均取自然对数，表示为 Ln。

由于动态 GMM 方法有一阶差分 GMM 和系统 GMM 两种，一阶差分 GMM 易受弱工具变量的影响，而系统 GMM 方法可以同时利用水平值的滞后项与差分变量的滞后项构造工具变量，增加了可用工具变量的个数，从而比一阶差分 GMM 方法具有更好的有限样本性质（Arellano & Bover，1995；Blundell & Bond，1998），故选用系统 GMM 方法对模型进行估计。另外，由于动态 GMM 估计方法分为一步估计（one-step）与两步估计（two-step），考虑到两步估计得到的标准误能显著降低小样本情况下的估计偏差（宋马林等，2016；汪克亮等，2017），故选用两步 GMM 估计方法对模型参数进行估计。

### 6.4.3 实证结果及分析

以大气污染治理效率（见表 6－2）为被解释变量，以上述各影响因素为解释变量，基于 2006～2015 年我国 30 个省份的面板数据，运用 stata 软件对动态面板模型（6－9）进行回归，结果见表 6－6。

表 6－6 大气污染防治效率及其影响因素回归结果

| 解释变量 | 模型 1 | 模型 2 |
|---|---|---|
| $lnEFFIC_{i,t-1}$ | 0.0247**<br>(0.4671) | 0.0627***<br>(0.1109) |
| lnER | 0.1903*<br>(0.0591) | 0.1382**<br>(0.0163) |
| lnR&D | －0.0538<br>(0.0003) | －0.1647*<br>(0.0014) |
| lnINDU | －0.1088**<br>(0.0022) | －0.0817***<br>(0.0011) |
| lnENS | 0.2254***<br>(0.0029) | 0.3019***<br>(0.0037) |
| lnOPEN | 0.3041*<br>(0.0065) | 0.3508**<br>(0.0017) |
| 常数项 | 0.2183***<br>(0.000) | – |
| F 统计量 | 324.21***<br>(0.0000) | 348.54***<br>(0.0000) |
| AR(1) | －1.89<br>(0.006) | －2.02<br>(0.004) |

续表

| 解释变量 | 模型 1 | 模型 2 |
|---|---|---|
| AR(2) | 2.1<br>(0.004) | 1.77<br>(0.119) |
| Sargan test | 198.13<br>(0.527) | 203.55<br>(0.543) |

注：*、**、*** 分别表示 10%、5%、1% 的显著性水平，括号中为 p 统计值。

在上述模型中，工具变量均由软件自动通过变量的滞后项和差分项进行构造。模型 1 是模型（6－9）的回归结果，根据检验结果可知，Sargan 检验所对应的 P 值大于 0.1，但 AR（2）的检验所对应的 P 值小于 0.1，表明残差序列存在二阶序列相关。为得到更好的回归结果，在模型 1 的基础上尝试去掉常数项重新估计得到模型 2。模型 2 中，F 统计值（348.54）大于模型 1 的 F 统计值（324.21），模型 2 整体显著，Sargan 检验所对应的 P 值大于 0.1，AR（1）检验所对应的 P 值小于 0.1，AR（2）检验所对应的 P 值大于 0.1，表明模型 2 工具变量的选取是有效的。

（1）由表 6－6 可知，模型 1 和模型 2 中，大气污染防治效率滞后一期的回归系数均显著为正，且系数检验至少 5% 或 10% 显著，表明前期大气污染治理效率水平的提高对本期产生显著的正向影响，即前期大气污染治理效率提高会导致本期治理效率的提高；前期治理效率的下降会导致本期治理效率的下降，表明大气污染治理效率是一个连续累积的系统动态调整过程。

（2）从关键解释变量即环境规制强度（ER）的回归系数看，其回归结果为正，在模型 1 和模型 2 中系数检验分别 10%、5% 显著，模型 1 和模型 2 回归结果一致，说明我国政府实行的环境规制政策措施对提高大气污染治理效率起到了积极的促进作用，也意味着合理设计的环境规制强度不仅能弥补企业的遵循成本，还可以引致企业进行技术创新，有利于改善大气污染治理效率。我国地区之间经济实力、制度环境、资源禀赋、人文环境、财政分权等异质性特征显著，对于经济实力雄厚、环境规制体制机制较为健全、节能减排效率领先的地区来说，环境规制能够带来更高的大气污染治理效率；而对于经济发展水平不高、资源禀赋良好、环境规制政策体系及体制机制不完善的地区来讲，其节能减排效率潜力较大，通过政府环境规制政策的倒逼作用，则更有利于充分调动各地区绿色、清洁、环保技术创新的积极性，实现包括大气污染治理效率在内的环境效率的改善。许多学者的回归结果都证明了政府环境规制的积极效应，如郑石明和罗凯方（2017）经过实证研究发现，管制型环境规制和市场型环境规制工具均与大气污染治理效率呈正相关；布鲁勒等（Brouhle et al.，2009）经过实证研究发现，管制压力对企业参与决策与改善企业环境绩效均有显著影响。本书的回归结果和多数学者的研究结论基本一致。

（3）以研发强度（R&D）表示的技术创新变量回归系数为负，模型1系数检验不显著，模型2系数检验10%显著，表明现阶段研发投入对提高大气污染治理效率并没有起到十分显著的作用。可能的原因在于，一是研发投入存在滞后期，当期投入可能会在下一期或滞后若干期才能产生作用；二是目前的研发投入可能更多的偏向于生产技术进步，而用于绿色技术创新和环境治理方面的研发投入较少。此外，在现实中，资本密集型企业往往将R&D投入于低成本扩张以维持市场竞争力，这种创新意愿的缺乏使企业R&D投入无法实现新知识和新技术的有效积累，从而制约了企业的节能减排效率（黄清煌和高明，2017）。

（4）以工业增加值所占比重表示的产业结构回归系数为负，且系数检验1%显著，说明工业增加值比重越大，降低污染排放，提高大气污染治理效率的难度越大。其原因可能在于，工业化进程导致的重工业比重过大，产出增长对“高能耗、高排放”的重工业过度依赖，而重工业一般都是高能耗、高排放且排放强度降低难度大的部门，这种以投资驱动为主的不合理的工业结构也造成了我国能源消耗和环境保护的巨大压力。因此单纯依靠产业结构的改变来提升节能减排效率可能并不现实。未来发展中，应更多地通过技术创新等途径来降低大气污染排放，改善大气污染治理效率。

（5）以电力消费所占比重表示的能源结构回归系数1%显著为正，说明提高清洁能源所占比重有利于提高大气污染治理效率。但目前我国能源消费结构中，清洁能源如天然气、水电、风电、核电等仍然占比过低，煤炭消费仍然是主要的生产生活用能。为了减缓能源结构不合理对环境污染的影响，我国颁布的《大气污染防治行动计划》指出，要控制煤炭消费总量，加快清洁能源替代利用，推进煤炭清洁使用，提高能源效率等综合能源改革举措，这将对我国的能源消费结构产生较大的冲击。目前，我国新能源、可再生能源发展较快，但所占比重仍然过低。因此，加快非化石能源、新能源、可再生、可替代能源发展步伐，提高清洁能源消费比重，优化终端能源消费方式等，将是降低大气污染排放，提高大气污染治理效率的有效途径。

（6）对外开放回归系数显著为正，意味着外资进入对于改善我国大气污染治理效率具有一定的积极作用，即外资进入通过示范效应和技术溢出效应改善了我国的大气污染治理效率。可能的原因在于，作为集资本、知识、技术和管理于一体的外商直接投资的进入，会带来所在地区或行业生产效率、环保技术、竞争能力、产出水平等方面的变化，进而对大气污染治理效率产生影响。这一方面和外商投资企业先进的环保理念和技术有关，并通过产业间的前后向关联产生技术外溢效应，对提高大气污染治理效率起到了有效的作用；另一方面，随着近年来外资进入环保“门槛”的提高，流入我国的新能源产业、新技术产业不断增加，这些企业的进入促进了国内环保产业的发展，对提高大气污染治理效率也有显著影响。本文的回归结果也从另一个侧面表明，“污染避难所”假说可能在我国大气污染治理效率中并不存在。

## 6.5 提高大气污染治理效率的对策建议

由以上分析研究可知，我国大气污染较为严重，治理现状不容乐观，大气污染治理效率较低且存在很大的提高空间；政府制定实施的环境规制政策措施对提高大气污染治理效率起到了有效的推动作用。加强环境规制，提高大气污染治理效率，需要充分认识我国大气污染治理中存在的问题，借鉴西方工业化国家大气污染治理的经验，制定有针对性、可操作性强的政策措施。

### 6.5.1 我国大气污染治理的困境

从经济学角度来看，大气环境是典型的公共品资源，具有非排他性、非竞争性的特点，因而容易发生“搭便车”现象，引发“公地悲剧”。此外，大气污染的负外部性特征也容易导致污染私人成本与社会成本的不一致，进而导致低效率的资源配置。在大气污染治理过程中企业之间容易产生“囚徒困境”现象，或者家庭缺位以及公共部门失灵问题，影响大气污染治理效率的提高。具体来讲：

(1) 环境行政手段存在的问题。一般情况下，当面临比较简单的环境问题时，行政手段是解决环境问题的首要选择；当环境问题演变得不再简单时，环境规制也可以辅助市场进行资源配置。目前，环境规制是我国治理环境问题的主要手段，但现实中针对大气污染的治理却存在一系列亟待解决的问题。

1）大气污染排放控制标准较低，无法反映大气环境的变化情况。1982年，我国颁布并实施了《大气环境质量标准（GB3095－82)》，这是我国第一个环境空气质量标准，1996年经过第二次修订，出台了《环境空气质量标准（GB3095－1996)》。但在发展过程中，原有的标准已难以满足大气污染治理的需要，特别是进入21世纪后，大气污染已从煤烟型污染向复合型污染转变，灰霾天气发生的频率更高，污染程度更严重，影响范围更广，对公众正常的生产生活和健康造成了严重威胁。为此，2012年，我国颁布实施了新修订的《环境空气质量标准（GB3095－2012)》，新标准增设了颗粒物（PM2.5）以及臭氧8小时平均浓度限值，并降低了颗粒物（PM10）和二氧化氮（$NO_2$）的浓度上限。但与美欧等国家相比，我国对重污染天气监管力度不够，对于诸如

PM2.5、PM10 以及 VOC 等污染物的防治仍然存在标准过于宽松、管控力度较弱等问题（李雪松和孙博文，2014）。

2）大气污染防控技术水平和监测能力较低，提升空间较大。目前，我国空气质量评价体系仍然主要延续粉尘治理的评价思路，难以应对灰霾、酸雨、有机挥发物等新型复合大气污染状况。大气污染评价体系不甚完善，统计基础薄弱，监测指标设置不全，部分细小颗粒物、灰霾、挥发性有机物和扬尘等污染物尚未纳入大气污染评价和管理体系，因而无法掌握第一手精确的、实时监测的数据，无法全面反映目前的大气污染状况。这给治理目标的设定及治理工作带来了一定的盲目性。目前，城市空气自动监测系统有待于进一步完善，《国家环境保护“十五”计划》及“十一五”规划中所涉及的 113 个国家环境保护重点城市中，由于投入有限，部分城市空气自动监测点、监测设备未达到计划要求，数据的代表性和准确性无法保证（陈健鹏和李佐军，2013）。

3）重总量控制，质量管理有待于加强。目前，我国的大气污染防控目标主要专注于对一次污染物减排的总量控制，将污染物减排数量作为大气污染控制的管理目标。大气污染防控评价通常以 $SO_2$ 及氮氧化合物等排放总量控制为目的，并非依据大气中污染物浓度的标准来推算和管理污染物排放量。从环境质量改善的角度，基于大气环境质量的排放量控制有待于加强。“十五”“十一五”期间，大气污染控制的重点主要是二氧化硫、烟（粉）尘等一次污染物；“十二五”期间，大气污染控制开始逐步转向氮氧化物等其他大气污染物的治理。此外，大气污染的流动性决定了其防控治理需要摆脱属地治理的局限；而从现实来看，由于区域之间的行政分割、发展不均衡、环保投入、政治意愿、环境管理水平及污染程度等方面的差异，导致地方政府在大气污染防控中未能有效合作，也不利于充分调动广大公众参与大气污染防治的主动性和积极性。尽管 2010 年国家出台了《关于推进大气污染联防联控工作改善区域空气质量的指导意见》，但是区域大气污染联防联控的有效合作机制尚未建立，严重影响了大气污染治理效率的提高及治理结果。

4）公众参与污染治理的信息与渠道不畅，信息分享机制有待于进一步完善。参与治理理论认为，信息沟通是公众参与环境治理的重要渠道，已有研究表明，信息公开不仅能使社会公众及时了解环境信息动态，认识大气污染治理的迫切性与重要性，还能够调动公众参与污染治理的积极性，使公众更好地参与到大气污染治理之中。但现阶段我国环境信息机制尚不健全，大气污染治理信息公开、重大污染情况通报、环境项目建设及分享机制缺乏，难以满足公众对大气环境质量的知情权。一方面，信息公开的内容不够全面，有待细化，特别是对于大气污染源、污染源监测、污染防治、排污费征收以及环境应急监管等信息的公开尚不具体；另一方面，信息公开平台及方式尚需要改进。多数情况下，政府只是公布相关政策，而对相关政策的宣传普及和指导比较缺乏。

（2）经济手段存在的问题。随着市场经济体制的完善，环境体制改革也随之逐步推进，环境经济体系逐步成型并成为大气污染防治的重要举措之一。但和西方国家相比，我国的环境经济体系还不够完善，以经济手段治理大气污染还存在很大的提升空间。表现在：

1）环境税收制度有待于进一步完善。环境税收是政府防治大气污染的有效手段，在促进大气污染防治中具有一定优势，具体表现在两个方面：一是“谁污染，谁缴税”，理性的污染主体为了少缴税一般会选择控制污染排放；二是理性的行为主体会选择通过加大研发投入力度，升级生产技术装备，提高能源使用效率，促进产业升级，进而降低大气污染排放水平。目前，虽然我国的税收制度繁杂，但单独的环境税收政策却尚未受到关注，有关环境保护的税种仅有资源税、消费税、车船税、城建税等，难以通过税收手段全面保护环境。而且，有些税种的查征和环境治理南辕北辙，无法达到保护环境的目的（王美雅，2016）。

2）排污交易制度需要进一步完善。我国的排污权交易实践起步于20世纪80年代末。20世纪90年代初，国内已有16个城市进行大气污染物排放许可证制度的试点工作，1994年又增加了6个试点城市。此后，经过“十五”时期的试点摸索、“十一五”时期至今的试点深化，我国的排污交易政策经过近20年的实践，尽管在制定排污交易管理制度及运行机制等方面已取得一定的经验，但尚未真正建立起适应我国基本国情的排污交易市场机制，目前排污交易都是在环保局的协调下完成，尚没有企业或专门的中介机构扮演经纪人角色。配额分配机制都是在很强的行政干预下进行的，并未与市场价格机制挂钩，使得市场的价格杠杆和竞争机制没有发挥作用。并没有真正形成排污交易市场，致使企业对未来污染物排放总量指标的分配以及排污交易价格走向不清楚。更倾向于为企业自身发展预留排污总量，这就致使排污交易市场发育缓慢，交易数量极低（李静等，2011）。在深化试点及推广的过程中，仍然会遇到来自法律法规、行政、企业等方面的阻力，面临许多亟待解决的关键问题。要使排污权交易理论与中国的基本国情相融合，充分发挥该政策机制的作用效果，不仅需要较长的磨合期，更与改革进程中各种社会要素的发展方向与进程紧密关联。

3）排污收费政策有待于进一步完善。排污收费政策是指对超过国家规定标准排放的污染物，要按照排放污染物的数量和浓度，根据规定收取排污费。2003 年 7 月 1 日，我国开始执行新的排污收费办法。新办法有两个明显的变化：一是按照污染者排放污染物的种类、数量及污染从量计征，提高了征收标准；二是取消原有的将 20% 排污费资金用于环保部门自身建设的规定，将排污费全部用于环境污染防治，并纳入财政预算，列入环境保护专项资金进行管理，重点用于污染源防治、区域性污染防治以及环保新技术开发等大气污染防治项目（苏明等，2007）。从 2003 年到 2008 年，排污费收入及占 GDP 比重稳定增长。2008 年以后，排污费收入呈波动状态，占 GDP 比重则逐年下降，2008 年排污费占 GDP 比重为 0.055%，2015 年则下降至 0.026%。总体来看，我国排污费收入不高，占 GDP 比重不足 0.1%，排污费收入增长速度落后于经济发展速度，排污收费环保政策效果不明显。

综合分析，目前排污收费制度在实施中主要存在两个方面的问题，一是征收标准偏低，计费依据不准确，执行难，征费不严。由于征收标准偏低，很多企业自愿缴纳费用以获得更多的经济收入。二是排污费管理不规范，资金使用效率低下。由于排污费收入信息披露不透明、缺乏严格监管，导致其容易被挪作他用，并未全部用作环境保护专项资金（张卫国，2015）。

4）环境财政金融制度尚需完善。环境财政金融就其内涵来讲，是指环境保护的资金来源及渠道，是环境保护和治理中最现实和最根本的问题。我国现行的环境财政金融体制是在1994年社会主义市场经济确立后，在财政金融体制改革的基础上建立起来的，银行业在国家成立了政策银行后，全部转入商业化经营。经过多年的摸索实践，环境财政金融制度其实施虽已初见成效，但该制度的内容只涵盖环境基金和环境证券两个方面。目前市场上大多数的环境污染治理工程由环境基金投资完成，但存在资金利用效率低下，透明度不高等问题。由于我国的资本市场仍不够成熟，许多方面亟待完善，环境证券的发行也屡屡受阻，鲜有发行成功的案例，因此需要在实践中进一步完善。

（3）法律手段及存在的问题。自2015年新的《环境保护法》开始施行后，以《环境保护法》为基准，我国又相继出台了《大气污染防治法》等多项法律以及诸如《环境空气质量标准》等一系列准则。不仅对环境保护予以法律上的保障，国家还出台了有关的环境保护行政法规，如《大气污染防治法实施细则》等，相关部门和各级地方政府也相继出台了多部规章制度。随着一系列法律法规的出台，有关环境保护的法律法规体系也逐步形成，对于大气污染防治和环境保护工作起到了积极的推动作用。但和发达国家相比较，还存在一定的差距。

1）从环保法律体系看，环保立法建设滞后，法律条例不够严谨。首先，从法律法规建设看，由于我国的市场经济发展尚处于初级阶段，市场经济体制很不完善，市场竞争的调节作用也不够充分，在市场经济改革过程中还留有明显的计划经济的印记。虽然排污权交易已进入我国，但国内对此的认识还停留在理论水平阶段，有关排污权交易的法律法规和相关文件至今尚未出台，使得排污权在交易过程中无法得到法律保障。一些环保领域法律建设存在空白，滞后时代需要，应进一步明确并完善。目前，全国范围内雾霾污染严重且治理难见成效，《大气污染防治法》本身也存在执法主体不明确等不完善之处。其次，环境法律条例缺乏严谨性，立法程序存在时滞。与美英等发达国家的环境保护相比较，我国的环境问题多出自改革开放以后，经济发展突飞猛进，发展方式粗放；工业制造业迅速崛起，由此直接引发严重的环境问题。而我国环境治理进程滞后，经验缺乏，无法全面解决环境问题。具体到法律层面上则表现为法律法规条文比较抽象，可操作性较弱，没有可供参考的实施依据。更进一步看，环境问题也是随着经济发展、社会进步时时刻刻在发生变化。而法律法规的制定或者修订过程都需要充足的时间和必需的程序，因而远远滞后于环境污染的速度，更不能适应一些急需解决的突发环境事件或重大污染事件。同时，部分环保领域还存在立法空白，一些环保立法已经严重滞后，难以适应新的发展需要。再次，环境违法责任追究不严，处罚力度较轻，不足以遏制环境违法行为蔓延的趋势。另外，环境法律法规中强调执法主体使用行政手段保护环境，而忽略民事、刑事责任手段的采用，导致环境执法效果不甚明显。企业的环境违法成本低而利润高，很难形成法律上的威慑力，这也可能是污染事件越来越多，污染问题愈演愈烈的重要原因，同时也是使环境执法活动陷入困境的主要原因之一。最后，环保立法可操作性不高，违法责任追究力度较轻。我国目前的环境保护法律法规过于笼统和原则化，在执法实践中难以落实。同时，配套的实施条例、执行标准不能及时出台，导致执法主体只掌握原则性法律规定却不知道应如何具体落实等问题出现。如《大气污染防治法》中有关于对露天焚烧秸秆进行处罚的规定，“对于情节严重的，可以处二百元以下罚款”。此处并没有对“情节严重”给出明确的标准。在环境保护单行法律法规中，这样概括性、不具体的规定还有很多。这样的法律条文好像赋予执法主体一定的执法裁量权，但却使执法活动标准不统一，造成执法混乱。

2）从环保执法体制看，执法体制僵化，执法力度不到位等问题依然存在，增加了环保执法的难度。现阶段，由于执法体制僵化，执法主体机构不健全、执法人员素质不高、执法手段单一等的影响，加上污染事件具有突发性和广泛性的特点，给环境执法带来了很大的难度。

从环保执法体制看，现阶段我国的环保执法体制还比较僵化，增加了环保执法的难度。目前的环境保护管理模式是环境保护行政主管部门总管与其他相关部门分管相结合，使众多机构都有权行驶环境管理权，从而形成同一客体同时存在两套以上管理机构的局面，即形成“多头执法”的管理机制，这种机制需要各部门之间及部门内部的密切配合及协同支持，才能产生“1+1>2”的整体效应。但在狭隘利益的驱动下，于己有利则互相争夺，从而有可能形成所谓的“执法密集地带”；于己无利时则互相推诿，形成所谓的“执法真空地带”，其结果使环境行政执法的难度增加，执法的效率下降（王洪波，2002）。此外，由于受地方保护主义等的影响，环境行政执法过程也很难做到完全中立。当出现本地企业严重污染环境时，地方政府通过行政干预不让企业停产整顿或关闭的事件时有发生，从而使得环境行政执法决定往往成为一纸空文（刘四龙，2000）。

从执法主体机构看，目前我国的环境执法机构尚不健全。由于历史、经济及社会发展等多方面的原因，在一些地方还存在基层政府环境行政执法主体不完善等问题。如一些比较偏远的地区或县级城市，不但存在环保意识薄弱，环保体制不健全，专门的环境行政执法机构尚未建立完备，环境行政执法活动没有全面开展或基本没展开等现象，也存在环保监察机构执法行为异常被动，导致环境执法行为迟缓等现象。

从执法队伍数量及执法人员素质看，一是相当部分的县级环保机构及执法队伍比较薄弱，执法人员数量不足，素质不高，专业技术水平偏低，难以确认环境违法行为的性质、手段及损失等，使环境执法活动无法正常进行，环境违法事件不能得到及时整治。二是环境执法人员责任心不强或者缺乏责任心，加上自身执法水平及能力的限制，大大降低了环境执法效果；甚至部分执法人员缺乏职业道德，以权谋私，与环境违法人员同流合污，导致出现玩忽职守，渎职失职等不良现象。三是执法部门手段单一、法律惩治力度不够，更助长了污染者的嚣张气焰，使法律不能产生应有的威慑力。

3）从环保执法监督体制看，由于监督体制不健全，使环境行政执法缺乏必要的约束机制。随着市场经济体制改革的逐步深入及法制建设的推进，我国已形成了包括人大监督、行政机关内部监督、司法监督、新闻舆论监督和群众监督在内的全方位监督体系。但阻碍这些监督体系真正发挥作用的问题依然存在。

从监督主体看，目前的环境监督主体缺乏必要的独立性。我国的司法机关与政府部门有着千丝万缕的联系，真正实现司法的独立监督在制度上还存在一定的困难。这和地方政府以经济发展为中心的考核指标密切相关，而对环境违法企业的行政处罚也通过对当地经济发展产生影响，进而影响到地方政府的政绩考核。因而地方政府往往会对当地的环境行政诉讼进行干预，这影响了环境执法机关的独立执法权限。一些地方和部门领导环境保护法治观念淡薄，在进行项目评估和决策时，只注重技术、经济和财务上的可行性，极少考虑项目实施的社会可行性，即环境与经济的可持续发展。有些地方的环境执法部门在执法时有意偏袒本地利益；有些地方的环保机构则常常处于被“边缘化”的状态，损害了环境执法的公正性，使环保执法部门无法独立行使执法权限，难以真正起到教育和惩罚违法者的效果。

从监督机制看，行政隶属关系下的监督机制，监督的独立性无法保证。在环境执法中，有众多的违法案件是由于行政不作为或工作人员滥用职权造成的，如违规发放环境开发资质、许可证，批准有重大污染的项目建设等。《环境法》规定，行政执法人员的违法行为由行政执法机关内部进行行政处分，这种内部处理的结果往往是“睁一只眼闭一只眼”，使内部监督徒有虚名。社会监督手段中，新闻监督虽具有独立性，但根据我国的新闻管理体制，主要新闻媒体都由当地政府新闻主管部门管理，社会宣传的口径由政府统一把握（胡继华，2015）。地方政府为了发展本地经济、宣传保护政府形象，或者掩盖、虚假报道环境违法案件，或者对环境违法案件的宣传报道避重就轻。《环境影响评价法》中对此虽有明确规定，但可供操作的具体措施没有明确规定。

从公众参与看，公众参与监督机制存在缺陷。公众参与是解决大气污染问题的一种创新机制，其本质仍是对大气环境管理机制的调整与补充，许多环境行政处罚案件都来自群众的举报。但由于环保法律意识淡薄及环保信息的不对称，公众参与环境执法监督的能力有限，很难起到独立监督作用。

### 6.5.2 国外大气污染治理的经验

西方发达国家在其工业化过程中，都曾经饱受大气污染问题的困扰，如世界著名的八大公害事件，敲响了全球范围内环境保护的警钟。借鉴国外大气污染治理的先进经验，对于我国大气污染治理及其治理效率提高均具有重要的作用。

#### 6.5.2.1 美国大气污染治理措施

20 世纪 50 年代，美国相继遭遇了诸如洛杉矶“光化学烟雾”事件、多诺拉烟雾事件等大气污染事件，造成严重的经济损失和大量人员伤亡。对此，美国政府制定了一系列大气污染治理措施，包括完善法规标准、实行空气污染区域治理机制、强化源头预防以及加大信息公开力度等。

（1）完善法律和法规，为大气污染治理提供法律保障。美国十分重视环境立法，1955 年，美国联邦政府制定了第一个针对大气污染治理的法规——《空气污染控制法》，此后，在 1963 年又出台了《清洁空气法》，1965 年推出了《机动车空气污染控制法》，1967 年推出了《空气质量法》。然而，这些立法未能起到有效控制空气污染的作用，主要原因在于缺少有效的环境管理体制，联邦政府和州政府在环境标准和法律执行等问题上存在较大矛盾；另一个重要原因就是州政府从地方利益考虑，对空气污染治理采取消极的态度。

为了有效控制空气污染，自 20 世纪 70 年代开始，美国的环境管理制度发生了重大变化，大量联邦环境法律法规开始出台并逐渐上升为国家战略和长期规划，美国的环境立法进入了一个新的阶段。1970 年，美国国会修订了《清洁空气法》这部具有划时代意义的法律。修订的《清洁空气法》大大加强了联邦政府的环境管理权力；随后，1970 年美国环保局宣告成立。1970 年 7 月 1 日，美国政府颁布了《国家环境政策法》，这是第一部将环境保护列为基本环境政策的综合性立法，至此环境保护在美国成为一个独立的领域。为了更好地推动环境保护工作；1977 年和 1990 年，美国联邦政府又两次修正了《清洁空气法》，补充和完善了该法案，《清洁空气法》成为美国控制大气污染的基本法律依据。

进入 20 世纪 90 年代以后，随着新的空气污染源的出现，第二次《清洁空气法》（1990 年修订）修正法案将酸雨、有毒气体、PM2. 5 和城市空气污染纳入环境监测范围。近年来，随着臭氧（$O_3$）污染和细颗粒物（PM2. 5）污染的日趋严重，美国环保局于 2005 年颁布了《清洁空气州际法规》，该法规旨在控制二氧化硫（$SO_2$）和氮氧化物（$NO_X$）排放，以促使各州的近地面臭氧（$O_3$）和细颗粒物达到环境空气质量标准（云雅如等 2012）。1971 年至今，美国多次对环境“空气质量标准”进行修订，空气质量得到了明显的改善。

2011 年，为了进一步落实“好邻居条款”中涉及的州际空气污染控制计划，美国联邦环保局制定并实施了《州际空气污染规则》。这些环境法律法规和政策既讲求行政控制及强制执行，同时也十分重视以市场为基础的经济手段的运用，如 1976 年开始试行的排污许可证制度等，取得了很好的环境效益和经济效益，在很大程度上降低了污染控制成本（康爱彬等，2015；吴雪萍等，2017）。

（2）建立区域环境管理机制。区域环境管理机制是指在区域范围内建立统一的环境管理机构，对区域范围内的环境问题进行全盘整合式管理。其操作方式主要包括区域环境自主管理和区域合作两种，大气污染治理区域机制即是区域环境管理机制中的一种（沈昕一，2012）。从管理框架看，美国环保局将全美国划分成十个大的地理区域，并建立了相应的十家区域办公室进行环境管理。这十个区域以地理和社会经济区域为蓝本，将不同的州拼接在一起进行统一管理。使各区域办公室能针对污染问题与各州进行充分灵活的合作，尝试多种解决环境问题的新办法。相对于较为僵硬的行政区划，该管理机制更具有一定的科学性，有助于克服地方保护主义的弊病。在组织建构基础上，美国形成了有效的大气污染区域联防联控治理模式，具体表现为三个方面的内容，分别是联邦环保局区域办公室的管理、特定大气污染问题的区域管理和州政府发起的区域性行动（吴雪萍等，2017）。

在运用区域环境管理机制解决环境问题的同时，州一级环保机构在大气污染治理中的作用也不断强化。在美国，联邦政府统一制定相关环境保护的法律法规和标准等，负责具体实施的是州政府（李蔚军，2008）。联邦政府下设两个机构——即环境质量委员会和联邦环保署，统一管理全国的环境保护问题；州一级层面上，各州都设置了环境质量委员会和环保局，依据州制定的法律进行独立管理。

在制定环保法规时，美国国会也充分考虑了州政府应该担负的责任。其中，对于获取特许地位的州（州的计划中具有和国家环保局一致的方法和标准），允许用州一级的法律法规进行环境管理。每年美国国家环保局都要对具有特许地位的州进行特许地位审批，一旦环保局有害废物管理的方法和标准发生了变更，而州的步伐没有与国家保持一致（即没有跟上国家的步伐），该州的特许地位将被取消。即便州的特许地位还在，美国环保局仍然具有超越州一级政府直接行使环境管理的权力（王艳，2016）。此外，美国还与墨西哥、加拿大一起建立跨国界的大气监管机构，以共同处理区域大气污染问题。

在实施区域治理机制方面，美国已经有了将近40年的经验，并已取得了可量化的成绩。在1980～2010年，美国的国内生产总值增加了127%，机动车行驶里程数增加了96%，能源消费量增加了25%，人口增加了36%，但同期主要的六大大气污染物排放量却降低了67%（沈昕一，2012）。

（3）建立完备的环境税费制度。经过多年的大气污染治理实践，美国已形成了以市场行为和经济手段为基础，通过政府和市场联合控制大气污染的制度。其中，环境税费制度是美国控制大气污染的重要经济手段。从20世纪70年代起，美国开始对个别污染物征收环境税，此后逐步演变到目前较为完备的环境税费制度体系（Julie A. L.，1997）。

美国以环保为目的税费征收始于20世纪70年代。70年代初，随着美国联邦环保局的组建与运营，美国政府出台了首项以控制环境污染为目的的环境税，即1971年国会提出的对硫化物排放征税的议案，1972年开始按硫排放浓度正式开征二氧化硫排放税，二氧化硫排放税的正式开征调动了污染者治污的主动性和积极性，成为美国环境税收出现的标志。此后，美国将征税范围扩大到化石燃料消费（引致大气污染的主要来源），1977年开征煤消费税，1979年开征非商业性航空燃料税，以及对航空客货运分别征收国际飞行税和国内空中货运税。这一时期环境税费制度的主要特点是：直接针对污染排放，化石燃料是主要的征税对象，目的在于通过提高污染物排放成本，促使排放者自主处理大气污染物或者换代升级为更清洁的生产方式（Hymel M. L.，2013）。

20世纪80年代，环境税费制度开始全面发展。这一时期，美国形成了环境税收、环境收费与环境治理基金共同作用的制度框架。其中，超级基金（专门服务环保事业）整合了环境税收和环境收费两种模式，充分体现了美国环境税费制度实用、高效的目标倾向，是环境税费实践迈向成熟的重要标志。这一时期环境税费制度的最显著特点表现为：税、费手段综合运用，专项基金运作模式开始应用于环境治理；相关税种的目的性更加明确，调控力度得到加强，“事前引导与事后治理”一体化的环境税费体系基本成型（卢洪友，2014）。

20世纪90年代起，美国的环境税费制度开始深化。一方面，联邦政府和各州减征、停征甚至废止了一部分不再重要或者由其他手段作为替代的税种或收费。同时，对影响重大的税种扩大征税范围、提高征税税率等。另一方面，税收优惠的引导功能逐渐凸显。20世纪70年代末，美国的《能源税收法》就对清洁能源使用规定了减免、抵扣等税收优惠；20世纪80年代，允许企业综合利用资源的部分开支减免所得税，对联邦和州政府发行的环境治理专项债券利息免税；20世纪90年代，环境税费优惠的范围和力度继续加大。此外，还对一些公共环保设施的建设以补助金等方式提供税费返还优惠。20世纪90年代以后，随着各项环保法案的出台或修订，环境税费制度也随之不断完善和优化。

税费征纳、税费优惠、补助支持等内容逐渐融入环境税费及其管理制度当中，并向着国家环境公共治理的战略方向继续深化（卢洪友，2014）。

美国十分重视以市场经济运行规律为基础的经济手段的运用，将环境行政控制政策与环境经济政策紧密结合。通过市场信号引导污染者的排污行为及方式，1976 年，美国就开始试行排污许可证制度；1990 年开始正式将许可证制度和排污权交易计划列入《清洁空气法》修正案，这种以市场为基础的经济手段大大降低了污染控制成本，取得了很好的环境和经济效果。

总体来看，美国的环境税费制度较为完善，其征收范围和覆盖面广，灵活性强。美国的环境税征收从大气税开始，包括二氧化硫税和氮税，在对这两个税种征税并得到经验后逐步将征税范围扩展到各领域。其环境税制征收范围涉及能源、资源、行为等各个方面。

（4）加大对空气污染治理先进技术研发的支持力度。美国政府十分重视并大力支持大气污染治理先进技术的研发及应用。20 世纪 80 年代初，美国政府提出“废物最小化”理论，要求石化企业提供清洁汽油。1986 年起，开始执行国家级洁净煤技术示范规划，在运输及电力市场发展清洁燃料以代替石油的使用。1989 年，美国联邦环保局提出了旨在通过管理和技术创新减少大气污染物排放的“污染预防”方案。从 1997 年起，美国将颗粒物细分为细颗粒和粗颗粒，然后分别进行监测。进入 21 世纪以来，进一步加强了大气污染治理的技术力度。2005 年，美国国会通过了《能源政策法案》，加大了对清洁能源技术研发的支持力度，对地热能、风能、太阳能等清洁可替代能源的消费予以鼓励。2009 年，美国国会通过了《清洁能源与安全法》。2005～2010 年，美国政府开始研究成本有效的环境控制技术。并计划 2010～2020 年，研究开发未来能源工厂的新技术。2012 年 12 月，美联邦环保署发布了新的《工业锅炉、焚化炉和水泥窑的危险空气污染物排放标准》和《工业锅炉最大可得控制技术标准》。2013 年 1 月，联邦环保署发布了《往复式内燃机危险空气污染物排放标准》《固定内燃机新源行为标准》

对各行业以及紧急需求响应项目中的固定发动机和电力设备进行管控，规定了紧急需求响应的最短时间等，保证环境影响程度达到最小化。针对各种污染大气的污染源，美国都有较为成熟的处理技术，如燃煤电厂的脱硫、脱硝、除尘等。

美国加州的空气污染控制技术一直排在世界前列。1953 年，加州政府采取一系列措施对空气污染控制技术进行全面推广，这些措施主要包括大力发展城市公共交通、将公交车和柴油卡车的燃料改为清洁能源丙烷、设定汽车尾气排放标准，减少碳氢化合物排放量、降低重污染工业的增长速度、禁止露天燃烧排放等（王美雅，2016）。为了核准汽车尾气排放控制装置，加州政府专门成立了机动车污染控制局，对汽车尾气排放量进行测试。1967 年，加州政府先于其他地区开始对汽车排污进行限制。到了 20 世纪七八十年代，加州政府要求本地区内的每辆汽车都必须安装催化油料燃烧装置，并鼓励使用天然气、甲醇等清洁能源，控制汽油用量。1988 年，为了加快技术进步，加州空气质量管理局研发出了包括可使用清洁能源的机动车、燃料电池等先进技术产品。为推动污染物低排放或零排放技术的研发，州政府还专门成立了技术进步办公室。

美国政府十分重视环保技术的产业化进程，鼓励科研单位、政府和企业加强研发合作，将环保相关技术和产品的开发和商业化融为一体。在技术示范、申请许可审批、场地提供等方面对环保技术开发予以大力支持。国家环保局（EPA）在环保技术产业化进程中对新技术的试验、示范、评估等每一个关键节点都有明确的目标评估。同时，国家技术委员会还制订了一系列加强政府与学术界、产业界的知识创新和技术开发的计划，对于达到环境标准的技术研发者给予奖励。

经过多年的努力，美国的空气质量有了很大改善，大气中的硫污染和烟尘污染基本得到解决。

#### 6.5.2.2 英国大气污染治理措施

英国是世界上最早实现工业革命的国家，但工业化发展带来的环境恶化也使英国政府付出了惨痛的代价。1952 年的“伦敦烟雾事件”迫使英国政府下决心整治环境。在几十年的大气污染治理过程中，一些相对成熟的措施及经验非常值得借鉴。

（1）制定严厉的环境保护法律法规。英国从一开始就很重视环境立法的作用，将环境标准纳入法律体系之中，使环境管理行为能够做到有法可依。经过 60 余年的努力，目前，英国已形成了较为完备的环境保护法律体系。

英国的大气污染治理体系是以 1906 年的《制碱等事业控制法》和 1956 年的《清洁空气法》为基础建立起来的。其中，《制碱等事业控制法》是控制企业有毒气体排放的针对性法律；1956 年颁布的《清洁空气法》是世界上第一部防治空气污染的法律，该法案旨在削减燃煤造成的大气污染，要求关闭伦敦市内所有的燃煤发电厂，在伦敦城内设立“烟尘控制区”，改变居民传统的炉灶、供暖方式等，禁止使用任何产生烟雾的燃料，鼓励重工业和发电厂搬迁改造等，以实现对空气污染源的有效控制。使由燃煤产生的烟粉尘、有毒气体和污染物在城市上空积聚的浓度大幅度降低。1968 年对《清洁空气法》进行了修订。随后，又颁布了多部空气污染防控法案，如 1968 年颁布了《污染控制法》，1974 年颁布了《控制公害法》，该法律对空气、水以及土地保护都做出了相应的规定。1981 年，颁布了《汽车燃料法》；1989 年，颁布了《空气质量标准》。

英国政府也十分重视法律的时效性和适用性，与时俱进对已有法律进行及时修订或者颁布实施新的环保法律法规。1990 年，针对伦敦市机动车污染严重的现实，英国政府对《清洁空气法》及时进行了修订；1991 年，颁布了《道路车辆监管法》；1995 年和 1997 年，先后颁布了《环境法》和《空气质量法》两部新的环境保护法律；1999 年，颁布了《大伦敦政府法案》和《污染预防和控制法案》。1995 年开始，政府要求各个城市必须对环境空气质量进行评价，对于不达标的城市，政府划定特殊的管理区，要求在规定时间内必须达标，同时，要求政府制定环境空气质量发展规划，从顶层来控制大气污染。

2007年，英国政府在《环境空气质量战略》中对新型污染源——即PM2.5规定了硬性约束目标，要求在2020年前将PM2.5控制在0.025mg/m$^3$。同时，还相继出台了《能源法》《公共卫生法》等法律法规。这些法律法规以及相关配套政策的实施，为大气污染治理提供了有效的立法保障。

（2）通过技术手段调整能源结构，提倡使用清洁能源，大力发展低碳经济。1952年，"伦敦烟雾事件"发生时，资料显示，伦敦市二氧化硫（$SO_2$）日平均浓度可达38 304 460μg/m$^3$，烟尘最高浓度达4 460μg/m$^3$（王美雅，2016）。相关部门通过对大气污染源的分析发现，工业和生活燃煤是造成伦敦烟雾事件的主要原因，污染主要来自工业和家庭燃煤。

为了控制二氧化硫和烟尘排放，英国政府大力调整能源结构，以技术手段对传统炉灶进行改造，实行冬季统一供暖；同时对煤炭进行洗选，以降低其含硫量；对一些重污染区域禁止使用产生有毒有害气体的燃料。与此同时，政府大力提倡使用清洁能源，大力推广使用无烟煤、电力和天然气，以减少烟尘和二氧化硫排放。伦敦烟雾事件发生时，为了控制污染，政府划定了无烟区，该区域内的居民只能使用无烟燃料和清洁能源，冬季采取集中供暖方式，并将重工业和发电厂迁至郊外；政府还采用补贴的办法帮助居民改造燃具，要求市区和近郊区的所有工业企业都不能使用煤炭和木柴做燃料，其产生的废气也必须利用物理和化学的方法加以净化，达标后才能排出。20世纪80年代初，煤炭使用量大幅度减少。1948～1998年，经过50年的努力，英国的煤炭使用量占能源消费总量的比重下降了37个百分点，天然气占比从0上升到36%。同时，政府意识到能源燃料结构实际上与产业结构密不可分，于是通过大力调整产业结构，对一些严重污染企业实行搬迁改造，鼓励使用清洁能源，推动产业多样化等方法来解决环境问题，以达到从源头上控制污染排放的目的。

2003年，英国首次正式提出"低碳经济"概念。2008年，政府颁布《气候变化法案》，承诺到2020年将削减26%～32%的温室气体排放，到

2050 年将实现温室气体排放量降低 60% 的长期目标。低碳经济的实质是能源的高效利用、清洁能源开发、追求绿色 GDP；核心是能源技术和减排技术创新、产业结构和制度创新以及人类生存发展观念的根本性转变。对于温室气体减排具有重要意义。

英国政府非常重视科研力量参与环境治理，积极研发大气污染治理新技术，构建完整的空气治理监测系统，自动空气监测站已经遍布全国。据统计，已经建立了超过 1600 个监测站，其中 120 个监测站自动向公众提供每小时的监测数据。自动监测系统使政府能够随时监控空气环境质量，政府与公众都能够及时掌握大气污染情况（杨超，2015）。许多国家性质的研究机构、教育机构和工厂企业都普遍投入到大气污染治理的研究工作之中。

（3）综合治理机动车尾气污染。进入 20 世纪 70 年代，交通污染（如汽车尾气排放）取代工业污染成为影响伦敦空气质量的首要污染源。为了有效遏制交通污染，政府出台了一系列的政策措施，如优先发展公共交通、抑制私家车拥有量、提高停车费用和进城费用以减少进城的私家车辆数；实行向公共交通、骑自行车、步行等无污染、节油出行方式转变等多种交通发展战略，以减少公众对私家车的依赖。1993 年，英国政府规定新轿车必须安装尾气净化装置以控制氮氧化物的排放。

为了减少交通拥堵产生的污染，从 2000 年起提高停车费用，将伦敦市内原有的公共场所、各大公司的免费停车场一律改为收费停车场。为了有效降低机动车二氧化碳排放量，政府设立了公交车专用车道和自行车专用车道，设立林荫步行道路网，并致力于新型环保轿车的生产，投资发展新型节能、无污染的公交车辆及新能源汽车。为了缓解伦敦市中心的交通拥堵状况，从 2003 年起，政府开始征收“拥堵费”，即减少了机动车排放污染，又增加了财政收入，也为推行其他交通控制措施筹集了资金。同时，政府还通过减免停车费用、汽车使用税以及高额的返利等，大力推动新能源及清洁汽车的使用，有效遏制了机动车尾气排放。政府还通过鼓励公众购买电动车辆的方式，对燃油车的尾气排放加以控制。2010 年 4 月 1 日，英国政府又出台了一系列针对纯电动轿车、纯电动货车的条文，免除一定期限的购置税、收益费；2011 年，又对电动车的购置进行财政补贴。

（4）鼓励非政府组织和市民积极参与大气环境治理。在治理大气污染的初期阶段，政府是环境治理的主体，而企业和公众没有治理义务。随着空气环境作为典型公共产品等环保理念的普及，政府逐渐认识到公众和非政府组织参与环境治理的重要性，并采取措施调动各方力量积极参与大气污染治理，逐渐形成了“政府—市场—社会”共同参与的三维治理模式（杨拓等，2014）。这种治理模式充分强调政府、企业、公众、个人等多元主体共同参与大气环境治理的重要性。政府在其中起着主导作用，负责宏观层面上的统一管理，对企业行为进行约束，对民众行为进行引导；由于市场机制的引入，企业更有采取清洁生产方式的积极性，从而减少了环境成本；这种模式也有利于动员社会各方力量，提高治理效率。

政府通过赋予公众环境权（公众的环境权有知情权、事务决策权和公诉参与权），提高公众的环保意识。为了保障公众环境权的实现，政府于 1992 年颁布了《环境信息条例》，1985 年颁布了《地方政府法》，1990 年颁布了《城镇和乡村规划法》，随后又颁布了《最高法院法》。英国的环保组织也积极参与大气环境治理，向广大公众普及大气环境知识；同时，也监督政府和企业的行为，影响政府的大气污染治理政策，对提高大气环境质量起到了有益的推动作用。

英国也是首次向民众实时通报大气污染治理信息的国家。市民可以通过政府官网查询伦敦地区空气质量实时数据和未来一周空气质量变化趋势图；还可以通过“英国空气质量档案”网站和“伦敦空气质量网络”获取最新的空气质量数据。公众还可以全面参与讨论与环境污染相关的问题，监督政府环境政策的执行。

（5）加强绿化建设，扩建绿地，改善空气质量。城市绿化也是防治大气污染、改善大气环境质量的有效手段。为了改善城市空气质量，政府大力推广植树种草，扩大绿化面积。统计数据显示，伦敦市外的绿化面积超过城市的 3 倍以上，市内的人均绿化面积高达 24 平方米，伦敦城外有蔓延几千平方千米的绿化长廊，形成了“人在绿中，城在林中”的良好绿化格局，目前伦敦市中也仍然通过行政手段保留有大量的绿地。如今的伦敦，已经彻底摘掉了“雾都”的帽子。

经过多年的努力，在英国已经形成了立法、经济、新技术手段的综合应用，政府、企业和社会公众共同参与的环境治理体系，大气污染已得到有效控制，空气质量也得到根本改善。

#### 6.5.2.3 日本大气污染治理措施

日本在工业化发展初期，也曾遭遇严重的空气污染问题。著名的“世界八大环境公害”事件，就有一半发生在日本。20 世纪中叶，随着日本经济的快速发展，日本能源消费量迅速增长，大量工业废气排放使空气质量不断恶化。60 年代的日本，烟雾重重，河流奇臭。恶劣的生活环境迫使日本政府开始多渠道、全方位寻求大气污染的治理方法。经过多年的努力，大气环境治理取得了显著成效。如今的日本青山绿水，碧海蓝天，已成为世界环保大国，也是世界上人均寿命最高的国家。

（1）重视环保立法，完善民间诉讼制度。面对严重的空气污染，日本政府开始从法律法规的角度推进污染治理，特别重视污染管控，并针对各个阶段的污染及治理情况及时修订治理法规。

首先，1962 年出台的《烟尘控制法》，是日本第一部就大气污染治理对策出台的法律，该法主要就燃料排放进行控制，但在实施中并没有取得很好的效果。1967 年 4 月，日本政府把《公害对策基本法》提上国会议程，开始在众议院对此法进行讨论，该法不是针对污染排放的控制法，而是基于中央政府与地方政府相协调的基础上制定的比较完备的公害治理立法。其目的在于综合推进公害对策，保护国民的健康并力图与经济的健康发展相协调的同时，保护生活环境。该法也成为日本治理公害问题的契机，因而受到民众的高度关注。随后，1968 年日本政府制定了《大气污染防治法》，对污染物排放总量进行控制，对固定源和移动源的空气污染物都做了严格的规定。随后又相继颁布了《环境基本法》《噪音限制法》《公害纠纷处理法》等一系列法律法规和政策，在法律上对污染物排放总量进行明确规定，从而形成一条综合性的整体法律法规体系。此外，政府还专门制定了针对地方空气污染的治理法规，如1969年东京颁布了《东京都公害控制条例》，搭配国家法案更加有效地管理地方性的空气污染问题。1970年，日本召开“公害国会”，集中修改和制定了14部有关公害的法案，短短几年时间，日本已经很快形成了防治公害对策的基本法律框架。1995年，日本对《大气污染控制法》重新进行修订，使得总量控制制度得到了长足的发展。2000年修订的《大气污染防治法》，以法律的形式规定了大气污染总量控制制度，并陆续在地方性环境法规中得到体现。2003年7月1日起施行的《排污费征收标准管理办法》，更加强化了对这一制度的实施力度。

其次，通过对社会经济发展状况的分析，对由人为原因而产生空气污染的污染源进行分类，在严格管理的同时制定统一的雾霾污染标准（杨超，2015）。同时，针对汽车尾气的排放，日本也专门出台了相关的法律，如《减少汽车氮氧化物总排放量的特殊措施法》《汽车 $NO_X$ 法》等，都致力于对城市中氮氧化物排放的控制立法。

最后，政府十分注重对民间公害救济制度及公害诉讼制度的完善。日本有较为完善的公害受害者救济制度，如1965年5月，四日市建立的《四日市市公害认定制度》，制定了《公害救济法》，即关于救济公害受害者的法律，这是日本第一条对于公害受害者救济的立法，该法于1970年2月开始施行。1973年10月颁布《公害健康受害补偿法》，从1974年9月开始施行。1970年施行的《公害纠纷处理法》，除了设置调解、仲裁机构等传统诉讼外，国家、地方政府分别设置了公害调查委员会和公害审查会，加强了对公害纠纷的处理。1996年5月，东京大气污染诉讼历时11年，最终以七大机动车公司支付了12亿日元的和解金，政府提供60亿元的医疗援助金而结束。民间公害诉讼及救治制度的施行，增加了民众对治理空气污染的信心，民间诉讼不仅使民众对自身合法权利的捍卫得到了保障，也表现出了日本政府下决心治理环境污染的决心，很大程度上成为日本空气治理不可或缺的重要推动力，规范了企业的排污行为，保障了民众的利益，并敦促政府不断完善空气污染控制立法（钱振华等，2015）。

（2）鼓励企业和公众共同参与环境治理。为了在全社会范围内营造共同治理大气污染的良好氛围，日本非常注重政府、企业和公众一体化的作用，大力呼吁社会各界共同参与大气污染的治理工作，在日本国内逐渐形成了以企业为主体，全社会共同参与的系统、高效的多元化空气污染治理模式。政府和相关机构负责协商与制定相关的法律法规与政策，企业是主要的执行方，公众则主要发挥参与监督的作用。

企业是污染排放的主体，也是治理的重点。日本政府对企业污染排放有严格的限制措施，通过一系列的法律条文及各种条例等“硬措施”，限制工厂、企业的污染排放，并对环保企业给予一定的经济优惠政策。首先，通过立法，明确规定各种污染物的排放标准。日本针对企业污染排放制定了一套严格的排放标准，凡是达不到规定标准的企业必须停产或转产，许多高能耗、高排放企业被要求停产或者转产，部分企业为了正常生产不得不投入大量资金将企业转向环保型。其次，通过对企业发放补贴和低息贷款等方式鼓励企业积极参与空气污染治理；鼓励企业采用清洁生产工艺与先进技术，以消除或减少有害物质或气体的排放。再次，提高排污费，对大气污染严重的地区，采取强制与引导双管齐下的治理措施。强制措施就是提高大气排污费，迫使企业不得不对污染物排放进行治理；最后，对该地区排污企业的数量进行控制，避免在该地区继续新建排污企业。1971 年，日本颁布了《关于在特定工厂设置公害防止组织的法律》，其中规定，作为污染源的企业单位需要设置公害防止管理员，公害防止管理员需要具备污染防止的专业知识和技能，并通过相应的国家考试。此外，日本政府还对资源的综合利用、废物回收、废物资源化的企业提供优惠政策，如给予低税率、优惠贷款、补贴等，以鼓励资源的综合利用。由于企业这一排污主体的参与，对于空气污染治理工作起到了明显的促进作用。

鼓励公众参与大气污染治理。日本政府主要通过预案参与、过程参与、末端参与及行为参与四个环节鼓励公众参与大气污染治理。预案参与即民众对政府即将出台的关于环境保护的法律法规及政策，甚至一些即将开工建设的环境工程提出意见；过程参与即在环境工程建设过程中、环境保护法律政策执行过程中，公众有权对其实施者进行监督；末端参与环节即在大气污染末端治理过程中对环保工程的建设效果进行监督；行为参与即呼吁公众规范自己的行为，养成自觉保护环境的良好风尚，并积极响应政府的环境保护行动，在日常工作与生活中采用更加经济的绿色、环保、低碳的生活方式。

在政府的大力呼吁与推动下，日本的民间减排投资自 1966 年起连年增长，至 1975 年，民间减排投资已达到 9 600 亿日元，占年度民间设备投资的 17%，成为企业投资的优先选择。通过大量投资，日本开发出各种公害防治技术，培养了大批相关技术人员，形成了防治污染公害的人员和技术基础（黄锦龙，2013）。

多年来，通过推动全社会共同参与，政府、社会团体、企业及公民等各方力量协同治理，有效推动了大气污染的治理工作。

（3）调整能源结构，控制机动车污染排放。在经历了 20 世纪两次严重的石油危机之后，日本便开始陆续减少石油消费比例，同时积极研发核电等清洁能源，在全国建立了多个核电站。20 世纪 70 年代以来，日本的石油消费比重不断下降，而清洁能源即天然气和核能增长迅速，显著地改善了日本的能源消费结构和大气环境质量，1970 ~ 2010 年，日本低污染能源（天然气、核能与其他清洁能源）比例从 7% 上升至 36%。虽然 2011 年日本核电站事故的发生使核能占比大幅度下滑，但 2015 年日本清洁能源占一次能源消费的比重依然高达 31%。

由于日本人均机动车拥有率较高，汽车尾气排放一度成为导致日本大气质量恶化的罪魁祸首，对此，日本政府有针对性地出台了一系列减少机动车污染的政策法规及措施。首先，如实行交通限制，削减交通量，改进公路结构等。1962 年，针对机动车尾气排放污染的专项法律——《关于机动车排放氮氧化物的特定地域总量削减等特别措置法》获得通过，该法把东京都、埼玉县、千叶县、神奈川县（一都三县），大阪府、兵库县、名古屋市及周边地区空气污染严重的一些大城市划定为特定的控制地区，严格控制机动车行驶产生的氮氧化物及颗粒物的排放；在划定控制区内，对一些大型车辆及柴油乘用车施行特别排放标准，只有符合氮氧化物及颗粒物排放标准的车辆才允许进行车检登记和上路行驶。其次，提高超过10年的机动车的征税标准。对燃油汽车尤其柴油车的尾气排放施行严格控制；通过降低税收、给予购车补贴等各种优惠政策，鼓励公众购买电动车等低公害车辆代替燃油汽车，以减少尾气排放。再次，1992年制定了专门针对机动车尾气排放的《汽车氮氧化物法》；从2000年起，日本政府规定所有汽车必须加装尾气净化装置，禁止柴油车和尾气排放超标车辆上路。与此同时，日本政府还对出租车进行改造，出租车全部用天然气作为燃料，彻底从源头解决大气污染物的排放。2003年，日本以立法的形式禁止柴油发动机汽车驶入东京，并规定所有汽车均须安装过滤器；2004年，日本政府对东京出租车进行系统改造，用油电混合动力系统取代原有系统，提高了出租车的经济性能，减少了化石能源使用，是一种“生态化汽车”（李伟，2016）。最后，20世纪80年代以后，日本政府陆续从控制机动车总量、汽车发动机升级、补贴新能源汽车、提倡乘坐地铁、公交车出行等措施治理汽车尾气。

（4）征收环境税费。首先，为了保护环境，减少污染，日本建立了相对完善的环境税制。其环境税种类多，构成复杂。主要有：石油消费税、道路使用税、液化气税、车辆（商品）税、机动车辆吨位税、二氧化硫税、液化气税、垃圾收费等。其中，石油消费税是日本征收强度较大的消费税，道路使用税以出厂的石油产品为税基，与石油消费税同时征收；1965年开征的液化气税在加油站加油时进行征收，属于燃料税；道路使用税和液化气税是石油消费税的补充。车辆（商品）税是把车辆作为奢侈品，征税对象包括客车、货车、摩托车、自行车等各种机动车辆。机动车辆吨位税一般在车辆注册登记时征收，征税范围主要包括有客车、货车、公共汽车等机动车辆，该税种符合“污染者付费”原则，被认为是科学公平的计税标准和税种。二氧化硫税的征税对象为二氧化硫排放水平超过规定标准的企业，其税收专款专用，主要用于补偿因空气污染的健康受害者。日本为了鼓励最大化利用资源，限制居民随意丢弃垃圾，在全国实行垃圾收费制度，对于环境保护都起到了一定的积极作用。

其次，日本政府也实行了众多的环境税收优惠政策。从 2004 年开始，日本政府对环境税方案反复进行修订，最终方案在 2005 年 10 月形成，2007 年 1 月正式开始执行。

最后，日本政府颁布了一系列环境税优惠政策。1979 年，颁布《节约能源法》，这是世界范围内较早关于节约能源的国家层面的法律，并分别于 1998 年和 2002 年进行了两次修改。《节约能源法》规定，对于能源节约达标的单位和个人，在一定期限内，政府将给予减免税优惠。其他法规中对再生制造设备、空瓶洗净处理装置、废纸脱墨处理装置等有利于环境保护的设备，除了实行特别退税外，还可以在使用 3 年后予以退回；对于废塑料制品类再处理设备在使用年度内，除了享受普遍退税的优惠以外，还可以按取得价格的 14% 享受特别退税；对于单位和个人使用的各类不同的环保设施，除了按照一般设施的折旧率进行折旧以外，还可以在此基础上享受特别折旧。目前，日本环保设施特别折旧的折旧率一般为 14% ~20%（朱厚玉，2013）。

（5）研发污染治理先进技术，控制工业污染。20 世纪 70 年代是日本经济高速发展时期，同时也是环境污染最严重的时期。为了治理大气污染，日本政府充分发挥其技术优势，不断加大污染控制技术方面的研发投入，针对固定污染源的治理，开发了多种脱硫、脱硝及低排放发动机等实用减排技术和设备；同时，还开发了许多针对大气污染监测的技术，对于科学、迅速、有效地治理大气污染，起到了非常重要的技术保障作用。对于排污大户，如大型火力发电厂等，日本政府对此集中安装集尘装置、排烟脱硫及脱硝装置；对于一些小型生产企业，规定严格的污染排放标准，促使其安装使用排污净化及过滤集尘装置设备。其次，在工业、交通、公共设施方面采用低污染的环保制造技术，采取措施支持环保产业的发展。政府以激励与惩罚并举的方式，鼓励企业发展清洁环保型产业，遏制重污染产业发展。支持企业大力研发防治公害治理新技术、新工艺及新方法，同时对传统生产设备进行技术改造和升级；对研发出高新技术的企业实行适当补贴、减少税收等激励政策；对污染排放严重、超过国家标准的企业进行严厉处罚。为了减少空气中硫化物污染，政府通过制定相关规则，指导企业引进低硫原油和重油脱硫装置，引导民间革新和投资于排烟脱硫装置等污染控制技术，使工业大气污染在短期内得到较大改善。在工业、交通、公共设施方面采用低污染的环保制造技术，采取措施支持环保产业的发展。

日本政府非常注重绿化环境，将城市绿化度作为环境治理的一个十分有效的手段。为了充分发挥森林、草地、树木对大气环境的净化作用，政府硬性规定新建大楼的绿化率，要求新建大楼必须留有足够的绿地面积，楼顶也必须进行绿化；另外，还提倡多种树、种草等，既净化了空气质量，也使民众有了更清洁的生活环境。

以东京为例，经过多年的努力，目前东京的 PM2.5 浓度常年保持在 $20\mu g/m^3$ 以下，二氧化硫（$SO_2$）在 0.002ppm 左右，CO、$NO_2$ 等污染物指标均处于世界大城市最低水平（黄锦龙，2013）。

### 6.5.3 提高大气污染治理效率对策研究

大气污染之所以造成雾霾、灰霾等一系列比较严重的现象，其原因在于大气污染物排放量长期超过环境的承载能力，因此如何减少大气污染物排放量是提高大气污染防治效率的基本点。借鉴美国、英国、日本等发达国家的治理经验，结合国内大气污染治理现状及影响大气污染治理效率的因素，提高我国大气污染治理效率，根治我国大气污染问题，需要从以下几个方面入手。

（1）适度加强环境规制，充分发挥政府环境规制政策的作用。发达国家在环境治理中都曾经十分重视政府环境规制的作用，如美国、日本、英国等国都非常重视政府行政型规制工具与经济手段的综合运用。由于空气污染具有极强的外溢性，单纯依靠市场的作用很难达到理想的治理结果，政府的作用就显得尤为重要。

在我国，环境保护与治理主要以行政手段为主，且实行自上而下的管制方式，实际执行中不仅成本高昂，而且效率较低。借鉴发达国家的治理经验，可以考虑制定发达省域与落后省域生态环境保护的连坐责任制度，如对东部发达省市与一些排放强度大的中西部省区实行环保治理一体化，一方面促进发达省域环境保护技术及治污减排技术的加速扩散；另一方面也可以有效防止污染的跨区域转移。其次，兼顾地区差异，合理选择环境规制工具。应依托行政型规制工具见效快的优势，通过政府管制的方式制定企业生产技术标准和治污减排技术标准，更多地依靠政府的力量治理雾霾污染，以行政型规制工具为主，经济型规制工具为辅，同时应强化监督型规制工具的作用。对于市场化程度较高，环保体制较为健全的东部发达地区，政府应尽量避免对企业经营活动的过多干预，更多地发挥以市场为主的经济激励型规制工具的作用，促使企业自觉履行减排义务。此外，应逐步提高环境行政监管，避免污染治理中“政治庇护”和“非完全执行”现象的发生。

经验研究表明，命令型、市场型和自愿型规制工具均有利于诱发节能减排，进而降低大气污染，提高大气污染治理效率，但我国地区异质性特征显著，各类规制工具的地区效应也各不相同，环境规制政策的制定及工具的选择，应充分考虑地区差异，兼顾各类规制工具的组合效应和互补效应。东部地区市场机制体制及环境法律法规较为健全，企业发展环境良好，市场型规制工具的作用效果较好，因此，在兼顾命令型规制工具的基础上，应充分发挥市场型规制工具的激励作用；中西部地区市场化进程落后，市场型工具的作用有限，短期内命令型规制工具（如排放限额、清洁生产标准、准入许可等）仍然是主要手段，特别是对于电力、石化等国有化程度较高的行业更应考虑命令型规制工具的作用，但长期来看，应该有步骤、有计划地推进命令型环境规制向市场型环境规制的转化

逐步提升自愿型规制工具在环境政策中的地位。2014 年 4 月通过的《环境保护法修正案》，将“信息公开和公众参与”单独设立一章，较之以前更明确了公民在环境保护方面应享有的权利，因此，应顺应这一趋势，为社会公众提供良好的参与渠道与方式。通过宣传教育，在广

大公众中树立良好的环保意识，鼓励广大公众自觉自愿参与环保活动，提高其自愿参与环保活动的自觉性和积极性。建立居民与地方环保机构之间良好的互动机制，形成公众监督与专业部门相结合的监督网络，同时应健全环境信息披露制度，提高居民对环境污染的监督意识，建立公众对政府和企业履行环保职能的监督反馈体系，逐步发挥公众自愿参与环保活动的作用，形成全社会参与环境保护的良好格局。

（2）倡导绿色发展模式。国外发达国家都极为重视并努力推行绿色经济发展模式。如为了降低碳排放，英国政府提出的“低碳经济”，日本和英国大力倡导植树、种草，绿化环境，硬性规定绿化率等，对我国大气污染防治具有重要的借鉴作用。

我国地域辽阔，人口稠密，但森林覆盖率及绿化率远远赶不上美国、日本、英国等发达国家；对绿色经济发展模式重视不够，发展方式粗放。为了遏止损害大气环境的现象，修复大气环境质量，首先，需要加快培育生态文化，倡导绿色低碳、文明健康的生活方式和消费模式，增强全社会生态文明意识，将生态文明融入文化体系之中。在经济发展过程中，要让产业结构变“新”，让发展模式变“绿”，使经济质量变“优”。一是注重经济的高质量发展，淡化 GDP 数量增长目标，重视生态环保等体现发展质量指标的重要作用，在努力追求经济利益最大化的同时，根据实际情况寻找能够以较少的资源消耗和环境破坏来促进经济增长的动力。二是要实行对工业污染源的根治。目前，第二产业在我国多数地区的经济发展中依然占据主导地位，尤其是工业占比过高，而工业又是能耗大户和大气环境污染的主要来源。因此，在大气污染治理中，应结合地区产业实际和大气污染程度对落后的产能制定范围更宽、标准更高的淘汰政策。三是要根据主体功能区的规划要求，对产业发展进行合理布局，将位于城市主城区的诸如钢铁、有色金属冶炼、水泥等重污染企业进行搬迁、改造，使之逐步退出主城区，对不符合环保要求的企业大力整治。四是要大力发展以现代服务业为主的第三产业，借助互联网发展的浪潮，从制造走向创新，让创新成为经济发展的源头，从而促进经济增长模式的快速改变。五是发展具有市场前景和地方特色的优势产业，充分发挥产业间的前后向关联及带动效应。其次，大力提倡植树造林、种草，提高森林覆盖率和绿化率。对新建建筑，借鉴国外经验，制定统一规范的绿化标准，对达不到标准的禁止建设；借鉴伦敦经验，在城市中以行政手段保留一定绿地；借鉴日本经验，对新建大楼要求留有足够的绿地面积，楼顶也必须进行绿化。既提高了空气质量，也使公众有了更清洁健康的生活环境。

（3）技术创新是推动大气污染治理的动力。美国、日本、英国等在大气污染治理中，技术减排都曾经起到了关键性的作用。如日本曾经研发了多种针对固定污染源的脱硫、脱销及减排技术，并积极引导民间投资污染控制技术；美国的空气污染控制技术一直排在世界前列，英国也研发了多种污染控制技术，对降低大气污染都起到了有效的作用。本书的回归结果也表明，技术进步对提高大气污染治理效率具有积极的作用。

提高技术进步对大气污染治理效率的贡献，以技术进步促进大气污染减排，第一，要加大研发投入，特别是节能减排领域的研发投入，提高研发效率。为大气污染治理培养专业化的技术人才，提高技术研发的资金保障。第二，提高绿色节能环保产业的研发资金支持力度及技术支持，设立国家层面上大气污染防治的专项科技研发资金，强化大气污染防治技术与控制对策研究；促进生产领域及大气污染治理领域的技术研发，鼓励研发主体增加研发投入，引进研发人才，并积极推动科研成果的转化与应用，为提升大气污染治理水平及效率创造良好的研发环境。第三，基于我国区域之间技术差距较大的现实，以技术进步促进污染减排，应重点加强区域之间节能环保领域的技术交流与协作，扫除一切阻碍技术交流的壁垒，大力促进东部地区先进技术与管理经验向中西部地区扩散。在技术交流过程中，可以尝试采用对口支援与精准扶持的方式，“一对一”帮助中西部落后省份；中西部地区应立足实际，在模仿、学习与引进东部先进技术的同时，也要不断提高自身的自主创新能力。第四，企业作为追求经济利益最大化的主体，同时也是污染与减排大户。因此，应将企业技术减排作为重点，鼓励企业加大研发投入，并给予必要的配套政策及税收优惠、财政支持，促使企业积极投入研发治污减排新技术，特别要加大对企业共性关键技术的投入力度，不断加强绿色环保领域的技术创新，提高企业的废气处理能力，减少废气处理运行成本，进而提高大气污染治理效率。

(4) 优化产业结构，能源结构。借鉴美国、英国和日本的产业发展政策，以政府行政手段规定企业减排标准，对经考核不能达到规定标准的企业，强制其停产或转产，退出市场；以政府投资为主大力支持发展清洁能源产业。如日本 20 世纪 70 年代以来石油消费比重迅速下降，而天然气和核能等清洁能源则增长迅速，对改善空气质量起到了积极的作用。

发挥结构减排对提高大气污染治理效率的贡献力度，借鉴发达国家的经验，第一，要调整优化工业结构、产业结构。加快产业结构的调整、优化与升级，大力发展低能耗、低排放的清洁产业和绿色环保产业，优先发展具有比较优势的高新技术产业、现代服务业和先进制造业，加快制造业的产业转型与结构升级；努力发展附加值高的高端及精深加工产业。协调资源使用、环境保护与产业发展的关系，推动地区产业逐步向“资源节约、环境友好”方向转变，提高结构节能减排对提升大气污染治理效率的贡献力度。第二，要提高对高能耗、高排放企业的污染控制力度。借鉴日本经验，对大型火力发电厂等排污大户，政府统一集中安装排烟、脱硫剂脱销装置；对于小型生产企业，以行政手段强制其安装使用净化机过滤集尘装置。对违规企业禁止其生产，或者促使其转型升级，为高科技产业及清洁、循环产业发展营造充足的环境空间，实现经济健康可持续发展和环境质量好转的互利共赢。此外，制定钢铁、建材、电力等高污染行业准入限制时，应以环境保护为首要目标。

优化能源结构是降低大气污染排放强度，提高大气污染治理效率的关键。借鉴日本清洁能源开发利用的经验，第一，要加快发展风电、水电、核电、太阳能等清洁能源，实现清洁能源对传统化石能源的替代。大力发展新型能源产业，对必须使用非清洁能源的产业，要尽可能保持非清洁能源的品质，对高灰粉、高硫粉的劣质煤炭以及高硫石油焦要禁止使用，禁止其在市场上的流通；借鉴国外经验，对使用低品质、达不到规定排放标准、严重污染空气的非清洁能源企业要给予严厉处罚，强制其停产或转产。第二，提高能源使用效率，降低单位经济产出的能源使用量，进而达到降低大气污染排放的目的。对于新建项目，要保证其单位产品能源消耗强度能够达到预期标准水平，对于未达到标准的项目严禁批准，对超出耗能标准的项目适时进行淘汰。第三，减少煤炭消费总量，逐步提高接受境外输电比例、增加天然气供应、加大非化石可再生能源利用强度，增加清洁能源的使用比例。为此，要加快相应配套设施的建设，为能源替代提供条件。第四，促进新能源产业发展。新能源的推广是能源清洁化的必要途径，新能源产业的发展也意味着能源产业的技术革新，为此需要出台相应的产业政策，对有发展前景的新能源产业给予政策上的支持和激励，营造适宜新能源产业发展的良好的社会环境。

（5）将长期治理目标与短期治理相结合。大气污染治理是一个漫长而又艰巨过程，本书的回归结果也表明，大气污染及其治理具有时间上的连续性与动态累积效应。因此，大气污染治理需要将长期目标与短期目标结合起来，制定切实可行的治理措施。目前我国正处于工业化带动城市化发展的关键时期，包括大气污染在内的环境污染与经济发展之间的矛盾突出，改善大气环境质量，实现大气污染治理目标还有很长的路要走。由于大气污染成分复杂，治理任务艰巨，可以借鉴国际经验，制定分阶段的治理目标，采取分阶段的治理措施，如针对城镇和农村分别设定不同的治理目标；针对资源富裕地区和资源贫乏地区设定不同的治理目标；针对发达地区和欠发达地区设定不同治理目标；设定针对工业污染源、高燃煤燃料设施、落后产能淘汰、机动车污染、扬尘污染等专项治理任务目标，循序渐进，最终达到实现大气污染治理的目的。也可以借鉴世界卫生组织的空气质量标准，分步骤、分阶段设定具体目标及治理对策，以有效推进大气污染治理工作，在经济发展的同时达到改善大气环境质量的目的。

（6）多方协同是从制度上推进大气污染治理的关键。美国、日本、英国等发达国家都非常重视区域环境尤其是外溢性较强的大气污染的协同治理，如美国施行的“好邻居条款”，促进州和地方各级政府的相互协作，由一个专门机构负责整体大气污染的规划与治理，各区域则负责本区域内的治理工作，形成互相监督、互相协作、协商共治的网络体系。日本也极为重视政府统一规划领导与市、县、区的协作治理，注重社会、公众和企业的共同参与；英国也积极推进大气污染的联合防控与治理。

我国地域辽阔，各地区经济发展水平和发展模式各不相同，地区之间的污染特征也各异。因此借鉴美国、日本等发达国家的治理经验。我国大气污染治理应该在中华人民共和国环境保护部的统一管理下，注重各区域、各省（自治区、直辖市）的协作共治。各区域应在法律制定、技术研发、环境投资、人员培养等方面互相协作，紧密配合，在大气污染治理上达成共识，统一规划治理方案；相互借鉴经验，取长补短。根据大气污染的跨区域传输特性划分出联防联控治理区域。目前，我国已实行京津冀、长三角等区域联合防控治理大气污染，取得了一定的成效，其他区域也可以此为借鉴，按照经济区域和战略发展规划建立统一的防治规划、防治标准及监测系统，形成不同层次的区域联防体制机制。制定跨越不同行政省区的联防联控环境管制模式，在京津冀、长三角、珠三角及城市群，制定排放约束与协同治理的环境政策，以有效激发省域之间大气污染治理技术的扩散，从整体上降低排放强度。

在防治的过程中，不但要采取积极的防控措施，还要对防控措施的实施效果进行考核，以保证大气污染防控机制的长效性。为此，一是要建立覆盖面较广的完整的空气质量监测体系，完善空气质量监测网络，不断扩大监测范围，并保障监测数据的准确性。二是培养专业性强的监测人员，借鉴美国、日本、英国的经验，对从事环境工作的专业人员进行培训、考核，专业技术考核不合格者不能上岗从事环境工作，以减少人为的非专业因素造成的误差，充分保证监测数据的准确性。三是要建立科学的考评方法和监测指标体系，保证考核结果的全面性和准确性。

首先要明确主要污染物、污染源；其次要对污染控制指标及控制标准进行合理设定，这不仅有利于客观评价区域大气污染防治效果，也对落后地区起到应有的激励作用。四是要及时修订大气污染防治制度及考核标准。与大气污染相关的法律法规、大气污染控制指标及污染排放标准等，做到与时俱进。五是要强化大气污染执法监督力度。对违法企业"零容忍"，以政府行政手段强制其转产、迁出；对于大气污染较为严重的城市要重点监控，实行空气污染的预警机制，形成重污染天气的应急体系。

## 6.6 本章小结

本章以大气污染治理效率测算、环境规制影响大气污染治理效率为重点展开研究。首先，以环境经济学的相关理论为指导，选取评价大气污染治理效率的投入产出指标，基于超效率 DEA – SBM 模型测算了我国 30 个省份的大气污染治理效率；其次，通过构建面板数据计量模型，运用系统 GMM 方法，实证分析了环境规制对大气污染治理效率变动的影响；再次，分析了我国大气污染治理中面临的现实困境，梳理了发达国家大气污染治理的经验；最后，借鉴发达国家的治理经验，从不同角度探究了提高我国大气污染治理效率的对策建议。主要结论如下。

（1）在回顾相关理论的基础上，梳理了大气污染治理效率的评价方法，定义了大气污染治理效率的概念。大气污染治理效率是大气污染治理中投入与产出的效率，主要衡量大气污染治理过程中要素的投入产出绩效，其本质是环境效率的延伸。

（2）从大气污染治理现状看，我国的大气污染物表现为排放总量多，治理难度大；空气质量达标率较低，达标难度大；雾霾污染严重，酸雨频发；复合型大气污染区域特征显著等特点。从引致大气污染的根源看，大气污染主要源于粗放的经济发展模式及工业生产方式，源于燃煤污染、机动车尾气排放、城市建设、生活污染等多个方面。因此，治理大气污染需要各方力量的协同与合作。

（3）大气污染治理效率影响因素的回归结果表明，环境规制能够提高大气污染治理效率，发挥了倒逼减排的作用；研发投入并没有起到显著提高大气污染治理效率的作用，这可能和研发投入偏向于生产技术进步而非节能减排技术进步有关；高能耗、高排放的第二产业比重增加对大气污染治理效率产生了显著的负面影响，说明目前发展阶段单纯依靠产业结构调整降低环境污染可能不太现实；电力等清洁能源比重增加有助于降低污染排放，提高大气污染治理效率；外资进入并没有恶化我国大气污染治理效率，“污染天堂”假说在大气污染治理中可能并不存在。

（4）加强环境规制，提高大气污染治理效率，需要充分认识到大气污染治理面临的困境，以及我国大气污染治理中环境规制工具及法律法规制度等各方面的欠缺，借鉴美国、日本、英国等发达国家的治理经验，重视大气污染治理立法，以及行政型环境规制和经济型环境规制等各种环境规制工具的综合运用，大气污染治理技术创新、产业绿色发展、区域联合防控、民众共同参与治理、能源结构优化等多个方面采取综合性的防治措施。

# 第7章

# 环境规制影响水污染治理效率的实证研究

第一次工业革命爆发后，西方国家的工业进入快速发展时期，但工业发展带来巨大物质财富的同时，也耗费了大量能源资源，造成巨大的环境损失。自20世纪中期起，水污染事件频繁爆发，如北美“死湖”事件、莱茵河事件、日本水俣病事件、卡迪兹号油轮事件等，造成严重生态破坏的同时，也对人类生存和生活造成了巨大影响。70年代开始，西方国家开始对环境污染进行治理；到80年代末，污染问题得到了有效控制。我国改革开放以来，在工业化进程快速推进的同时，工业废水一直是我国废水排放的主要来源，越来越严重的水污染问题已经给居民正常的生产生活带来了不可忽视的影响。为了解决水污染问题，近年来，我国逐步加大了水污染治理工作，颁布了一系列水污染防治的规制措施。水污染治理效率也引起了学者们的广泛关注与研究兴趣。目前，我国水污染治理领域的研究主要集中在两方面，一是水污染治理技术的开发与应用；二是水污染治理体制、机制及对策的研究。对于环境规制是否以及如何影响水污染治理效率关注较少。本章基于已有研究，在测算水污染治理效率的基础上，实证研究环境规制影响水污染治理效率的方向及程度，据此提出有针对性的提高水污染治理效率，降低废水排放的对策建议。

## 7.1 水污染及治理现状

（1）水污染现状分析。我国作为世界上严重贫水的国家之一，其淡水资源仅占全球总水量的2.6%左右，人均水资源约为世界平均水平的28%，且80%分布在南方地区，西北地区仅占4%左右，水资源分布不均加剧了我国的贫水程度。近年来，随着我国国民经济的快速发展，由水资源短缺及水污染带来的环境问题日益突出，可持续发展压力增大。

我国的废水源头主要是工业废水和城镇生活污水。从工业废水排放现状看（见图7-1），2000年，我国工业废水排放量为194.2亿吨，占全国废水排放总量的46.77%；2000~2007年，工业废水排放量逐年增加，2007年最大，为246.6亿吨，占全国废水排放总量的44.29%；2007年后，工业废水排放量缓慢下降，到2015年，工业废水排放量下降至199.5亿吨，占全国废水排放量的27.13%

从城镇生活废水排放看（见图7-1），2000年，全国生活废水排放

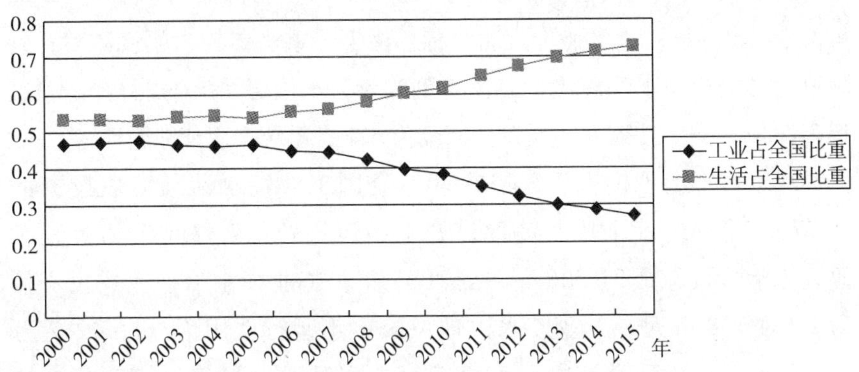


**图7-1　2000~2015年工业及生活废水排放量占全国的比重（%）**

资料来源：《中国统计年鉴》2000年。

总量为220.9亿吨，其中，城镇生活废水排放占53.20%，此后生活废水排放量逐年增加，2011年为427.9亿吨，占全国排放总量的64.91%；2015年已上升至535.2亿吨，占全国废水排放总量的71.25%。

从废水排放总量看，2000年我国废水排放量为415.2亿吨，到2015年已增至735.3亿吨，15年间增加近1.8倍。快速增加的废水排放量加剧了废水治理的难度和治理压力。

总体来看，我国生活废水排放量2005年以前变动平稳，2005年以后占全国废水排放量的比重迅速增加；而工业废水排放量占全国废水排放总量中的比重平稳下降，但由于工业废水中蕴含大量对环境具有极强破坏力的重金属、化学需氧量、氯化物等污染物，若不采取及时有效的治理方式，随意排放的后果不堪设想。近年来，频发爆发的工业水污染事件已经对当地生态环境和居民健康造成了巨大威胁，如何提高水污染治理效率，降低水污染危害已成为亟待解决的重大问题。

（2）水污染治理现状。为了治理水污染，近年来国家不断加大水污染治理力度。“九五”计划中，国家开始对主要水污染物排放总量实行控制；“十一五”规划提出并完成了化学需氧量（COD）排放量减少10%的目标；“十二五”规划规定，将减排化学需氧量8%、氨氮10%作为刚性指标。2015年，国务院出台的“水污染防治行动计划”提出，到2020年，全国水环境质量得到阶段性改善，污染严重水体较大幅度减少；到2030年力争全国水环境质量总体得到改善，水生态系统功能初步恢复。到21世纪中叶，生态环境质量全面改善，生态系统实现良性循环。

从水污染治理投入看，2011年，全国工业废水治理完成投资额1 577 471万元，工业废水治理设施本年运行费用7 321 459万元，工业废水治理设施数91 506套；到2015年，工业废水治理完成投资额为1 184 138万元，工业废水治理设施本年运行费用为6 853 282万元，工业废水治理设施数为83 227套。相对于2011年，各项指标均有不同程度的下降。

从治理效果看，2011年，工业废水治理设施处理能力31 406万吨/

日，工业废水处理量 5 805 511 万吨；2015 年，工业废水治理设施处理能力 24 728 万吨/日，工业废水处理量4 445 821万吨。相对于 2011 年，工业废水治理设施处理能力、工业废水排放处理量均有不同程度的下降。

从治理方式看，目前我国对工业废水治理主要采取对企业征收排污费的方式。《排污费征收使用管理条例》中明确规定，"向水体排放污染物的，按照排放污染物的种类、数量缴纳排污费；向水体排放污染物超过国家或者地方规定的排放标准的，按照排放污染物的种类、数量加倍缴纳排污费"。但整体征收标准仍然较低，一定程度上影响了水污染治理效果。

## 7.2 水污染治理效率的测算与分析

### 7.2.1 指标选取及数据说明

水污染治理效率是水污染治理过程中的投入产出效率，体现的是水污染治理投入要素及污染去除效果。本书以各地区工业废水治理为研究对象，借鉴学者们的研究成果，兼顾数据的可获得性，从水污染治理的资金投入、治理设备、治理费用和劳动力投入四个方面构建水污染治理投入评价指标。其中，资金投入选取各地区工业废水治理完成投资额，该指标反映实际已经发挥作用的资金总额；工业废水治理设施套数，反映地区工业废水治理设备的规模；工业废水治理设施本年运行费用，反映工业废水日常运行的投入。劳动力投入选取各地区按行业分城镇单位就业人员数（年底数）中的水利、环境和公共设施管理从业人员数。

产出指标反映水污染的治理效果，选取各地区工业废水处理量衡量。

以上指标所用数据来源于《中国统计年鉴》《中国环境年鉴》及各省份相应年份的统计年鉴。各指标描述性统计结果见表 7－1。

表 7-1　　　　描述性统计指标

| | 极小值 | 极大值 | 均值 | 标准差 |
|---|---|---|---|---|
| 工业废水处理量(万吨) | 498.00 | 933 519.00 | 164 190.610 | 160 898.00 |
| 工业废水治理完成投资额(万元) | 90.00 | 295 540.00 | 42 363.590 | 45 414.93 |
| 工业废水治理设施数(套) | 30.00 | 10 608.00 | 2 727.665 | 2 421.70 |
| 工业废水治理本年运行费用(万元) | 232.00 | 966 723.00 | 217 724.740 | 2 000 333.00 |
| 劳动力投入(万人) | 0.20 | 18.30 | 8.240 | 4.18 |

### 7.2.2　BCC 模型构建

DEA 模型分为基于规模收益不变的 CCR 模型和基于规模收益可变的 BCC 模型。针对 CCR 模型中规模收益不变的假设，1984 年，贝克尔、钱纳里和库珀（Banker，Charnes & Cooper）在 *Management Science* 杂志上发表了"Some model for estimating technical and scale inefficiencies in data envelopment analysis"，提出了估计规模效率的 DEA 模型贝克尔等（Banker，et al.，1984），这一方法的提出对于 DEA 理论具有重要意义。此后的文献将此模型称为 BCC 模型（以三位作者的姓氏首字母命名）。BCC 模型基于规模收益可变（Variable Returns to Scale，VRS），得出的技术效率排除了规模的影响，因此被称为"纯技术效率"（Pure Technical Efficiency，PTE）。

BCC 模型分为基于投入导向和基于产出导向两种类型。投入导向模型是给定产出水平下使投入减少，产出导向模型是给定一定量的投入要素，追求产出最大，本书选择基于投入导向的 BCC 模型。

假设有 $n$ 个决策单元（DMU），记为 $DMU_j$（$j=1，2，\cdots，n$）；每个 DMU 有 $m$ 种投入，记为 $x_i$（$i=1，2，\cdots，m$），投入的权重为 $v_i$（$i=1，2，\cdots，m$）；有 $q$ 种产出，记为 $y_r$（$r=1，2，\cdots，q$），产出的权重为 $\mu_r$（$r=1，2，\cdots，q$）。BCC 模型是在 CCR 对偶模型的基础上增加了约束条件 $\sum_{j=1}^{n}\lambda_j=1(\lambda\geqslant 0)$ 构成的，其作用是使投影点的生产规模与被评价

DMU 的生产规模处于同一水平。

$$\begin{aligned}
&\min\theta \\
&s.t.\ \sum_{j=1}^{n}\lambda_j x_{ij} \leqslant \theta x_{ik} \\
&\quad\ \sum_{j=1}^{n}\lambda_j y_{rj} \geqslant y_{rk} \\
&\quad\ \sum_{j=1}^{n}\lambda_j = 1 \\
&\quad\ \lambda \geqslant 0 \\
&\quad\ i = 1,2,\cdots,m;r = 1,2,\cdots q;j = 1,2,\cdots,n
\end{aligned} \tag{7-1}$$

BCC 模型（7－1）的对偶规划形式为：

$$\begin{aligned}
&\max\sum_{r=1}^{s}\mu_r y_{rk} - \mu_0 \\
&s.t.\ \sum_{r=1}^{q}\mu_r y_{rj} - \sum_{i=1}^{m}v_i x_{ij} - \mu_0 \leqslant 0 \\
&\sum_{i=1}^{m}v_i x_{ik} = 1 \\
&v \geqslant 0;\mu \geqslant 0;\mu_0 free \\
&i = 1,2,\cdots,m;r = 1,2,\cdots,q;j = 1,2,\cdots,n
\end{aligned} \tag{7-2}$$

其中，$\mu_0$ 是自由变量，取值范围为 $(-\infty, +\infty)$，因此，在线性规划式中 $\mu_0$ 前面的符号是正还是负，不影响目标函数的结果。

### 7.2.3 测算结果及分析

以上述投入产出指标为依据，基于 BCC 模型对我国 31 个省份水污染治理效率进行测算。由于数据所限，测算的区间范围为 2011～2015 年。结果见表 7－2。

表 7－2　　　　各省水污染治理效率测算结果

| | 2011 | 2012 | 2013 | 2014 | 2015 |
|---|---|---|---|---|---|
| 北京 | 0.2480 | 0.5199 | 0.3717 | 0.7197 | 0.4449 |
| 天津 | 0.2155 | 0.3134 | 0.4586 | 0.4672 | 0.2731 |
| 河北 | 1.0000 | 1.0000 | 1.0000 | 1.0000 | 1.0000 |
| 上海 | 1.0000 | 1.0000 | 0.6555 | 0.2271 | 0.2958 |
| 江苏 | 0.3448 | 0.4508 | 0.4309 | 0.4339 | 0.5359 |
| 浙江 | 0.3244 | 0.3424 | 0.3402 | 0.3263 | 0.3946 |
| 福建 | 0.7763 | 0.6846 | 0.6648 | 0.5830 | 0.6743 |
| 山东 | 0.4003 | 0.4718 | 0.4012 | 0.4350 | 0.4977 |
| 海南 | 0.2417 | 0.2269 | 1.0000 | 1.0000 | 1.0000 |
| 东部平均 | 0.5057 | 0.5566 | 0.5914 | 0.57691 | 0.5685 |
| 山西 | 0.3954 | 0.5381 | 0.3587 | 0.4003 | 0.3862 |
| 安徽 | 0.6188 | 0.6954 | 0.8291 | 0.6507 | 0.6250 |
| 江西 | 0.4738 | 0.7776 | 0.5377 | 0.6982 | 0.6566 |
| 河南 | 0.4473 | 0.5068 | 0.4435 | 0.4653 | 0.5582 |
| 湖北 | 0.7082 | 0.9102 | 0.8931 | 0.8596 | 0.8314 |
| 湖南 | 0.4406 | 0.7972 | 0.8322 | 0.9839 | 1.0000 |
| 中部平均 | 0.5140 | 0.7042 | 0.6491 | 0.6763 | 0.6762 |
| 内蒙古 | 0.5233 | 0.6420 | 0.5967 | 0.4628 | 0.3971 |
| 广西 | 1.0000 | 1.0000 | 0.9550 | 0.5956 | 0.8148 |
| 重庆 | 0.2589 | 0.3285 | 0.5187 | 0.6560 | 0.3641 |
| 四川 | 0.3638 | 0.4324 | 0.5248 | 0.4691 | 0.4635 |
| 贵州 | 1.0000 | 0.8441 | 1.0000 | 1.0000 | 0.9956 |
| 云南 | 0.5642 | 0.6432 | 0.7723 | 0.5260 | 0.7497 |
| 陕西 | 0.2832 | 0.3650 | 0.3187 | 0.4242 | 0.3429 |
| 甘肃 | 0.3466 | 0.4836 | 0.4444 | 0.3867 | 0.3900 |
| 青海 | 0.8387 | 0.8564 | 1.0065 | 1.0000 | 1.0000 |
| 宁夏 | 0.4036 | 0.4881 | 0.4665 | 0.4035 | 0.4509 |
| 新疆 | 0.3841 | 0.3561 | 0.4050 | 0.3064 | 0.3460 |
| 西部平均 | 0.5424 | 0.5854 | 0.63715 | 0.5664 | 0.5741 |
| 辽宁 | 0.7938 | 0.6315 | 0.6562 | 0.9074 | 1.0000 |

续表

| | 2011 | 2012 | 2013 | 2014 | 2015 |
|---|---|---|---|---|---|
| 吉林 | 0.5263 | 0.9377 | 0.6096 | 1.0000 | 0.6699 |
| 黑龙江 | 0.5004 | 0.9110 | 0.5018 | 1.0000 | 0.6404 |
| 东北平均 | 0.6068 | 0.8267 | 0.5892 | 0.9691 | 0.7701 |
| 全国平均 | 0.5091 | 0.6302 | 0.6295 | 0.6070 | 0.6157 |

（1）由表7－2可知，样本考察期内，我国水污染治理效率偏低，平均值仅为0.5983，距离前沿面还有40.2%的提升空间。分省份看，我国各省际水污染治理效率差异较大，河北省每一年份水污染治理效率均为1，一直位于效率前沿面上，即河北省以较少的物力资本和人力资本投入取得了较好的水污染治理效果，是评价其他省份的参照，也是经济与水环境协调发展的典范。海南、贵州分别有三个年份位于效率前沿面上；上海、广西、青海分别有两个年份位于效率前沿面上；辽宁、吉林、黑龙江也分别有不同的年份位于效率前沿面上。

（2）分地区看（见图7－2），2011～2015年，东北三省水污染治理效率最高（0.7524），依次为中部地区（0.6439）、西部地区（0.5811），东部地区最低（0.5598）。从变动趋势看，大多数省份的水污染治理效率都有不断提高的趋势，特别是近两年这种提高的趋势较为明显，这和近年来我国政府加大环境规制力度，提高水污染规制标准密切相关，使得经济发展和水环境的协调能力正在逐步增强。

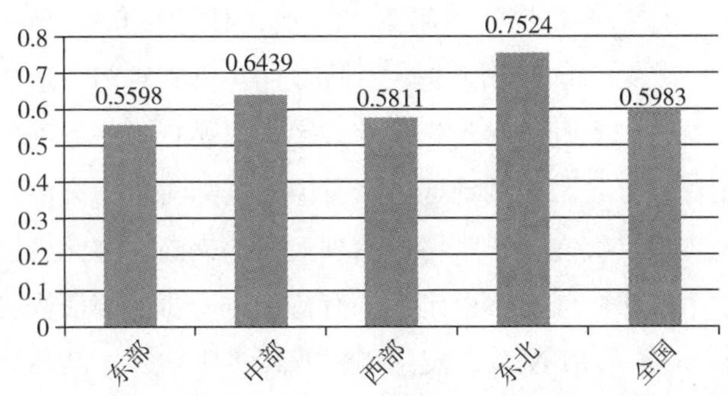


**图7－2　2011～2015年水污染治理效率区域差异**

## 7.3 环境规制影响水污染治理效率的实证检验

### 7.3.1 影响因素的选择

影响水污染治理效率的因素较多，借鉴相关研究并兼顾数据的可得性，本文选取影响因素如下。

(1) 环境规制强度（ER），环境规制是关键的解释变量，用环境规制强度综合指数衡量，具体见第3章表3-2中环境规制强度综合指数测算结果及变量说明，时间区间从2011~2015年。环境规制一方面对非清洁生产企业起约束作用，迫使其改变生产方式；另一方面又会影响地区经济产出。因此，环境规制对水污染治理效率的影响存在不确定性，需要进一步的实证检验。

(2) 经济发展水平（GDP），用人均GDP表示。EKC假说认为，当经济发展水平较低时，污染物排放相对较少，环境污染治理水平相对较高；随着经济发展水平的不断提高，大量自然资源被消耗，污染物排放量逐步增加，环境状况恶化，此时环境污染治理效率逐步降低；随着经济发展方式逐步转向环境友好型方向，污染物排放相对减少，环境污染治理水平提高，治理效率也随之提高。所以经济发展水平对水污染治理效率的影响随着经济发展阶段的不同而不同。

(3) 产业结构（INDU），用第二产业产值占地区生产总值的比重表示。一方面，第二产业比重越大，排放的污染物越多，造成的环境损害也更为严重，越不利于水污染治理效率的提高；另一方面，第二产业经济效益相对较好，带来的地区生产总值的增加对水污染治理效率提供一定的资金支持，又有利于水污染治理效率的提高。因此第二产业对水污染治理效率的影响具有不确定性，有待于进一步的实证检验。

(4) 技术创新（R&D），技术创新就其实质来讲，是利用科技资源创造新知识，研发新技术并将其研发成果应用于污染减排领域，以提高水污染治理效率。其核心是科技研究与开发，研发投入对新知识的创造及应用具有重要作用。相对于技术创新成果指标，R&D 经费投入更能表明一个地区对科技创新的重视程度，也是反映地区研发能力和技术水平的重要指标，故选用各地区研究与试验发展（R&D）经费投入强度衡量技术创新水平。一般来讲，研发投入强度越大的地区，其技术创新能力越强。

（5）城镇化率（URBA），用城镇人口占总人口的比重表示。一方面，城市人口增加带来的聚集效应使环境压力增大，城市经济活动会加大资源环境的消耗，不利于环境治理效率的提高；另一方面，城市人口及经济活动的聚集意味着污染可以集中处理，有利于污染治理效率的提高和资源的回收与再利用，符合循环经济的理念。此外，城市化带来的经济发展水平的提高有利于增加环境污染治理投资，提高环境治理技术水平，这些都会对水污染治理效率产生正向影响。综合来说，城市化对于水污染治理效率的影响具有不确定性。

（6）对外开放程度（FDI），用人民币表示的外商直接投资额占地区 GDP 的比重来衡量。随着经济全球化的发展，国与国之间生产要素流动及贸易往来更加频繁，由于发展中国家迫于发展经济的压力，环境政策相对比较宽松，且自然资源和劳动力低廉，因而发达国家倾向于把污染程度较高的产品的生产转移至发展中国家，以规避本国环境规制的规制成本，这加重了发展中国家的环境污染，对环境治理效率带来负面影响。但同时贸易开放带来的先进的生产技术也有利于环境治理效率的提高。综合来看，对外开放对水污染治理效率的影响具有不确定性。

### 7.3.2 Tobit 模型构建

Tobit 模型最早由诺贝尔经济学奖获得者、美国经济学家詹姆斯·托宾（James Tobin）于 1958 年提出，属于因变量受到限制的一种回归模型。其模型包括两个部分，一部分是表示约束条件的选择方程；另一部分是满足与约束条件下的某连续变量方程模型。由于本文测算得到的水污染治理效率值介于0～1，若采用普通最小二乘法（OLS）回归，有可能会得到有偏的估计结果，故选用Tobit模型。构建Tobit模型如下：

$$y_i^* = \alpha + \beta x_i + \varepsilon_i \tag{7-3}$$

其中，$y_i^*$ 为潜在变量，$x_i$ 为解释变量，包括环境规制强度（ER）和其他控制变量。控制变量包括：经济发展水平（GDP）、产业结构（INDU）、技术创新（R&D）、城镇化率（URBA）、对外开放程度（FDI）。$\varepsilon_i$ 为随机误差项。被解释变量 $y$ 与潜在变量 $y^*$ 的关系如下：

$$y_i = \begin{cases} 0, y_i^* \leqslant 0 \\ y_i^*, y_i^* > 0 \end{cases} \tag{7-4}$$

对模型（7-3）进行扩展，如模型（7-5）所示：

$$\begin{aligned} EFF_{it} = {} & \alpha + \beta_1 ER_{it} + \beta_2 GDP_{it} + \beta_3 INDU_{it} + \beta_4 \mathrm{R\&D}_{it} \\ & + \beta_5 URBA_{it} + \beta_6 FDI_{it} + \mu_i \end{aligned} \tag{7-5}$$

其中，$i$ 表示省份，$t$ 表示年份；$EFF_{it}$ 为被解释变量，即各省份水污染治理效率测算结果（见表7-2）；$\alpha$ 为常数项，$\beta_1$ 为环境规制强度回归系数；$\beta_2-\beta_6$ 为其他控制变量的回归系数；$\mu$ 为随机扰动项。

### 7.3.3 实证结果及分析

以2011～2015年我国各省份水污染治理效率为被解释变量，以环境规制强度及其他控制变量为解释变量，基于Tobit模型进行回归，结果见表7-3。

表7-3　　　　水污染治理效率影响因素回归结果

| 变量 | 回归系数 | 标准差 | P值 |
| --- | --- | --- | --- |
| $\alpha$ | 0.0056 | 0.0037 | 0.0125 |
| $\beta_1$ | 0.0923 | 0.0061 | 0.0007 |
| $\beta_2$ | 0.0179 | 0.0910 | 0.0033 |

续表

| 变量 | 回归系数 | 标准差 | P值 |
|---|---|---|---|
| $\beta_3$ | -0.0814 | 0.0054 | 0.0009 |
| $\beta_4$ | 0.0426 | 0.0608 | 0.0046 |
| $\beta_5$ | -0.0167 | 0.1179 | 0.0003 |
| $\beta_6$ | 0.0513 | 0.0038 | 0.1371 |

（1）由表7-3可知，环境规制强度回归系数为正，且系数检验1%显著，即环境规制强度每提高一个百分点，水污染治理效率将提高0.0923个百分点，表明我国政府实行的环境规制政策对提高水污染治理效率起到了显著的促进作用。从水污染规制看，从“九五”计划开始，我国就建立了一套较为成熟的水污染防治工作机制，即以流域为单位，以重点流域为核心，与国家五年计划时段相匹配，编制重点流域水污染防治五年规划，以指导全国的水污染防治工作（马乐宽等，2013）。1996年第一次修订的《水污染防治法》指出，水污染防治应从单纯点源治理向面源和流域、区域综合整治发展；从侧重污染的末端治理逐步向源头和工业生产全过程控制发展；从浓度控制向浓度和总量控制相结合发展；从分散的点源治理向集中控制与分散治理相结合转变。2008年第二次修订的《水污染防治法》，突出了“强化地方政府水污染防治责任，完善水污染防治管理制度体系、拓展了水污染防治工作的范围、突出饮用水水源保护、强化环保部门执法权限和对环境违法行为的处罚力度”。进入21世纪后，在科学发展观的指导下，2005年，国务院发布的《关于落实科学发展观加强环境保护的决定》和2006年召开的第六次全国环境保护大会，明确提出“从主要用行政办法保护环境转变为综合运用法律、经济、技术和必要的行政办法解决环境问题”等要求。一系列环境规制政策措施的施行对约束企业废水排放行为，促使企业加大废水排放治理力度，提高水污染治理效率发挥了积极作用。

（2）控制变量中，经济发展水平与水污染治理效率呈显著正相关关系，一方面，经济发展水平的提高能够为水污染治理提供充足的资金和技术支持；另一方面，随着经济发展水平的提高，集约型增长模式逐渐取代粗放型增长模式，节能环保产业、清洁产业、循环产业不断发展和壮大，从而产生规模经济和集聚效应，提高了水污染治理设施和资金配置效率，促进了水污染治理效率的提高。产业结构回归系数负向显著，说明第二产业所占比重越大，污染物排放量越多，造成的环境损害越严重，越不利于水污染治理效率的提高。以研发投入强度表示的技术创新回归系数正向显著，表明加大研发投入力度特别是节能环保领域的研发投入能够显著降低废水排放，提高水污染治理效率。城镇化率回归系数为负（-0.0167），且系数检验1%显著，说明目前发展阶段城镇人口增加不利于水污染治理效率的提高。我国的城市化是伴随工业化的快速推进而发展起来的，具有粗放型的特点（石风光，2014），其中，以“高投入、高消耗、高污染”为特征的粗放型发展模式导致严重的资源浪费和污染排放；城市化带来的城镇人口迅速增长与土地、水资源、城市基础设施、城市生态环境等一系列问题也日趋严重；城市居民用水、工业用水以及其他用水需求逐年增加，但是城市水资源短缺、水污染及水资源利用效率不高等也严重制约了城市的可持续发展，提高水污染治理效率存在较大难度。外商直接投资所占比重回归系数不显著为正，虽不显著，但也可以说明外资进入对我国水污染治理效率提高具有一定的促进作用，只是这一作用还有待于进一步加强。

## 7.4 提高水污染治理效率的对策建议

水污染治理效率受环境规制力度、经济发展水平及所处不同阶段、产业结构、技术水平及城镇化率等多种因素的影响，各种因素对水污染治理效率的影响方向及影响程度各异。提高水污染治理效率，需要借鉴国外经验，制定符合我国实际情况的、可操作性强的对策措施。

（1）继续推进水污染防治法律法规建设。由于水污染危害具有整体性、多元性、污染源的多样性、污染特点的差异性等不同于其他自然资源污染的特点，因此，水污染治理除了遵循环境保护法的基本原则之外，还应该从水污染自身特点出发，制定科学可行的规制政策。首先，完善水污染治理法律法规体系。针对水污染日趋严重的事实，流域水污染治理应实现四大根本性转变：即从单纯点源治理向流域综合整治转变；从末端治理逐步向全过程控制转变；从浓度控制向浓度和总量控制结合转变；从分散的点源治理向集中控制与分散治理相结合转变（王金南和田仁生等，2004）。虽然我国已于1996年和2008年对《水污染防治法》（1984年颁布）进行了两次修订，但新修订的《水污染防治法》，是在近年来重大突发水污染事故层出不穷的背景下提上日程的，因而有着明显的应对痕迹，要实现水污染防治的四大转变，必须根据流域水污染特点进一步完善水污染防治的法律法规体系，重构水污染防治管理体制，进一步完善水污染防治法律制度。

首先，完善水污染防治的法律法规体系。目前，无论是作为基本法的《环境保护法》，还是作为《水法》《水污染防治法》等各单行专项法律，都以实现可持续发展作为立法目的，水污染防治的法律法规体系已形成雏形。现阶段，一是急需要建立水资源使用权相关的法律、法规，对水资源使用权进行规范管理；二是根据流域水污染防治现状，建立健全流域水污染防治法律法规体系，遏制流域水污染持续恶化趋势。由于水污染具有极强的跨界特点，因此应从立法上对跨域水污染进行明确规定，将流域管理概念和跨域水污染防治明确列入《环境保护法》和《水污染防治法》。对于跨界治理，由国务院或相关部门（如环保部）制定跨域行政法规或规章制度，流域内政府则根据流域法制定本流域的管理条例，使流域水污染防治有法可依，真正起到对水污染防治立法的执行和补充作用。

其次，建立水污染防治多元调控机制。可以借鉴国外有益经验为我所用，如美国现行的《联邦水污染控制法》，对水污染防治采取以“命令—控制”为主，以“经济刺激”为辅，“公众参与”为补充的多层次管理机制。“命令—控制”机制是通过合理的权力配置实现权力的沟通与协调，是有效控制水污染的组织保证；“经济刺激”机制是运用市场的力量实现环境公共利益与个体经济利益的结合，是削减水污染的激励因素；公众参与机制则是水污染管理中单纯僵硬的行政管理与多元灵活的自律、自为相结合的管理模式（徐祥明和于铭，2005）。在目前我国水污染治理形势严峻背景下，建立多方参与治理、多元环境规制机制是推动我国水污染防治法制建设的重要保障。

再次，完善水环境立法。目前，我国虽已颁布《水法》《水污染防治法》等法律法规，但相关立法中并没有针对地方政府横向合作的法律规定，地方政府跨域水污染合作治理仍然处于一种自发和无序化状态，多数情况下只是一种政治上、利益上的合作，使得水污染合作治理效果大打折扣。因此，完善相关合作立法尤为重要。第一，从法律层面建立区域政府之间稳定的合作机制，在法律上明确双方之间的权利和义务。遵循平等协商、公正、理性、分权、效率以及监督原则，这些原则是指导我国府际关系的基本原则，建立稳定的、合理化的政府合作法律关系。第二，明确规定具体的合作组织、行政协议、合作程序、纠纷解决方式及监督管理方式等，在地方政府合作立法之中加以明确规定。第三，进一步明确地方政府的事权及财权，增强可操作性。第四，需要深化政府职能改革，突出中央政府的宏观协调责任及重要性；合理界定地方政府事权，建立完整的中央政府对地方的转移支付制度，并完善激励机制、利益分配及补偿机制等完整的配套制度。

最后，由于工业废水排放基数大且含有大量对环境破坏力强的重金属、化学需氧量等物质，对环境造成的破坏力巨大。因此，要以新环保法和“水十条”为核心，制定更加完善的工业水污染治理法律法规，构建工业水污染投入和治理的激励及约束机制，从法律制度上形成有效的约束力。

（2）完善水污染税收体系。是保障水污染税收工作有序、平稳运行的重要制度之一。首先，考虑到目前我国水环境污染严重的现实及水污染治理的迫切性，为了使税收在短期内能够迅速达到对排污主体的调控作用以及对生态环境的保护作用，水污染税收款项的使用有必要打破传统观念，构建水污染防治及水环境保护专项基金，将税收款项全部用于水体污染的治理方面，保证水污染治理有充足的资金来源；并将水污染税收专款进行科学规划和设计，避免盲目使用导致政府财政机能下降等现象的发生。为了获得预期效果，水污染税收收入有必要列入预算管理范围内，增加税款收支的硬约束，提高税款资金使用的透明性与公开性。这是提高水污染治理效率的有效途径。

其次，因地制宜，水污染税的征收应赋予地方政府一定的征管与使用权限。我国地域辽阔，地区之间异质性特征显著，包括水污染在内的各种污染物排放差异较大，污染程度各不相同，污染治理及对环境保护工作的具体要求各异。因此，环境保护相关税收政策由中央政府进行顶层设计的同时，应具有灵活性，即赋予地方政府适当的征管权限。可以借鉴发达国家的经验，在环境相关税种的征管权限上实行中央与地方政府的分权（王琳，2013）。在将环境税纳入地方政府税收体系的同时，赋予地方政府一定的征管权限与使用权限，使地方政府能够根据本地区经济发展状况及水污染治理目标，适当调整水污染税率等，并将税款适当倾斜于急需要治理的重大水污染事件。这样既能够充分调动地方政府主动保护环境的积极性，也能够有针对性地解决地方性的重大水污染问题。

（3）加大水污染治理投入。本章回归结果表明，研发投入增加是提高水污染治理效率的重要因素。因此，重视以技术进步治理水污染，提高水污染治理效率具有重要意义。首先，要加大水污染治理关键技术研发投入，提高研发效率。要采取措施加大对节能环保关键技术、新技术装备及新材料的研发资金投入，大力支持环保新产品、新工艺及新设备的研发引进及推广应用；加大对环保产品产业化和关键设备国产化的扶持力度；积极促进水污染治理领域的国际技术合作，引进海外技术人才，实现水污染治理的技术革命，提高研发效率。其次，强化对技术力量薄弱、水污染严重的中小企业科技创新的研发支持力度。抓住发达国家产业国际转移的机遇，积极引进技术含量高、污染防治技术先进的外资企业和海外技术人才，促进相关产业的国际合作，提升水污染治理企业的产业化水平；杜绝技术腐败，从制度上消除对关键技术的垄断现象，让中小企业参与科技创新及创新利益分配，从创新中实现企业效益的提升。最后，政府应着力建立健全科技创新体系，促进相关科研机构与企业之间的研发合作及对关键技术的研发力度，还可以针对企业的具体情况提供特定的技术支持，推动产学研向纵深发展。

就具体的水污染治理技术来讲，欧美国家在长期的治理中已积累了丰富的经验与技术，可借鉴为我所用。一是强化生态或生物方法在水生态系统修复中的应用，这也是欧美修复水生态系统最为推崇的举措之一。该技术实际上是遵循生态系统自身规律，对水体自净能力的强化，我国水污染原因较为复杂，因而更趋向于多种技术的集成应用，具体需要哪些集成技术则要根据水污染的性质、程度、生态环境条件和阶段性或最终的目标来确定，才能达到预期的治理目标。二是大力支持水污染负荷削减技术的研发。三是借鉴国际经验，加强流域水环境监控与预警技术研发。如美国已经建立了比较完备的流域水环境监测体系，由USEPA、USGS等机构实施全国水环境监测；欧盟各国也共同参与实施了欧洲尺度的陆地生态系统跨国监测与评价计划，在监测网络构建、环境标志要素、环境质量基准、监测技术、评价方法、数据管理系统和预测模型分析等方面都取得了长足进展。四是加大针对饮用水安全保障技术的研发。世界上许多国家都对饮用水源水质评价进行了大量研究，提出了比较完善的水质评价指标体系、标准及方法。如美国颁布了《安全饮用水法》，要求各州和供水单位对饮用水水源水质进行调查、评价，确定水体遭受污染的脆弱性；新西兰等国也对此进行了大量研究，为我国开展此方面的研究提供了有益借鉴。五是流域水环境综合管理技术、河流水环境综合整治技术及城市水污染控制与水环境综合整治技术的研发，以达到从整体上提高水污染治理效率、改善环境质量的目的。

（4）优化结构，充分发挥结构调整的贡献力度。本章实证结果表明，第二产业比重增加显著降低了水污染治理效率，主要原因在于第二产业污染排放多且降低难度大，对水环境造成的破坏大。因此优化结构，首先，要加快产业结构由高能耗、高污染型向低能耗、低污染的环境友好型和技术密集型的转变，在不影响经济发展的前提下，减少污染排放量，遏制水污染的持续恶化，从而提高治理效率。一般情况下，产业政策由一国或地方政府制定，是政府干预经济的有效手段，目的在于推动产业结构改革，扶持某些特定产业，引导产业发展方向，发展可持续经济，因而通过市场机制很难实现产业结构调整，需要政府制定相关政策及干预措施，以改变产业部门之间的关系，促进产业结构的优化升级。因此需要构筑符合市场经济规律的现代产业发展体系，大力发展附加值高，技术含量大，综合牵动力强，资源消耗低，污染排放少的高新技术产业、战略性新兴产业、文化创意产业及现代服务业，达到从根本上提高水污染治理效率的目的。一是在大力发展第三产业的同时，坚决限制污染严重的产业、产品的生产，逐步淘汰落后的生产工艺和设备；大力发展环保产业，通过优化产业结构达到降低废水排放量的目的。二是严格控制耗能高、耗水多、污染重的项目，坚决淘汰生产能力落后的高消耗、高污染、低效益项目，提高产业层次、产品技术含量。三是建立无污染、高效益的产业集群，积极发展高技术产业、绿色环保产业、循环产业和有机食品产业。

其次，调整和优化工业布局及结构，提高工业用水效率。一是政府及相关职能部门应结合区域水资源状况，加快对工业结构的调整，科学合理地进行工业布局，优先发展低耗水行业，严禁在水资源匮乏地区发展高耗水项目；要加速淘汰耗水多、污染重、工艺技术落后的行业。二是应加快工业节水技术的开发与引进，加快工业领域生产工艺的革新与生产设备改造，提高工业节水用水效率，降低单位工业产值的水资源需求量。三是加强对企业生产过程的监管，重点促进火电、纺织、石化、造纸、钢铁五个高耗水行业的节水科技进步，加快推动新型节水技术及废水资源化、技术产业化。要进一步完善工业废水处理设施，提高工业重复用水效率，杜绝水资源的浪费。相关职能部门要采取措施鼓励企业提高用水效率，优化对工业企业水资源的合理配置，降低单位产值耗水量；要进一步完善工业废水处理设施，提高工业重复用水率，使工业污水能够实现资源化利用，重新投入到工业生产过程中去。同时，应加强对工业生产过程的监管，杜绝水资源的浪费。通过提高工业用水节水技术，不仅可以大大降低工业生产中的水资源使用量，同时也有利于减少工业废水排放，提高水污染治理效率。

最后，优化外资结构。加快利用外资由以第二产业为主向第一、第二、第三产业协调推进转变，由利用中低端外资为主向利用中高端外资为主转变，由以引进资本和设备为主向引进技术和人才为主转变，由单一引资方式向多元化方式转变。在吸引现代服务业外资方面，要加大对美国、欧盟及中国香港服务业资本的引进力度；在吸引服务外包跨国企业方面，把重点放在美国、日本、英国等领先地区；在吸引先进技术管理经验方面，除美国、日本、欧盟等发达经济体外，将区域扩大到新加坡、韩国等新兴经济体。促进利用外资由工业领域向服务贸易领域的转变，提高服务业利用外资的比重和质量，加快引进金融服务、商务服务、科技服务领域的外资企业；优化外资的资本和技术结构，大力引进国际高端产业及新兴产业急需的高端人才，促进传统产业进入新兴产业领域，延伸新兴产业链。这对于优化东道国产业结构，增强产业竞争力以及提高包括水污染治理效率在内的环境污染治理效率都具有重要的现实意义。

（5）推进城市化与水环境的可持续发展。城市化水平的高低是衡量一个地区现代化程度的重要指标，而水环境质量又是衡量一个城市发展水平及居民生活质量的重要标志，也是关系社会稳定的保障。目前，我国正处于工业化和城市化加速推进阶段，城市化仍将是未来一段时期推动经济发展的重要动力源泉之一，城市人口增加、经济增长，用水量增加已成为城市水环境问题形成的重要原因。本章实证结果表明，城市化对促进水污染治理效率提高并没有起到积极的推动作用，这可能与城市环境规制、城市水污染治理技术及工业结构等多种因素有关。因此推进城市化与水环境的可持续发展。

首先，需要处理好城市经济发展与环境保护的关系，在城市发展规划中纳入水环境保护，推动城市经济、人口、资源与环境的协调可持续发展。为此，要加快城市水环境立法建设。针对不同区域城市建设状况，制定有针对性的节水减污立法，促进城市化和水环境的协调可持续发展。

其次，强化水环境规制及执行力度，加强水环境监管机制建设。在城市化推进过程中要树立良好的水环境保护观念，加强水环境规制，将水环境保护纳入城市规划及建设之中。严格执行《水法》，在《水法》及《水污染防治法》的基础上，针对城市化进程及城市建设现状，各城市要加快制定针对本城市的《水资源条例》《节水条例》《水价条例》和《水权管理条例》等法规，完善水资源产权制度、税收制度、水资源价格及水循环使用制度等相关水资源保护规制措施，并将其纳入城市发展规划中。同时，加强水环境监管机制建设。制定严格的水环境准入"门槛"，严格限制城市区域内高排放工业企业的规模、排放总量及水环境污染物的种类；加强对水污染密集型企业的监管力度，对经济效益低、废水排放量大、重金属等危险物含量高的企业，要加大对单位排放量的审核和监管力度。

最后，转变城市经济发展方式，优化城市工业布局。水污染的根本原因在于城市经济的粗放型发展方式，因此，转变城市经济发展方式是改善水环境质量，降低水污染的根本。一是引领城市经济向集约型为主的发展方式转变。目前，我国大部分城市经济还是以粗放型发展方式为主，也是造成城市水环境污染严重的罪魁祸首。而集约型发展方式强调经济发展与自然环境的和谐共生，以提高生产要素的质量和利用率为主，强调对劳动者素质的培养，生产要素和新技术的投入，以期望提高资金、设备、原料的利用率，以技术进步来换取对环境的保护。只有从根本上转变经济发展方式，将城市经济从粗放型的规模扩张转变为以集约型的效率提高为主的经济发展方式，才能达到有效根治水污染、提高水污染治理效率的目的。此外，要抓住城市化发展的契机，合理配置城市工业园区产业群，使之形成合理的生态工业链，从而使资源利用效率达到最佳的同时，使废弃物产生量最小。此外，合理控制城市人口增长，提高城市居民的水忧患意识和节水意识，加强用水管理，提高"中水"利用率等，也是提高水污染治理效率的有效方法。

## 7.5 本章小结

本章以环境规制影响水污染治理效率为重点，首先，分析了我国水污染及治理现状，我国的废水排放主要来自工业废水和城镇生活污水。近年来，工业废水排放量有下降趋势，而生活废水排放量有逐年增加的趋势。但由于工业废水中含有大量破坏力极强的重金属、化学需氧量、氯化物等污染物，因此对生态环境和居民健康的危害更大，需要采取措施及时加以控制。

其次，选取能够代表水污染治理效率的投入/产出指标，基于DEA－BCC模型测算了我国各省（自治区、直辖市）的水污染治理效率；通过构建限值因变量回归模型，实证检验了环境规制及其他控制变量对水污染治理效率的影响。结果表明，我国政府制定的环境规制政策措施对于有效降低废水排放，提高水污染治理效率起到了积极的作用。经济发展水平、技术创新能力能够促进水污染治理效率的提高，对外开放对水污染治理效率并未产生显著影响；第二产业比重、城镇化率提高则不利于水污染治理效率的提高。

最后，根据实证研究结果，从加强环境规制和环境立法建设，完善水污染税收体系，加大水污染治理的研发投入，加强结构调整的贡献力度，推进城市化与水环境的可持续发展等方面，提出了提高水污染治理效率，降低水污染的对策建议。

# 第8章

# 结论及启示

## 8.1 主要结论

近年来，环境问题已经成为制约中国经济发展的严重“瓶颈”。面对巨大的环境承载压力，自20世纪80年代开始，我国政府制定了一系列针对环境保护的政策法规及规章制度。经过多年的实践与探索，环境规制政策不断修改完善，在恢复生态系统功能、节约能源资源、降低污染排放、净化环境质量等方面发挥了重要作用，环境规制效应也引起了学术界及相关职能部门的关注。不同的学者基于不同的研究目的，从不同角度出发对此问题进行研究，研究重点主要集中在环境规制的技术创新、产业结构调整、外商直接投资、经济增长等方面。

本书以省级经济单元为研究对象，以环境规制的规制效应为重点，在相关研究基础上，将研究内容扩展至能源消费、环境污染、大气污染治理效率及水污染治理效率等方面。基于资源经济学、环境经济学的相关理论，以统计学、管理学、计量经济学、运筹学等相关交叉学科的前沿研究理论及方法为依据，科学、客观地研究了中国环境规制的规制效应，分析了环境规制的时空差异及演变趋势；研究了环境规制影响能源消费、环境污染的直接效应和间接效应。主要结论如下：

（1）从环境规制的投入和产出方面，选取能够代表环境规制变量的六个具体指标，运用熵值法将其合并为环境规制强度指数，运用全局 Moran's I 指数和局域 Lisa 指数分析了环境规制强度的时空演变特征。结果表明，我国各省份之间环境规制强度差异较大，环境规制强度较高的省份主要集中在东部地区，环境规制强度较低的省份以中西部经济落后地区为主；同样，环境规制强度较高的省份环境污染较低，环境质量得到改善，而环境规制强度较低的省份环境污染加剧，环境质量恶化。我国的环境规制强度存在显著为正的空间相关性，高环境规制强度的地区倾向于和较高环境规制强度的地区相邻接，低环境规制强度的地区倾向于和较低环境规制强度的地区相邻接。环境规制在空间分布上形成了两个显著的集聚区，高环境规制强度聚集区主要位于东部沿海地区，包括山东、江苏、浙江、福建等地；低环境规制强度聚集区主要位于西北及北部地区，包括新疆、西藏、青海、甘肃和内蒙古等地。从动态演变看，环境规制强度相对较高的聚集区呈现出由东部沿海向北部沿海及东北延伸的趋势。

（2）分别建立了环境规制对能源消费的直接影响模型和包含环境规制与技术进步、外商直接投资和产业结构交互项的间接影响模型，系统研究了环境规制影响能源消费的直接效应和间接效应。结果表明，环境规制与能源消费之间呈现显著的负相关关系，表明我国政府实行的环境规制政策对降低能源消费、缓解能源压力起到了积极作用。环境规制能够通过倒逼技术创新降低能源投入；环境规制能够通过提高外资企业的能源“门槛”间接降低能源消费，但目前这一作用还不显著；环境规制通过倒逼产业结构调整并没有起到降低能源消费的作用。

人均收入的一次项系数显著为正，二次项系数显著为负，即经济增长与能源消费之间存在显著的倒 U 形关系，其拐点在人均 GDP 达到 33 709.63 元/人左右。2011 年我国人均 GDP 为 36 403 元/人，已越过拐点，目前正处于能源消费随经济增长的下降阶段。资本投入、城市化水平、第二产业比重与能源消费显著正相关；外商直接投资与能源消费正向不显著；技术创新与能源消费负向不显著。适度加强环境规制，充分发挥环境规制倒逼产业结构调整、外资结构优化的节能效应，是目前发展阶段急需解决的重要难题。

（3）选取能够代表环境污染状况的六个具体指标，运用熵值法将其合并为环境污染综合指数。发现我国东部地区大部分省份的环境污染状况得到了改善，西北和北部地区环境污染有加剧的趋势。空间自相关检验结果表明，我国省际环境污染存在显著的正向空间相关性，环境污染较重的聚集区主要集中在环渤海地区及中部地区，环境污染较轻的聚集区主要位于西北地区。从动态演变趋势看，环境污染严重的聚集区呈现出向北部延伸的趋势，而环境污染相对较轻的聚集区呈现向南部及中部地区扩展趋势。

基于内生经济增长模型中的“源头控制”思路，构建包含时空效应的环境规制对环境污染的直接影响效应模型和通过中介效应的间接影响模型。回归结果表明，我国政府实行的环境规制政策能够直接遏制环境污染，达到“倒逼减排”效果，说明现阶段我国政府实行的环境规制政策措施是合理有效的。环境规制能够通过倒逼技术创新降低环境污染，即发挥了“波特假说”效应；环境规制通过提高外资质量、优化外资结构对降低我国环境污染并没有起到显著的影响；环境规制通过倒逼产业结构调整的减排效果也不理想。

环境污染变化具有明显的路径依赖特征，前一期环境污染会显著影响下一期污染水平，环境污染在时间维度上表现出“滚雪球效应”，意味着环境污染治理具有相当的紧迫性。环境污染存在显著的空间“溢出效应”，本地区的环境污染与邻接地区的环境污染水平紧密相关，表现出“一荣皆荣，一损皆损”的高度关联特征。经济增长对改善环境污染的影响并不显著，所有模型中回归系数检验均不显著；资本投入会加重环境污染，这可能和我国投资驱动的粗放型经济发展方式密切相关；研发投入能够显著减少污染物排放，外资进入具有降低我国环境污染的作用，“污染避难所”假说在我国可能并不存在；第二产业比重回归系数不显著为正，这可能和我国粗放的工业经济发展模式有关；城镇化进程的推进有助于减少环境污染，但这一作用还需要进一步加强。

（4）构建动态面板计量模型，采用系统广义矩估计方法（GMM），实证研究了环境规制对大气污染治理效率的影响。结果表明，环境规制能够起到显著提高大气污染治理效率的作用。前一期的大气污染治理效率会对本期产生显著的正向影响，说明大气污染治理效率是一个连续累积的动态调整过程；现阶段研发投入对大气污染治理效率提高并没有起到显著作用，第二产业比重增加对提高大气污染治理效率会起到反向影响，电力消费比重增加有利于提高大气污染治理效率，说明增加清洁能源消费比重是提高大气污染治理效率的重要途径；外资进入对改善我国大气污染治理效率具有积极作用，这和近年来我国政府优化外资结构、提高外资进入“门槛”等因素密切相关。

（5）通过构建限值因变量回归模型——即 Tobit 模型，实证检验了环境规制对水污染治理效率的影响。结果表明，环境规制能够对提高水污染治理效率起到积极影响，这和近年来我国政府加大水污染规制力度，颁布相关水污染治理法律法规具有密切关系。经济发展水平、技术创新对提高水污染治理效率具有显著作用，外资进入对水污染治理效率并未产生显著影响；第二产业比重、城镇化率则不利于水污染治理效率的提高。

## 8.2 政策启示

以上结论对于我国环境规制政策工具的合理制定及有效实施，充分发挥环境规制政策工具的节能减排效应具有重要的理论与现实意义。

（1）继续深化体制改革，完善环境规制政策体系。20 世纪 80 年代以来，我国政府颁布了多项环境保护的法律法规，90 年代中期以后，环境规制进入深化阶段，在遏制污染排放、保护生态环境中发挥了重要作用。随着时间的推移及经济环境的变化，许多法律条款已不适应目前现实，甚至出现和单行法中有关法律法规相互抵触的情况（刘伟明，2012）。环境规制失灵现象时有发生，重大污染物事件屡见不鲜。究其深层次原因，是规制机构仍保留有计划经济的痕迹，如多头管理、条块分割、政企不分，地方保护主义等。因此，提高环境规制的有效性，需要深化体制改革，通过深化体制改革，增强环境规制机构的独立性和政策执行的有效性。

首先，要深化行政管理体制改革。切实转变并准确定位政府职能，特别是要转变地方政府片面追求经济增长的现象，逐步引导地方政府职能向“经济调节、市场监管、公共管理和社会服务”方向转变；要强化政府的社会性监管职能，在政绩考核中增加改善环境质量、节约能源消费、增进人民健康等评价指标；消除政企不分，削减政府行政审批程序。为解决环境规制失灵、深化环境管理体制改革及规制效率低下等问题，扫清制度、理念、行为上的障碍。

其次，要深化经济体制改革，奠定环境规制发挥作用的市场基础。为此，需要进一步深化国有企业改革，特别是垄断行业的改革，完善现代企业制度，使企业真正成为独立的市场主体；特别要大力推进资源性产品的价格改革，完善其定价机制，在价格中体现资源浪费和环境破坏成本；继续深化电价、煤价、天然气、水价改革，理顺价格关系，在煤炭价格构成中体现开采、使用、污染等成本，逐步理顺天然气等清洁能源和可替代能源的比价关系；继续深入推进水价改革，完善水资源费征收管理体制（张亚伟，2010）。

最后，深入推进环境规制体制改革。遵循“职责分清，合理配置，公众参与，监督管理”的环境规制体制改革思路，稳定、有序、高效地推进环境规制体制改革。要继续推进节能环保体制改革，完善节能环保目标责任考评体系，从环境保护法制建设、政府政绩考核、社会公众广泛参与等方面，积极探索全面可行的环境保护长效机制；在深化经济体制改革的基础上，有意识地引导环境规制方式由以命令—控制型为主向市场激励型方向转变，将规制方式逐步由环境标准、限期治理等行政命令向税收优惠、排污费交易、押金返还等激励性规制转变，刺激企业实现清洁生产；完善自愿参与机制，鼓励企业、社会公众以自愿协议等方式，主动、合法、有序地参与到环境保护之中，实现环境规制的多元化。

（2）环境规制政策的制定要因地制宜，考虑地区异质性特征。由于历史、区位、政策等方面的因素，我国东部地区经济实力、技术创新能力、人力资本水平等均高于中西部地区，表现在环境规制领域则为较为完善的环境规制体制机制、较高的规制水平等，表现在污染治理方面则为较高的污染物处理能力及较高的环境质量。而经济落后的中西部地区与之相反，虽然资源富裕，但“资源诅咒”以及高投入驱动的粗放型发展模式带来的严重的环境问题，使得环境规制失灵现象时有发生，环境规制并没有表现出类似于东部地区的“正向效应”。因此，环境规制政策的制定不能搞“一刀切”，必须因地制宜，充分考虑政策制定及执行的区域差异。

在规制工具上，对于市场化程度较高，环保体制较为健全的东部发达地区，应突破命令—控制型环境规制的约束，政府应尽量避免对企业经营活动的过多干预，更多地发挥以市场为主的经济激励型规制工具的作用，促使企业自觉履行减排义务。而对于市场化程度不高、环保体制机制不甚健全的、国有比重较大的中西部地区，以市场为主体的经济型环境规制效果欠佳，因此，应依托命令—控制型规制工具见效快的优势，通过政府管制的方式制定企业生产技术标准和治污减排技术标准，更多地依靠政府的力量治理环境污染，以命令—控制型规制工具为主，经济激励型规制工具为辅，同时应强化监督型规制工具的作用。

在规制强度上，东部地区虽然具有技术、人才等方面的优势，环境规制绩效也较高，但污染排放总量上也一直处于较高水平，因此应适度加强环境规制强度，实行严格的环境规制政策。中西部地区虽然近年来在环境保护方面作出了积极努力，但污染排放强度依然较大，因此应在保障生态红线的基础上，根据地区产业结构、资源开发、经济发展等，制定适度宽松的环境政策。国家应从政策、资金等方面加大对中西部地区的扶持力度，在生态保护、环境治理及资源开发等方面给予中西部地区更多的资金和技术支持。

在规制工具的选择方面，环境治理中应选用何种规制工具要根据地区特征考虑相应的制度安排、实施成本和各种规制工具的优化组合效应。以市场激励为主的规制工具虽有诱发技术创新的积极效果，但不一定能抵消价格下跌带来的负面影响，也需要辅之以政府行政命令为主的管制型政策管控，因此，应灵活运用各种规制工具及其组合效应，充分发挥各类规制工具的优势互补和协同效应，避免单一工具的片面性。对于污染严重且降低难度大的地区，可充分发挥命令型规制工具的优势；对于产业结构绿色化程度较高的地区，应重点运用市场激励型规制工具与监督型规制工具的搭配使用，政府应尽量避免对经济主体活动的过多行政干预，更多地采取经济激励型的规制工具以鼓励企业进行绿色技术研发，取长补短以降低环境规制的规制成本。通过各种规制工具的优化组合及合理搭配，达到有效降低污染排放的目的。

（3）完善突发环境规制预警机制。突发环境事件是指突然发生，造成或者可能造成重大人员伤亡、重大财产损失和对全国或者某一地区的经济社会稳定、政治安定构成重大威胁和损害，有重大社会影响的涉及公共安全的环境事件，主要包括突发环境污染事件、生物物种安全环境事件和辐射环境污染事件。突发环境事件会造成严重的物质损失，一定程度上扰乱了当地正常的生产和生活秩序，造成恶劣的社会影响。我国目前的突发环境事件应急管理机制大致包括九个方面，即预防与应急准备机制，监测预警机制，信息传递机制，应急指挥协调机制，信息发布与舆论引导机制，社会动员机制，善后恢复与重建机制，调查评估机制，应急保障机制（李岩和孟醒，2009）。但还存在一些急需解决的问题，如环境应急组织体系还没有真正形成，主体过于单一（单纯以政府为主体），应急监管能力有待于提升，应急法制建设尚不健全等。因此，急需要完善环境规制预警机制，一是借鉴国际经验，完善突发环境事件应急立法体系。国际上许多国家都在宪法中规定了紧急状态制度，我国宪法也应明确规定突发事件应对机制和紧急状态法律制度，从法律上保障紧急状态下政府能够充分有效地行使应急管理权利；并抓紧制定紧急状态法，填补宪法性法律中应急法律的空白。二是强化突发环境危机的处理能力，包括预防、预警、处理等多项职能，如完善应急预案、提高地方政府应急及预警工作能力、提高协调特大突发污染事件的调查、处理及损失评估能力等。三是完善应急预案体系，使相关职能部门在面对突发危机事件时，能够做到有条不紊、有的放矢。四是要有意识地培养社会公众对突发环境事件风险的预防、辨认、控制和避免能力，努力做到从行动上减少风险。

（4）完善节能减排体制机制。目前，我国多数地区节能减排体制机制主要依靠行政手段，经济手段和法律手段运用较少，市场机制特别是价格机制的传导作用尚未充分发挥。

首先，要建立节能减排的长效机制。到目前为止，我国多数地区资源低价、环境无价的现象并没有从根本上得到改善，这也是制约节能减排的一个重要原因。由于价格没有从根本上反映资源环境的稀缺程度，也没有反映出资源枯竭和环境治理成本，污染企业的违法成本远远低于治理成本，违法成本低、守法成本高的矛盾依然存在，因而很难调动各级政府和企业节能减排的积极性。需要加快完善价格传导机制，使上游产品价格的变动能够迅速传导到下游产品，充分发挥价格效应在节能减排中的作用；并尽快建立以经济激励手段为中心，使价格机制能够充分发挥作用的长效机制（王昕杰，2010）。通过价格机制的杠杆作用，使能源消耗企业和污染主体自觉履行节能减排义务。同时，应进一步完善节能减排政策措施，大力扶持培养节能减排、绿色环保及循环产业，以实现经济与资源环境的良性循环发展。

其次，完善节能减排政策机制。完善节能减排政策机制，需要遵循市场经济规律要求，运用价格、税收、财政、信贷等经济手段调节市场主体的经济行为，内化企业的资源环境成本，引导企业自觉节能减排，这是形成节能减排长效机制的根本途径。

在财政政策方面，一是制定和完善资源节约型、环境友好型社会建设的财政政策。增加该方面的资金投入，形成中央专项资金引导、地方财政资金配套、企业自筹资金为主的节能减排长效资金投入机制。二是健全对高效节能环保产业及产品的财政资金补贴机制和扶持机制。对符合国家产业政策、高效节能环保产业加大补贴力度，实行财税等优惠政策，刺激其提高自主创新能力，率先实现经济结构的优化升级和增长方式的转变，以提高政府资金的带动效应。在优惠政策上，将政府节能管理、政府机构节能改造等所需费用纳入同级财政预算。三是加快完善政府采购有节能标志和环境标志产品目录制度，加大对节能环保产品的认证力度，认真贯彻《节能产品政府采购实施意见》和《环境标志产品政府采购实施意见》。此外，要加大节能或环保等相关部门的年度预算保障力度，确保节能减排工作的顺利开展。

在税收政策方面，一是继续完善节能减排税费激励政策，特别是加大对资源税征收的完善力度。目前，我国资源税的征税税目主要有原油、煤炭、天然气、其他非金属矿原矿、黑色金属矿原矿、有色金属矿原矿、盐等七种；对于土地资源、水资源、森林与草场资源、海洋资源以及地热资源等重要自然资源仍未包括在内，完善资源税政策和开征环境税，应将所有不可再生资源和部分存量已处于临界值、继续消耗会严重影响其存量或其再生能力已受到损害的可再生资源纳入征收范围。调整资源税计征依据，改以销售量和自用量为开采量，完善以从价计征为主、从价与从量相结合的征税政策，扩大资源和污染产品计征范围，实施和推进燃油税改革。二是研究开征环境税。目前，我国尚未征收具体的环境税，这不利于资源节约型、环境友好型社会建设。应借鉴 OECD 国家的通行做法，结合我国的具体实际，开征环境税。对固体废弃物征税，先从工业开始，再逐步推广到农业、生活，计税依据可根据重量、体积、每个家庭人口和产生的垃圾数量等；征收水污染税，可按废水排放量定额征收；征收二氧化硫、二氧化碳等大气污染税，确定合理的税率；征收噪声税，如对建筑噪声、飞机起落等征税。

最后，健全绿色资本市场机制，包括市场准入、交易和退出机制。目前，我国还没有形成促进节能减排的财税政策体系，也没有建立稳定的资金投入机制，节能减排还存在巨大的资金缺口（邓平和戴胜利等，2010），亟须金融业的大力支持。一是运用市场手段，加快推进绿色资本市场建设。严控对高能耗、高污染和产能过剩行业的贷款，斩断这些企业的资金链条；在企业上市、增发新股、配股以及债券发行等方面，优先支持节能减排贡献突出的企业和严格执行环境影响评价、“三同时”制度等符合节能减排要求的企业。二是建立严厉的惩罚制度。对擅自挪用节能减排资金用途，或改变资金用途，无法达到节能减排要求的已上市公司予以严厉惩罚。三是积极推进绿色金融信贷制度建设。引导鼓励金融机构加大对节能减排技术改造、清洁生产、循环经济项目的信贷支持，优先为其融资提供服务。四是积极利用国际金融市场融资。这是弥补我国节能减排资金不足的重要途径，也是金融支持节能减排体系的重要组成部分。要努力争取国际金融机构、国际银行组织及政府间的专项贷款；积极推进我国企业以发行股票、债券等方式在国际证券市场上融资。五是提高商业银行对节能减排的支持力度。同时，还需要做好相关的配套措施，如加快培养复合型专业人才、加快中介机构建设、加强金融监管及风险防范机制建设等。

（5）普及环保知识，完善公众参与机制。公众参与是环境污染治理重要的推动力量，当环境污染严重威胁到公众正常的生产生活和健康时，公众通常会成为推动环境立法、环境政策制定及推广执行的首要力量。世界各国环境污染治理的经验表明，社会各界和公众的广泛参与是环境保护的最根本的动力。公众参与政府决策，不仅可以使政府和公民双方都获得收益，而且公众参与可以成为社会发展的有力杠杆（Nelson & Wright，1995），产生更好的公共政策并为社会带来更多的积极收益（Beierle，1999），如法国、日本等，环保制度中公众的参与程度很高，对企业承担环境责任起到了很强的监督作用，对规制企业违法违规排污和产生的环境问题都有相当好的监督效果，非常值得我国借鉴。目前，我国公众参与还存在诸多急需要解决的问题，如参与机制不完善、信息透明度不高、利益表达机制不健全、公民的环保意识及参与意识不强等。如何提高公众参与意识，健全公众参与机制，努力发挥社会公众参与的积极性，保证环境污染治理目标的顺利实现，是现阶段政府必须面对和解决的现实问题。因此，要多渠道广泛加强环保宣传，大力普及环保知识，提高公众的环保意识，使社会公众认识到环境保护的重要性，并积极参与到环境保护之中。

为了保障公民参与环境保护的基本权利，应将环境权纳入宪法这一根本大法，为环境保护提供坚实的法律支撑。在法律规定中明确公民应该享有的环境权。要完善环境信息披露制度，加大环境信息公开力度，通过网络、新闻等多种传播媒介把环境信息和企业污染状况及时向社会公众公开，并加大环境信息披露力度，提高公众对污染项目及处理结果的知情权；提高公民对环保产品的认知度，鼓励他们更好地认可、接受和使用节能环保产品；提高公众的环境责任感，建立公众参与环境保护的体制机制及参与模式，使公众自觉参与到环保宣传、监督和治理等各项工作之中；拓宽公众参与环境保护的途径及方式。我国现有的法律中虽然没有明文规定公民参与环境保护的方式、途径与范围，但却赋予了每个公民参与环境治理的权利。要为公众参与构造良好的参与平台，理顺参与渠道，完善参与制度，确保公众以直接或间接方式参与环境决策。借鉴国际经验，有计划、有步骤地将环境教育融入基础教育之中，使广大青少年从小就养成良好的自觉保护环境的习惯。

（6）继续完善环保立法，这是环境污染治理的坚实基础。世界各国环境污染治理的实践表明，政府立法是污染治理最重要的武器，为环境污染治理提供制度性保障。我国目前的《环境保护法》还存在诸多需要解决的现实问题，如立法定位不明，环境公益诉讼规定过于笼统、社会转型期出现的新环境问题无法可依等（党静，2012），需要不断修订和完善。

首先，环境保护法律法规要顺应时代发展与时俱进。《环境保护法》《大气污染防治法》《水污染防治法》《固体废物污染环境防治法》等法律法规，都应随经济发展和社会进步及国际国内形势的变化及时修改、完善；要根据形势变化制定新的立法及法规制度。

其次，转变立法思想，明确立法定位。立法思想是进行立法活动的重要理论依据，只有具备前瞻性和时代感才能发挥应有的作用。作为环境保护的基本法——《环境保护法》，应将立法目的从单纯保护生态环境上升到生态建设高度，在立法上体现出“科学发展观”、建设“资源节约型、环境友好型”社会、实施可持续发展的科学发展观的环境立法定位。在环保理念上，用可持续发展的理念和方式使用环境资源，将环境治理从单一的防治污染和其他环境公害，转向自然—社会—经济这一综合系统的协调可持续发展。在环境立法中，应界定并明晰环境产权，为排污主体的减污努力提供有效激励。增加对环保主管部门应当受理而不予受理、应当追究而不予追究的法律责任的规定，对负有责任的相关部门依法予以惩处。

最后，强化法律法规的可操作性。我国《环境保护法》第十六条规定："地方各级人民政府应当对本辖区的环境质量负责"，但并未明确表述政府责任的概念及具体内容，也缺少相应的法律后果表述；《环境保护法》中规定了环保部门具有统一监督管理的权力，但没有具体详细的权力分工的规定，没有将环境保护的要求细化到具体的法律法规中，因而现实中可操作性不强。为了增强法律法规的可操作性，需要明确政府责任，将环境保护的可操作性细化到具体的法律法规之中；健全环保责任追究机制，做到有法可依，依法担责，改变权利授予多，责任承担少的现状，将违法责任落实到具体的排污企业或个人，在宪法和行政处罚中加大环保违法处罚力度，改变目前行政罚款的环境责任承担方式，且处罚轻，处罚金额与排污污染损失数额严重失衡的局面；从法律角度完善环保民事赔偿责任制，增加追究环保刑事责任的规定，增设破坏生态环境罪、非法污染环境罪等新罪名；加重对违法者的刑事制裁，对造成重大生态环境破坏罪或人员伤亡或重大经济损失的，加重刑事责任追究力度，从法律角度震慑环境犯罪者。

## 8.3 可能的创新点

对于环境规制的规制绩效，不同学者从不同角度对此进行了研究，与已有研究成果相比较，本书可能的创新点表现在：

（1）从直接效应和间接效应两个角度研究了环境规制对能源消费的影响。已有文献对于环境规制的规制效应研究，大多集中在环境规制的技术创新效应和产业结构调整效应、环境规制对外商直接投资的影响等方面；有关环境规制如何影响能源消费的研究文献极为少见。本书通过构建面板数据计量模型，基于省级层面环境规制、能源消费数据，系统研究了环境规制对能源消费的直接影响和通过中介效应的间接影响。不仅弥补了已有研究的欠缺，也是对环境规制研究内容的一个重要补充。

（2）通过构建动态空间滞后面板模型，从时空结合的角度全面研究了环境规制对环境污染的直接影响和间接影响。已有文献对于环境规制影响环境污染的研究，大多基于静态角度，尚未考虑污染的空间外溢性和时间维度上的动态滞后性，而忽视环境污染的时空效应，有可能会得出有偏的结论。实证研究结果表明，不仅环境污染具有显著的空间集聚和扩散性，环境规制也具有显著的空间依赖特征。本书基于时空维度，研究了环境规制影响环境污染的直接效应和间接效应，研究结果可能更符合现实，据此提出的政策建议也更具有针对性，为后续研究提供了一个新的研究视角。

（3）在环境规制指标的选取上，针对已有研究大多使用单一指标（如环境污染治理投资、废气排放达标率等）表征环境规制变量的不足，本书从环境规制的投入和产出两个角度选取 6 个具体指标，构建环境规制强度指数，能够较为全面地反映我国环境规制的现状，克服了使用单一指标衡量环境规制的不足。

在污染物指标的选取上，选取 6 个具体的污染物排放指标，将其合成为环境污染综合指数，从而能够更为全面地表征环境污染状况，克服了仅用单一指标衡量环境污染的欠缺。

（4）运用系统 GMM 方法研究了环境规制对大气污染治理效率的影响，在目前我国大气污染防治形势异常严峻的背景下，研究结果对于制定实施有针对性的环境规制政策措施，设定大气污染减排目标，充分发挥环境规制工具的大气污染防治效应具有重要的现实意义。

（5）目前针对环境规制影响水污染治理效率的研究较少，本书运用 Tobit 模型实证研究了环境规制对水污染治理效率的影响。根据实证结论，研究了提高水污染治理效率的对策建议，对于采取措施降低废水排放、提高废水治理效率具有重要的借鉴作用。

## 8.4 有待于深入研究的问题

本书基于省级层面面板数据，从不同角度实证研究了环境规制的规制效应。由于诸多方面的客观原因，后续研究中还有一些问题需要继续深入探索。

（1）本书实证研究以省级层面面板数据为依据，由于环境规制数据及其他数据所限，对于行业层面的实证研究，只有在未来进一步挖掘数据资源的基础上，进行进一步的实证研究。

（2）由于我国没有公布二氧化碳排放和雾霾污染数据，学者们运用不同方法对二氧化碳排放量进行估计，由于估计方法等方面的差异，其结果存在较大差异。本书环境污染指标中也没有考虑二氧化碳排放和雾霾污染，对于此方面数据的挖掘和研究，是难点也是今后进一步研究的方向和重点。

# 参考文献


[1] [美] 德内拉·梅多斯，乔根·兰德斯和丹尼斯·梅多斯. 增长的极限 [M]. 李涛，王智勇，译. 北京：机械工业出版社，2013.

[2] 曹光辉，汪锋，张宗益，等. 我国经济增长与环境污染关系研究 [J]. 中国人口·资源与环境，2006 (1)：25 – 29.

[3] 曹明，魏晓平. 资源跨期最优开采路径技术进步影响途径研究 [J]. 科学学研究，2012 (5)：716 – 720.

[4] 陈健鹏，李佐军. 中国大气污染治理形势与存在问题及若干政策建议 [J]. 发展研究，2013 (10)：4 – 14.

[5] 陈诗一. 节能减排与中国工业的双赢发展：2009—2049 [J]. 经济研究，2010 (3)：129 – 143.

[6] 陈诗一. 能源消耗、二氧化碳排放与中国工业的可持续发展 [J]. 经济研究，2009 (4)：45 – 55.

[7] 陈硕，陈婷. 空气质量与公共健康：以火电厂二氧化硫排放为例 [J]. 经济研究，2014 (8)：158 – 169.

[8] 陈向阳. 环境库兹涅茨曲线的理论与实证研究 [J]. 中国经济问题，2015 (3)：51 – 62.

[9] 陈旭升，范德成. 中国工业水污染状况及其治理效率实证研究 [J]. 统计与信息论坛，2009 (3)：30 – 35.

[10] 陈峥. 能源禀赋、政府干预与中国能源效率研究 [D]. 武汉：中南财经政法大学，2014.

[11] 程发良，孙成访. 环境保护欲可持续发展 [M]. 北京：清华大学出版社，2012.

[12] 戴亦欣. 中国低碳城市发展的必要性和治理模式分析 [J]. 中国人口·资源与环境, 2009 (3): 12 – 17.

[13] 党静. 企业环境社会责任论 [D]. 西安: 长安大学, 2012.

[14] 邓平, 戴胜利, 邓明然, 陶庆先. 促进节能减排的金融支持体系研究 [J]. 武汉理工大学学报, 2010, 32 (4): 60 – 63.

[15] 杜燃利. 浅析我国大气污染的成因及治理对策 [J]. 科技创新导报, 2014 (20): 106.

[16] 范纯增, 顾海英, 姜虹. 中国工业水污染治理效率及部门差异 [J]. 生态经济, 2016 (6): 174 – 178.

[17] 范纯增, 姜虹. 中国工业大气污染治理效率及产业差异 [J]. 生态经济, 2016, 32 (8): 153 – 157.

[18] 符淼, 黄灼明. 我国经济发展阶段和环境污染的库兹涅茨关系 [J]. 中国工业经济, 2008 (6): 35 – 43.

[19] 符淼. 全要素生产率和产业结构对能源利用影响的实证分析 [J]. 数理统计与管理, 2008, 27 (2): 189 – 196.

[20] 付云鹏, 马树才. 中国区域资源环境承载力的时空特征研究 [J]. 经济问题探索, 2015 (9): 96 – 103.

[21] 傅京燕. 产业特征、环境规制与大气污染排放的实证研究——以广东省制造业为例 [J]. 中国人口·资源与环境, 2009 (2): 73 – 77.

[22] 高峰. 中国省际环境污染的空间差异和环境规制研究 [D]. 兰州: 兰州大学, 2015.

[23] 高宏建. 环境规制、影子经济与环境污染 [D]. 厦门: 厦门大学, 2014.

[24] 高志刚, 尤济红. 环境规制强度与中国全要素能源效率研究 [J]. 经济社会体制比较, 2015 (6): 111 – 123.

[25] 龚海林. 产业结构视角下环境规制对经济可持续增长的影响研究 [D]. 南昌: 江西财经大学, 2012: 59 – 61.

[26] 郭军华, 李帮义. 中国经济增长与环境污染的协整关系研

究——基于1991~2007年省际面板数据[J]. 数理统计与管理，2010，29（2）：281-293.

[27] 国家突发环境事件应急预案[EB/OL]. http：//www.gov.cn/yjgl/2006-01/24/content 170449.htm，2006-1-24.

[28] 国务院. 水污染防治行动计划（国发[2015]17号）[EB/OL]. （2015-04-02）. http：//zfs.mep.gov.cn/fg/gwyw/201504/t20150416_299146.htm.

[29] 韩晶，陈超凡，冯科. 环境规制促进产业升级了吗？——基于产业技术复杂度的视角[J]. 北京师范大学学报（社会科学版），2014（1）：148-160.

[30] 何安莉. 外商直接投资对浙江省能源消耗的影响分析[J]. 杭州：浙江大学，2014.

[31] 何为，刘昌义，郭树龙. 天津大气环境效率及影响因素实证分析[J]. 干旱区资源与环境，2016，30（1）：31-35.

[32] 胡欢. 基于综合变量DEA的区域水环境管理效率方法研究[J]. 中国农村水利水电，2015（6）：12-16.

[33] 胡继华. 我国环境行政执法存在的问题及应对措施[J]. 法治与社会，2015（11）：147-149.

[34] 胡俊. 安徽省地区环境效率评价研究[D]. 蚌埠：安徽财经大学，2013.

[35] 胡晓波，吴红艳，葛小东，朱端卫，等. 基于DEA的废水治理效率评估方法及其应用[J]. 水资源保护，2013，29（4）：77-81.

[36] 黄锦龙. 日本治理大气污染的主要做法及其启示[J]. 全球科技经济瞭望，2013，28（9）：65-69.

[37] 黄菁. 外商直接投资与环境污染——基于联立方程的实证检验[J]. 世界经济研究，2010（2）：80-86.

[38] 黄清煌，高明. 环境规制的节能减排效应研究——基于面板分位数的经验分析[J]. 科学学与科学技术管理，2017，38（1）：30-43.

[39] 黄森慰，张春霞．基于 DEA - TOBIT 水环境管理效率研究 [J]．统计与决策，2013 (3)：51 - 54.

[40] 纪玉俊，刘金梦．环境规制促进了产业升级吗？——人力资本视角下的门限回归检验 [J]．经济与管理，2016，30 (6)：81 - 87.

[41] 江小涓．吸引外资对中国产业技术进步和研发能力提升的影响 [J]．国际经济评论，2004 (2)：13 - 18.

[42] 蒋秀兰，沈志渔．产业结构对能源消耗的影响——以河北省为例 [J]．南方经济，2016 (3)：54 - 67.

[43] 金玲，杨金田．基于 DEA 方法的中国大气环境效率评价研究 [J]．环境与可持续发展，2014 (2)：1673 - 288X.

[44] 金玲，杨金田．基于 DEA 方法的中国大气环境效率评价研究 [J]．环境与可持续发展，2014，39 (2)：19 - 23.

[45] 卡洛·M. 齐波拉．世界人口经济史 [M]．北京：商务印书馆，1993.

[46] 康爱彬，李燕凌，张滨．国外大气污染治理的经验与启示 [J]．产业与科技论坛，2015，14 (19)：7 - 8.

[47] 匡远凤，彭代彦．中国环境生产效率与环境全要素生产率分析 [J]．经济研究，2012 (1)：62 - 74.

[48] 雷蕾．大气污染的成因及治理 [J]．环境科学，2016 (7)：185.

[49] 李斌，彭星，欧阳铭珂．环境规制、绿色全要素生产率与中国工业发展方式转变——基于 36 个工业行业数据的实证研究 [J]．中国工业经济，2013 (4)：56 - 68.

[50] 李斌，赵新华．科技进步与中国经济可持续发展的实证分析 [J]．软科学，2010 (9)：1 - 7.

[51] 李程宇．《京都》15 年后：分阶段减排政策与“绿色悖论”问题 [J]．中国人口资源与环境，2015，25 (1)：1 - 8.

[52] 李静，田晶．我国排污交易制度分析 [J]．现代商贸工业，2011 (14)：211.

[53] 李静. 基于SBM模型的环境效率评价 [J]. 合肥工业大学学报（自然科学版），2008，31（5）：771-775.

[54] 李锴，齐绍洲. 贸易开放、经济增长与中国二氧化碳排放 [J]. 经济研究，2011（11）：60-72.

[55] 李磊，赵培培. 中国工业废水治理效率评价 [J]. 资源开发与市场，2011（12）：1093-1095.

[56] 李玲，陶锋. 中国制造业最优环境规制强度的选择——基于绿色全要素生产率的视角 [J]. 中国工业经济，2012（5）：70-82.

[57] 李鹏. 产业结构调整恶化了我国的环境污染吗？[J]. 经济问题探索，2016（6）：150-156.

[58] 李鹏涛. 中国环境库兹涅茨曲线的实证分析 [J]. 中国人口·资源与环境，2017（S1）：22-24.

[59] 李胜文，李新春，杨学儒. 中国的环境效率与环境管制 [J]. 财经研究，2010，36（2）：59-68.

[60] 李时兴. 偏好、技术与环境库兹涅茨曲线 [J]. 中南财经政法大学学报，2012（1）：32-39.

[61] 李树，陈刚. 环境管制与生产率增长——以APPCL2000的修订为例 [J]. 经济研究，2013（1）：17-31.

[62] 李伟. 雾霾天气协同治理的策略研究 [D]. 南昌：江西财经大学，2016.

[63] 李蔚军. 美、日、英三国环境治理比较研究及其对中国的启示 [D]. 上海：复旦大学，2008.

[64] 李小平，卢现祥. 国际贸易、污染产业转移和中国工业$CO_2$排放 [J]. 经济研究，2010（1）：15-26.

[65] 李雪松，孙博文. 大气污染治理的经济属性及政策演进：一个分析框架 [J]. 改革，2014（4）：17-25.

[66] 李岩，孟醒. 完善我国突发环境事件应急管理机制的对策研究 [J]. 才智，2009（7）：294-295.

[67] 李子豪，刘辉煌. 外商直接投资、技术进步和二氧化碳排

放——基于中国省际数据的研究［J］. 科学学研究，2011，29（10）：1495－1503.

［68］李佐军，盛三化. 城镇化进程中的环境保护：隐忧与应对［J］. 国家行政学院学报，2012（4）：18－21.

［69］廖明球. 基于“节能减排”的投入产出模型研究［J］. 中国工业经济，2011（7）：6－34.

［70］林伯强，姚昕，刘希颖. 节能和碳排放约束下中国能源结构战略调整［J］. 中国社会科学，2010（1）：58－71.

［71］林婧，董成森. 环境承载力研究的现状与发展［J］. 湖南农业科学，2011（22）：36－43.

［72］刘丙泉，李雷鸣，宋杰鲲. 中国区域生态效率测度与差异性分析［J］. 技术经济与管理研究，2011（10）：3－6.

［73］刘凤朝，孙玉涛. 技术创新、产业结构调整对能源消费影响的实证分析［J］. 中国人口·资源与环境，2008，18（3）：108－113.

［74］刘洁，李文. 中国环境污染与地方政府税收竞争——基于空间面板数据模型的分析［J］. 中国人口·资源与环境，2013（4）：81－88.

［75］刘四龙. 环境执法体制障碍及其消除对策［J］. 环境保护，2000（1）：3－4.

［76］刘涛. 基于随机边界分析的区域工业废水治理投资效率评价研究——以华东六省一市为例［J］. 湖北文理学院学报，2016（5）：37－40.

［77］刘伟明. 中国的环境规制与地区经济增长研究［D］. 上海：复旦大学，2012.

［78］刘小丽，孙红星. 中国国民经济增长与 $CO_2$ 排放量的关系研究［J］. 工业技术经济，2009，28（2）：74－77.

［79］刘耀斌. 中国城市化与能源消费关系的动态计量分析［J］. 财经研究，2007，33（11）：72－81.

［80］刘英. 外商直接投资对我国能源消费影响的实证分析［D］.

长沙：湖南大学，2009.

[81] 卢洪友．外国环境公共治理：理论、制度与模式 [M]．北京：中国社会科学出版社，2014：65－66.

[82] 陆畅．环境规制影响了污染密集型商品的贸易比较优势吗? [J]．经济研究，2009 (4)：28－40.

[83] 吕健．中国经济增长与环境污染关系的空间计量分析 [J]．财贸研究，2011 (4)：1－7.

[84] 吕连宏，罗宏，张型芳．近期中国大气污染状况、防治政策及对能源消费的影响 [J]．中国能源，2015，37 (8)：9－15.

[85] 罗艳．基于DEA方法的指标选取和环境效率评价研究 [D]．北京：中国科学技术大学，2012.

[86] 马焕焕，王安．餐饮油烟污染危害及治理建议 [J]．绿色科技，2015 (1)：199－201.

[87] 马静．城市建设施工扬尘污染控制 [J]．工程设计与研究，2010 (12)：41－43.

[88] 马乐宽，王金南，王东．国家水污染防治“十二五”战略与政策框架 [J]．中国环境科学，2013，33 (2)：377－383.

[89] 马丽梅，张晓．区域大气污染空间效应及产业结构影响 [J]．中国人口·资源与环境，2014 (7)：157－164.

[90] 马士国．环境规制机制的设计与实施效应 [D]．上海：复旦大学，2007.

[91] 马树才，李国柱．中国经济增长与环境污染关系的Kuznets曲线 [J]．统计研究，2006 (8)：37－40.

[92] 孟翯巍．环境问题复杂性的哲学思考 [D]．长春：吉林大学，2013.

[93] 彭健．浅论住宅油烟净化对减少环境污染的作用 [J]．住宅产业，2015 (Z1)：58－63.

[94] 彭水军，包群．经济增长与环境污染——环境库兹涅茨曲线假说的中国检验 [J]．财经问题研究，2006 (8)：3－17.

[95] 齐亚彬. 资源环境承载力研究进展及其主要问题剖析 [J]. 中国国土资源经济, 2005 (5): 7-11.

[96] 钱振华, 刘家华. 关于环境治理的责任伦理反思——基于中外雾霾问题治理的比较分析 [J]. 北京科技大学学报 (社会科学版), 2015 (3): 76-86.

[97] 阮新. 国固体废弃物污染现状及处理对策 [J]. 今日科苑, 2011 (2): 34.

[98] 邵帅, 李欣, 曹建华, 等. 中国雾霾污染治理的经济政策选择——基于空间溢出效应的视角 [J]. 经济研究, 2016 (9): 73-88.

[99] 佘群芝, 王文娟. 减污技术与环境库兹涅茨曲线——基于内生增长模型的理论解释 [J]. 中南财经政法大学学报, 2012 (4): 131-136.

[100] 单豪杰. 中国资本存量K的再估算: 1952~2006年 [J]. 数量经济技术经济研究, 2008, 25 (10): 17-31.

[101] 沈满洪, 许云华. 一种新型的环境库兹涅茨曲线——浙江省工业化进程中经济增长与环境变迁的关系研究 [J]. 浙江社会科学, 2000 (4): 53-57.

[102] 沈能. 环境规制对区域技术创新影响的"门槛"效应 [J]. 中国人口·资源与环境, 2012 (6): 12-16.

[103] 沈能. 环境效率、行业异质性与最优规制强度——中国工业行业面板数据的非线性检验 [J]. 中国工业经济, 2012 (3): 56-68.

[104] 沈昕一. 美国大气污染治理的"杀手锏" [J]. 世界环境, 2012 (1): 24-25.

[105] 石风光. 中国地区工业水污染治理效率研究——基于三阶段DEA方法 [J]. 华东经济管理, 2014 (8): 40-45.

[106] 史丹. 当前能源价格改革的特点、难点与重点 [J]. 价格理论与实践, 2013 (1): 18-20.

[107] 史丹. 结构变动是影响我国能源消费的主要因素 [J]. 中国工业经济, 1999 (11): 38-43.

[108] 宋马林，金培振．地方保护、资源错配与环境福利绩效[J]．经济研究，2016 (12)：47 -61.

[109] 宋马林．环境效率评价方法及其统计属性研究 [D]．北京：中国科学技术大学，2011.

[110] 宋雅晴．我国环境效率测度及其影响因素研究 [D]．蚌埠：安徽财经大学，2011.

[111] 宋言奇，傅崇兰．城市化的生态环境效应 [J]．社会科学战线，2005 (3)：186 - 188.

[112] 苏明，傅志华，刘军民，张维．中国环境经济政策的回顾和展望 [J]．经济参考研究，2007，27 (1)：2 -23.

[113] 孙刚．污染、环境保护和可持续发展 [J]．世界经济文汇，2004 (5)：47 -58.

[114] 孙建，柴泽阳．中国区域环境规制“绿色悖论”空间面板研究 [J]．统计与决策，2017 (15)：137 -141.

[115] 谭娟，宗刚，刘文芝．基于 VAR 模型的我国政府环境规制对低碳经济影响分析 [J]．科技管理研究，2013 (24)：21 -24.

[116] 汪克亮，刘蕾，孟祥瑞，等．中国省域大气环境效率的测算[J]．统计与决策，2017 (20)：97 -101.

[117] 汪克亮，刘蕾，孟祥瑞，等．区域大气污染排放效率：变化趋势、地区差距与影响因素——基于长江经济带 11 省市的面板数据[J]．北京理工大学学报 (社会科学版)，2017，19 (6)：38 -48.

[118] 汪克亮，孟祥瑞，杨宝臣，等．技术异质下中国大气污染排放效率的区域差异与影响因素 [J]．中国人口·资源与环境，2017，27 (1)：101 -110.

[119] 汪林安．城市大气污染现状及其应对措施 [J]．资源节约与环保，2013 (11)：134.

[120] 王班班，齐绍洲．有偏技术进步、要素替代与中国工业能源强度 [J]．经济研究，2014 (2)：115 -127.

[121] 王斌．环境污染治理与规制博弈研究 [D]．北京：首都经

济贸易大学，2013.

[122] 王兵，吴延瑞，颜鹏飞．中国区域环境效率与环境全要素生产率增长［J］．经济研究，2010（5）：31－43.

[123] 王洪波．行政执法监督：问题分析与对策探讨［J］．行政与法，2002（10）：78－81.

[124] 王金南，田仁生，洪亚雄．中国环境政策（第一卷）．［M］．北京：中国环境科学出版社，2004：24.

[125] 王蕾，魏后凯．中国城镇化对能源消费影响的实证研究［J］．资源科学，2014，36（6）：1235－1243.

[126] 王立平，管杰，张纪东．中国环境污染与经济增长：基于空间动态面板数据模型的实证分析［J］．地理科学，2010（6）：818－825.

[127] 王琳．环境税开征的效应分析和政策建议——基于我国现行环境税税收数据的分析［D］．厦门：厦门大学，2014.

[128] 王美雅．大气污染治理的经济学分析［D］．保定：河北大学，2016.

[129] 王奇，李明全．基于DEA方法的我国大气污染治理效率评价［J］．中国环境科学，2012，32（5）：942－946.

[130] 王奇，刘巧玲，刘勇．国际贸易对污染—收入关系的影响研究——基于跨国家$SO_2$排放的面板数据分析［J］．中国人口·资源与环境，2013，23（4）：73－80.

[131] 王小鲁．中国经济增长的可持续性与制度变革［J］．经济研究，2000（7）：3－15.

[132] 王昕杰．完善节能减排体制机制和政策措施［J］．企业活力，2010（3）：5－7.

[133] 王艳．大气污染治理中地方政府责任缺失问题研究［D］．开封：河南大学，2016.

[134] 吴彩斌，雷恒毅，宁平．环境学概论北京［M］．北京：中国环境科学出版社，2015.

[135] 吴长兰. 外商直接投资对中国环境污染影响研究 [D]. 哈尔滨: 哈尔滨工业大学, 2016.

[136] 吴德春, 董继武. 能源经济学 [M]. 北京: 中国工人出版社, 1991.

[137] 吴伟平, 何乔. "倒逼" 抑或 "倒退"? ——环境规制减排效应的门槛特征与空间溢出 [J]. 经济管理, 2017, 39 (2): 20-34.

[138] 吴雪萍, 高明, 郭施宏. 美国大气污染治理的立法、税费与联控实践 [J]. 华北电力大学学报 (社会科学版), 2017 (3): 1-6.

[139] 吴玉鸣, 田斌. 省域环境库兹涅茨曲线的扩展及其决定因素——空间计量经济学模型实证 [J]. 地理研究, 2012 (4): 627-640.

[140] 吴玉萍, 董锁成, 宋键峰. 北京市经济增长与环境污染水平计量模型研究 [J]. 地理研究, 2002 (2): 239-246.

[141] 肖璐. FDI 与发展中东道国环境规制的关系研究 [D]. 南昌: 江西财经大学, 2010 (11): 13-15.

[142] 肖兴志, 李少林. 环境规制对产业升级路径的动态影响研究 [J]. 经济理论与经济管理, 2013, 33 (6): 102-112.

[143] 谢元博, 陈娟, 李巍. 雾霾重污染期间北京居民对高浓度 PM2.5 持续暴露的健康风险及其损害价值评估 [J]. 环境科学, 2014, 35 (1): 1-8.

[144] 徐敏燕, 左和平. 集聚效应下环境规制与产业竞争力关系研究——基于 "波特假说" 的再检验 [J]. 中国工业经济, 2013 (3): 72-84.

[145] 徐圆. 源于社会压力的非正式性环境规制是否约束了中国的工业污染? [J]. 财贸研究, 2014 (2): 7-15.

[146] 徐志伟. 工业经济发展、环境规制强度与污染减排效果——基于 "先污染, 后治理" 发展模式的理论分析与实证检验 [J]. 财经研究, 2016, 42 (3): 134-144.

[147] 许广月, 宋德勇. 中国碳排放环境库兹涅茨曲线的实证研究——基于省域面板数据 [J]. 中国工业经济, 2010 (5): 37-47.

[148] 许和连，邓玉萍．外商直接投资导致了中国的环境污染吗？——基于中国省际面板数据的空间计量研究［J］．管理世界，2012（2）：30－43.

[149] 许士春，何正霞，魏晓平．资源消耗、污染控制下经济可持续最优增长路径［J］．管理科学学报，2010，13（1）：20－30.

[150] 晏艳阳，宋美喆．我国能源利用效率影响因素分析［J］．软科学，2011，25（6）：28－31.

[151] 杨超．中国大气污染治理政策分析［D］．西安：长安大学，2015.

[152] 杨冬梅，万道侠，杨晨格．产业结构、城市化与环境污染——基于山东的实证研究［J］．经济理论与经济管理，2014（2）：67－74.

[153] 杨海兵，葛明，洪梅等．苏州市恶性肿瘤日死亡率与大气主要污染物的关系［J］．环境与职业医学，2010（6）：353－355.

[154] 杨俊，邵汉华，胡军．中国环境效率评价及其影响因素实证研究［J］．中国人口·资源与环境，2010，20（2）：49－55.

[155] 杨恺钧、唐玲玲、陆云磊．经济增长、国际贸易与环境污染的关系研究［J］．统计与决策，2017（7）：134－138.

[156] 杨拓，张德辉．英国伦敦雾霾治理经验及启示［J］．当代经济管理，2014，36（4）：93－97.

[157] 余永泽，杜晓芬．经济发展、政府激励约束与节能减排效率的“门槛”效应研究［J］．中国人口·资源与环境，2013，23（7）：93－99.

[158] 原毅军，谢荣辉．环境规制的产业结构调整效应研究［J］．中国工业经济，2014（8）：57－69.

[159] 原毅军，谢荣辉．环境规制的产业结构调整效应研究——基于中国省际面板数据的实证检验［J］．中国工业经济，2014（8）：57－69.

[160] 云雅如，王淑兰，胡君，等．中国与欧美大气污染控制特点

比较分析 [J]. 环境与可持续发展, 2012 (4): 32 - 36.

[161] 臧传琴. 环境规制绩效的区域差异研究 [D]. 济南: 山东大学, 2016.

[162] 曾文慧. 流域越界污染规制: 对中国跨省水污染的实证研究 [J]. 经济学 (季刊), 2008, 7 (2): 447 - 464.

[163] 张成, 陆旸, 郭路, 于同申. 环境规制强度和生产技术进步 [J]. 经济研究, 2011 (10): 113 - 133.

[164] 张成, 陆旸, 郭路, 于同申. 环境规制强度和生产技术进步 [J]. 经济研究, 2011, 46 (2): 113 - 124.

[165] 张成, 于同申, 郭路. 环境规制影响了中国工业的生产率吗——基于DEA与协整分析的实证检验 [J]. 经济理论与经济管理, 2010 (3): 11 - 17.

[166] 张华, 魏晓平, 吕涛. 能源节约型技术进步、边际效应弹性与中国能源消耗 [J]. 中国地质大学学报 (社会科学版), 2015, 15 (2): 11 - 22.

[167] 张华, 魏晓平. 绿色悖论抑或倒逼减排——环境规制对碳排放影响的双重效应 [J]. 中国人口·资源与环境, 2014, 24 (9): 21 - 29.

[168] 张华. 地区间环境规制的策略互动研究——对环境规制非完全执行普遍性的解释 [J]. 中国工业经济, 2016 (7): 74 - 90.

[169] 张华. "绿色悖论"之谜: 地方政府竞争视角的解读 [J]. 财经研究, 2014, 4 (12): 114 - 127.

[170] 张家瑞, 曾维华, 杨逢乐, 等. 滇池流域水污染防治收费政策点源防治绩效评估 [J]. 生态经济, 2016 (1): 156 - 159.

[171] 张娟. 经济增长与工业污染: 基于中国城市面板数据的实证研究 [J]. 贵州财经大学学报, 2012, 30 (4): 32 - 36.

[172] 张军, 吴桂英, 张吉鹏. 中国省际物质资本存量估算: 1952 ~ 2000 [J]. 经济研究, 2004 (10): 35 - 44.

[173] 张军, 章元. 对中国资本存量K的再估计 [J]. 经济研究,

2003 (7): 35-43.

[174] 张卫国. 促进大气污染防治的财税政策研究 [D]. 济南: 山东财经大学, 2015.

[175] 张文彬, 张理芃, 张可云. 中国环境规制强度省际竞争形态及其演变——基于两区制空间 Durbin 固定效应模型的分析 [J]. 管理世界, 2010 (12): 34-44.

[176] 张悟移, 陈天明, 王铁旦. 基于 DEA 和 Malmquist 指数的中国区域环境治理效率研究 [J]. 华东经济管理, 2013, 27 (2): 172-176.

[177] 张亚伟. 政府环境规制的有效性研究 [D]. 保定: 中国地质大学, 2010.

[178] 张颖. 中国流域水污染规制研究 [D]. 沈阳: 辽宁大学, 2013.

[179] 张友国, 郑玉歆. 碳强度约束的宏观效应和结构效应 [J]. 中国工业经济, 2014 (6): 57-69.

[180] 张子龙, 薛冰, 陈兴鹏等. 中国工业环境效率及其空间差异的收敛性 [J]. 中国人口·资源与环境, 2015, 25 (2): 30-38.

[181] 赵领娣, 郝青. 人力资本和科技进步对能源效率的影响效应——基于区域面板数据 [J]. 北京理工大学学报 (社会科学版), 2013, 15 (1): 19-33.

[182] 赵楠, 贾丽静, 张军桥. 技术进步对中国能源利用效率影响机制研究 [J]. 统计研究, 2013, 30 (4): 63-69.

[183] 赵细康, 李建民, 王金营, 等. 环境库兹涅茨曲线及在中国的检验 [J]. 南开经济研究, 2005, 3 (3): 48-54.

[184] 赵玉民. 环境规制的界定、分类与演进研究 [J]. 中国人口·资源与环境, 2009, 19 (6): 85-90.

[185] 郑石明, 罗凯方. 大气污染治理效率与环境政策工具选择——基于 29 个省市的经验证据 [J]. 中国软科学, 2017 (9): 184-192.

[186] 郑云鹤．工业化、城市化、市场化与中国的能源消费研究[J]．北方经济，2006（10）：11－12.

[187] 中国环境状况公报——大气环境，中华人民共和国环境保护部，2008.

[188] 周肖肖，丰超，胡莹，魏晓平．环境规制与化石能源消耗——技术进步和结构变迁视角[J]．中国人口·资源与环境，2015，25（12）：35－44.

[189] 周肖肖．中国环境规制对化石能源耗竭路径的影响研究[D]．保定：中国矿业大学，2016.

[190] 周勇，林源源．技术进步对能源消费回报效应的估算[J]．经济学家，2007（2）：45－52.

[191] 朱厚玉．我国环境税费的经济影响及改革研究[D]．青岛：青岛大学，2013.

[192] Ambec S.，Barla P. A theoretical foundation of the Porter hypothesis [J]. Economics Letters，2002，75（3）：355－360.

[193] Ankarhem M. Shadow prices for undesirables in Swedish industry：Indication of environmental Kuznets curves？[J]. Umeå Economic Studies，2005，38（3）：601－616.

[194] Anselin L.，Bera AK，Florax R.，et al. Simple diagnostic tests for spatial dependence [J]. Regional Science & Urban Economics，1996，26（1）：77－104.

[195] Anselin L. Spatial econometrics：Methods and models [M]：Springer Netherlands，1988.

[196] Anselin L. Spatial effects in econometric practice in environmental and resource economics [J]. American Journal of Agricultural Economics，2001，83（3）：705－710.

[197] Arellano M.，Bover O. Another Look at the Instrument Variable Estimation of error-component Models [J]. Journal of Econometrics，1995，68（1）：29－51.

[198] Arik Levinson. Technology, International Trade, and Pollution from US Manufacturing [J]. American Economic Review, 2009, 99 (5): 2177 -2192.

[199] Banker R. D., Chames A., Cooper W. W. Some models for estimating technical and Scale inefficiencies in Data Envelopment Analysis [J]. Managent Science, 1984, 30 (9): 1078 -1092.

[200] Beierle, T. C. Using Social Goals to Evaluate Public Participation in Environmental Decisions [J]. Policy Studies Review, 1999, 16 (3/4): 75 -103.

[201] Bera A. K., Yoon M. J. Specification testing with locally misspecified alternatives [J]. Econometric Theory, 1993, 9 (4): 649 -658.

[202] Blackman A., Kildegaard A. Clean technological change in developing-country industrial clusters: Mexican leather tanning [J]. Environmental Economics & Policy Studies, 2010, 12 (3): 115 -132.

[203] Blundell R., Bonds R. Initial Conditions and Moment Restriction in Dynamic Panel Data Models [J]. Journal of Econometrics, 1998, 87 (1): 115 -143.

[204] Boluk G., Mert M. The renewable energy, growth and environmental Kuznets curve in Turkey: An ARDL approach [J]. Renewable & Sustainable Energy Reviews, 2015 (52): 587 -595.

[205] Brouhle K., Griffiths C., Wolverton A. Evaluating the Role of EPA Policy Levers: An Examination of a Voluntary Program and Regulatory threat in the Metal-finishing Industry [J]. Journal of Environmental Economics and Management, 2009. 57 (2): 166 -181.

[206] Burridge P. On the cliff-ord test for spatial correlation [J]. Journal of the Royal Statistical Society, 1980, 42 (1): 107 -108.

[207] Cai X., Lu Y., Wu M., et al. Does environmental regulation drive away inbound foreign direct investment? Evidence from a quasi-natural experiment in China [J]. Journal of Development Economics, 2016

(123): 73 – 85.

[208] Cassou S. P, Hamilton S. F. The transition from dirty to clean industries: Optimal fiscal policy and the environmental Kuznets curve [J]. Journal of Environmental Economics & Management, 2004, 48 (3): 1050 – 1077.

[209] Charnes A., Cooper W W. Rhodes E. Measuring the Efficiency of Decision Making Units [J]. European Journal of Operational, 1978, 6 (2): 429 – 444.

[210] Chen, Y., G. Z. Jin, N. Kumar and G. Shi., The Promise of Beijing: Evaluating the Impact of the 2008 Olympic Games on Air Quality [J]. Journal of Environmental Economics and Management, 2013, 66 (3): 42 – 43.

[211] Chien-Chiang Lee. The Causality Relationship between Energy Consumption and GDP in G-11 Countries Revisited [J]. Energy Policy, 2006 (34): 1086 – 1093.

[212] Costanza R., D'Arge, R., et al. The Value of the World's Ecosystem Services and Natural Capital [J]. Natura, 1997 (387): 253 – 260.

[213] Elhorst J. P. Spatial econometrics [J]. Springerbriefs in Regional Science, 2014, 1 (1): 310 – 330.

[214] Fare R., Lovell CAK. Measuring the technical efficiency of production [J]. Journal of Economic Theory, 1978 (19): 150 – 162.

[215] Frederick van der Ploeg, Cees Withagen. Is There Really a Green Paradox [J]. Journal of Environmental Economics and Management, 2012 (64): 342 – 363.

[216] Freeman A. M., Haveman R. H., Kneese A. V. Economics of Environmental Policy [M]. New York: John Wiley and Sons, Inc. 1973.

[217] Friedl B., Getzner M. Determinants of $CO_2$ emissions in a small open economy [J]. Ecological Economics, 2003, 45 (1): 133 – 148.

[218] Gong-Bing Bi, Wen Song, P. Zhou, Liang Liang. Does Environ-

mental Regulation Affect Energy Efficiency in China's Thermal Power Generation? Empirical Evidence from a Slacks-based DEA Model [J]. Energy Policy, 2014 (66): 537 -546.

[219] Gray W. B, Shadbegian R. J. Plant vintage, technology, and environmental regulation [J]. Journal of Environmental Economics & Management, 2003, 46 (3): 384 -402.

[220] Grether J. M, De Melo J. Globalization and dirty industries: Do pollution havens matter? [J]. Cepr Discussion Papers, 2003.

[221] Grimaud A., Rouge L. Polluting non-renewable resources, innovation and growth: Welfare and environmental policy [J]. Resource and Energy Economics, 2005, 27 (2): 109 -129.

[222] Grossman G. M, Krueger A. B. Economic growth and the environment [J]. Quarterly Journal of Economics, 1995, 110 (2): 353 -377.

[223] Grossman G. M, Krueger A. B. Environmental impacts of a North American free trade agreement [J]. National Bureau of Economic Research Working Paper, 1991: 3914.

[224] Gunderson R., Yun S. J. South Korean Green Growth and the Jevons paradox: An assessment with democratic and degrowth Policy Recommendations [J]. Journal of Cleaner Production, 2017 (1): 239 -247.

[225] Hadri Kaddour, Testing for Stationary in Heterogeneous Panel Data [J]. Econometrics Journal, 2000, 3 (2): 148 -161.

[226] Halkos GE, Tzeremes NG, Kourtzidis SA. Regional sustainability efficiency index in Europe: an additive two-stage DEA approach [J]. Operational Research, 2015, 15 (1): 1 -23.

[227] He, G., The Effect of Air Pollution on Cardiovascular Mortality: Evidences from the 2008 Beijing Olympic Games [D]. Berkeley University Working Paper, 2013.

[228] Hirschman, A. Q. The Strategy of Economic Development [M]. New Haven: Yale University Press, 1958.

[229] Hosseini H. M., Kaneko S. Can environmental quality spread through institutions? [J]. Energy Policy, 2013, 56 (2): 312-321.

[230] Hosseini H. M., Rahbar F. Spatial environmental Kuznets curve for Asian countries: Study of $CO_2$ and PM10 [J]. 2011, 37 (58): 1-14.

[231] Hotelling H. The Economics of Exhaustible Resources [J]. Journal of Political Economy, 1931, 39 (2): 137-175.

[232] Hymel M. L. Environmental Tax Policy in the United States: A' Bit' of History [J]. Social Science Electronic Publishing, 2013 (3): 157-182.

[233] Im K. S. Peseran M. H., Shin Y. Testing for Unit Roots in Heterogenous Panels [J]. Journal of Econometrics, 2003, 115 (1): 53-74.

[234] Jaffe A. B., Peterson B., Portney P., Environmental regulation and the competitiveness of U. S. manufacturing: What does the evidence tell us [J]. Journal of Economic Literature, 1995, 33 (1): 132-163.

[235] Jebaraj, S., Iniyan, S., A review of energy models [J]. Renewable & Sustainable Energy Reviews, 2006, 10 (4): 281-311.

[236] Jefferson G. H., Tanaka S, Yin W. Environmental regulation and industrial performance: Evidence from unexpected externalities in China [J]. Ssrn Electronic Journal, 2013.

[237] Julie A. Lockhart. Environmental Tax Policy in the United States: Alternatives to the Polluter Pays Principle [J]. Asia-Pacific Journal of Accounting & Economics, 1997 (2): 219-239.

[238] Kaufmann R. K, Davidsdottir B, Garnham S, et al. The determinants of atmospheric $SO_2$ concentrations: Reconsidering the environmental Kuznets curve [J]. Ecological Economics, 1998, 25 (2): 209-220.

[239] Khanna M., Quimio W. R. H., Bojilova D. Toxics Release Information: A Policy Tool for Environmental Protection [J]. Journal of Environmental Economics and Management, 1998, 36 (3): 243-266.

[240] Kortelainen, M. Dynamic Environmental Performance Analysis: A Malmquist Index Approach [J]. Ecological Economics, 2008, 64 (4): 701 -715.

[241] Lanoie P. , Patry M. , Lajeunesse R. Environmental regulation and productivity: Testing the Porter Hypothesis [J]. Journal of Productivity Analysis, 2008, 30 (2): 121 -128.

[242] Levin A. , Lin C. , Chu C. J. Unit Root Tests in Panel Data: Asymptotic and Finite-sample Properties [J]. Journal of Econometrics, 2002, 108 (1): 1 -24.

[243] Liang Z. , Mckitrick R. Income growth and air quality in Toronto: 1973 -1997 [J]. Mimeo, 2002.

[244] Li Q. , Song J. , Wang E. , et al. Economic growth and pollutant emissions in China: a spatial econometric analysis [J]. Stochastic Environmental Research & Risk Assessment, 2014, 28 (2): 429 -442.

[245] Lopez R. The environment as a factor of production: The effects of economic growth and trade liberalization [J]. Journal of Environmental Economics and Management, 1994, 27 (2): 163 -184.

[246] Lozano S. Technical and environmental efficiency of a two-stage production and abatement system [J]. Annals of Operations Research, 2017, 255 (1 -2): 199 -219.

[247] Lucas R. E. On the mechanics of economic-development [J]. Journal of Monetary Economics, 1988, 22 (1): 3 -42.

[248] Maddison D. Environmental Kuznets curves: A spatial econometric approach [J]. Journal of Environmental Economics and Management, 2006, 51 (2): 218 -230.

[249] Maji K. J, Arora M. , Dikshit AK. Burden of disease attributed to ambient PM2. 5 and PM10 exposure in 190 cities in China [J]. Environmental Science and Pollution Research International, 2017 (4): 11559 -11572.

[250] Marshall, A. , Principles of economcs [M]. London: Macmil-

lan, 1890.

[251] Matus, K., K. M. Nam, N. E. Selin, L. N. Lamsal, J. M. Reilly and S. Paltsev, Health Damages from Air Pollution in China [J]. Global Environmental Change, 2012, 22 (1): 55-66.

[252] Michael Hoel, Sven Jensen. Cutting Costs of Catching Carbon-intertemporal Effects under Imperfect Climate Policy [J]. Resource and Energy Economics, 2012, 34 (4): 680-695.

[253] Nelson, N. & Wright, S. Power and Participatory Development: Theory and Practice [M]. London: Intermediate Technology Publications, 1995.

[254] Olesen OB, Petersen NC. Target and technical efficiency in DEA: controlling for environmental characteristics [J]. Journal of Productivity Analysis, 2009, 32 (1): 27-40.

[255] Organization for Economic Cooperation and Development. Eco-efficiency [M]. Paris: OECD, 1998.

[256] Panayotou T., Peterson A., Sachs J. Is the environmental Kuznets curve driven by structural change? What extended time series may imply for developing countries [J]. Harvard Institute for International Development, 2000: 80.

[257] Pargal, S., Wheeler, D. Informal Regulation of Industrial Pollution in Developing Countries: Evidence from Indonesia [R]. Policy Research Working Paper, 1995: 1416.

[258] Pigou, A., The economics of welfare [M]. London Macmillan, 1920.

[259] Pittman R. W. Multilateral Productivity Comparisons with Undesirable Outputs [J]. Economic Journal, Royal Economic Society, 1983, 93 (12): 883-891.

[260] Poon J. P. H, Casas I., He CF. The impact of energy, transport, and trade on air pollution in China [J]. Eurasian Geography and Eco-

nomics, 2006, 47 (5): 568 – 584.

[261] Porter M. E. , American's Green Strategy, [J]. Scientific American, 1991, 264 (4): 132 – 168.

[262] Porter M. E. , Linda C. Toward a New Conception of the Environment Competitiveness Relationship [J]. The Journal of Economic Perspective. 1995 (9): 97 – 118.

[263] Porter M. E, Linde CVD. Toward a new conception of the environment-competitiveness relationship [J]. Journal of Economic Perspectives, 1995, 9 (4): 97 – 118.

[264] Porter M. E, Van der Linde C. Toward a new conception of the environment-competitiveness relationship [J]. The Journal of Economic Perspectives, 1995, 9 (4): 97 – 118.

[265] Porter M. E. America's green strategy [J]. Scientific American, 1991: págs. 193 – 246.

[266] Reinhard S. , Knox Lovell C. A, Thijssen G. Analysis of environmental efficiency variation [J]. American Journal of Agricultural Economics, 2002, 84 (4): 1054 – 1065.

[267] Reinhard S. , Lovell C. A. K. , Thijssen G. , Environmental efficiency with multiple environmentally Detrimental variables; estimated with SFA and DEA [J]. European Journal of Operational Research, 2000, 121 (2): 287 – 303.

[268] Robert Costanzn, et al. The value of the world's ecosystem services and natural capital [J]. Natura, 1997, 25 (1): 253 – 260.

[269] Robert D. Cairns. The Green Paradox of the Economics of Exhaustible Reources [J]. Energy Policy, 2014, (65): 78 – 85.

[270] Roca J. , Padilla E. , Farre M. , et al. Economic growth and atmospheric pollution in Spain: Discussing the environmental Kuznets curve hypothesis [J]. Ecological Economics, 2001, 39 (1): 85 – 99.

[271] R. Quentin Grafton, Tom Kompas, Ngo Van Long. Substitution

Between Biofuels and Fossil Fuels: Is There a Green Paradox? [J]. Journal of Environmental Economics and Management, 2012 (64): 328 – 341.

[272] Rupasingha A., Goetz SJ, Debertin DL, et al. The environmental Kuznets curve for US counties: A spatial econometric analysis with extensions [J]. Papers in Regional Science, 2004, 83 (2): 407 – 424.

[273] Sabuj Kumar Mandal. Do Undesirable Output and Environmental Regulation Matter in Energy Efficiency Analysis? Evidence from Indian Cement Industry [J]. Energy Policy, 2010 (38): 6076 – 6083.

[274] Sadorsky P. The impact of financial development on energy consumption in emerging economies [J]. Energy Policy, 2010, 38 (5): 2528 – 2535.

[275] Satoshi H. Does international trade improve environmental efficiency? An application of a super slacks-based measure of efficiency [J]. Journal of Economic Structures, 2015, 4 (1): 1 – 12.

[276] Schaltegger S., Sturm A. Environmemtal Rationality [J]. Die Unternehmung, 1990, 44 (4): 117 – 131.

[277] Selden T. M., Song D. Environmental quality and development: Is there a Kuznets curve for air pollution emissions? [J]. Journal of Environmental Economics and Management, 1994, 27 (2): 147 – 162.

[278] Simar L., Wilson P. W. Estimation and inference in two-stage, semi-parametric models of production processes [J]. Journal of Econometrics, 2007, 136 (1): 31 – 64.

[279] Sinha A, Shahbaz M. Estimation of environmental Kuznets curve for $CO_2$ emission: Role of renewable energy generation in India [J]. Renewable Energy, 2018, 119: 703 – 711.

[280] Sinn H. Public Policies Against Global Warming: A Supply Side Approach [J]. International Tax Public Finance, 2008, 15 (4): 360 – 394.

[281] Sinn H. W. Public policies against global warming: A supply

side approach [J]. International Tax & Public Finance, 2008, 15 (4): 360 - 394.

[282] Tang C F. Electricity consumption, income, foreign direct investment, and population in Malaysia: New evidence from multivariateframework analysis [J]. Journal of Economic Studies, 2009, 36 (4): 371 - 382.

[283] Tariq Banuri, Terry Barker, Igor Bashmakov, et al. Working Group III: Mitigation [A]. Intergovernmental Panel on Climate Change. Climate change 2001: Synthesis Report [R]. Accra, Ghana, 2001.

[284] Thampapillai D. J., Hanf CH, Thangavelu SM, et al. The environmental Kuznets curve effect and the scarcity of natural resources: A simple case study of Australia [J]. 2003.

[285] Tyteca, D. On the Measurement of the Environmental Performance of Firms-A Literature Review and a Productive Efficiency Perspective [J]. Journal of Environmental Management, 1996, 46 (3): 281 - 308.

[286] Valadkhani A., Roshdi I., Smyth R. A multiplicative environmental DEA approach to measure efficiency changes in the world's major polluters [J]. Energy Economics, 2016 (54): 363.

[287] Valeria Costantini & Francesco Crespi. Environmental Regulation and the Export Dynamics of Energy Technologies [J]. Ecological Economics, 2008 (66): 447 - 460.

[288] Vincent J. R. Testing for environmental Kuznets curves within a developing country [J]. Bejournal of Economic Analysis & Policy, 2014, 2 (1): 417 - 431.

[289] Vlontzos G., Niavis S., Pardalos P. Testing for environmental Kuznets curve in the EU agricultural sector through an eco- (in) efficiency index [J]. Energies, 2017, 10 (12): 15.

[290] Walter I., Ugelow J. L. Environmental regulationand international trade [J]. Journal of Regulatory Economics. 1979 (8): 97 - 118.

[291] Weber C. L, Peters G. P, Guan D, et al. The contribution of Chinese exports to climate change [J]. Energy Policy, 2008, 36 (9): 3572 – 3577.

[292] Wei B. R., Yagita H., Inaba A., Sagisaka M. Urbanization impact on energy demand and $CO_2$ emission in China [J]. Journal of Chongqing University-Eng. Ed., 2003 (2): 46 – 50.

[293] Wendong Lv, Xiaoxin Hong, Kuangnan Fang. Chinese Regional Energy Efficiency Change and its Determinants Analysis Malmquist Index and Tobit Model [J]. Ann Oper Res, 2012.

[294] Wexler, Lee. Improving population assumptions in greenhouse gas emissions models [M]. Laxenburg, Austria: International Institute for Applied Systems Analysis, 1996.

[295] Wheeler, D. & Mody, A., International Investment Location Decision: The Case of U. S. Firms [J]. Journal of International Economics, 1992, 33 (1): 57 – 76.

# 后 记

环境规制是一个内涵丰富、外延宽广的概念，对环境规制的规制效应研究是一个新的研究领域，更是一个需要从理论与实证研究相结合的角度深入探究的前沿课题。经过改革开放40年的发展，我国经济已从短缺转向剩余，对世界经济发展作出了重要贡献，但巨大的能源消费和不合理的能源结构引发的环境污染和生态破坏，使经济可持续发展面临严峻的资源环境瓶颈约束。为了解决资源环境瓶颈约束，我国自“九五”计划起，就强调走节约能源、保护环境的可持续发展道路；十八届三中全会提出“要用制度保护生态环境”，环境规制开始上升为政府职能的重要方面，成为两型社会建设、统筹人与自然和谐发展的重要保障。本书以环境规制的规制效应为研究重点，从理论研究与实证研究层面深入探究环境规制对能源消费、环境污染、大气污染治理效率和水污染治理效率的影响，据此提出有针对性的对策建议，对于正确认识政府环境规制的规制效应以及制定科学可行的环境规制政策措施都具有重要意义。

在研究内容上，环境规制的规制效应研究涉及经济学、资源科学、环境科学、管理学等相关学科；在研究方法上，涉及统计学、计量经济学、运筹学和管理科学等相关交叉学科的前沿研究方法；在研究视角上，本书从直接效应和间接效应两个层面研究环境规制的规制效应，并提出相应的对策建议。在研究过程中，将环境规制的中介效应纳入研究框架，运用不同方法、从不同视角系统研究环境规制影响能源消费、环境污染的直接效应和间接效应，拓展了环境规制效应的研究范围，为继续进行此方面的后续研究提供了新的研究思路。随着可持续发展思想的深入及经济发展方式的转变，如何解决经济可持续发展面临的资源环境瓶颈约束问题？毫无无疑，环境规制发挥着重要作用，从这个意义上讲，拓展环境规制效应的研究范围，探究新的研究方法，从宏观与微观、长期与短期、全局与局部等多个维度，继续深入研究环境规制的规制效应并提出契合我国实际的对策建议，是难点也是本人今后继续研究的动力。

在本书写作过程中，参考了学术界众多的理论及实证研究成果，在此向他们表示由衷的感谢。由于本人写作水平有限和其他原因，书中难免存在缺点和不足，恳请广大读者批评指正，本人将不胜感激。

屈小娥

2019 年 1 月于西安